@ 互联网基础研究丛书

互联网接入服务现状及管理对策研究

北京市互联网信息办公室　编

中国社会科学出版社

图书在版编目（CIP）数据

互联网接入服务现状及管理对策研究 / 北京市互联网信息办公室编. —
北京：中国社会科学出版社，2014.4
　　ISBN 978-7-5161-4135-9

　　Ⅰ．①互… Ⅱ．①北… Ⅲ．①互联网络—接入网—网络服务—研究
Ⅳ．①TP393.4

中国版本图书馆CIP数据核字（2014）第067091号

出 版 人	赵剑英	
策划编辑	李丕光	
责任编辑	王　斌	
责任校对	姚　颖	
责任印制	王　超	

出　　版	中国社会科学出版社	
社　　址	北京鼓楼西大街甲158号（邮编 100720）	
网　　址	http://www.csspw.cn	
	中文域名：中国社科网　　010—64070619	
发 行 部	010—84083685	
门 市 部	010—84029450	
经　　销	新华书店及其他书店	

印刷装订	三河市君旺印务有限公司	
版　　次	2014年4月第1版	
印　　次	2014年4月第1次印刷	

开　　本	710×1000　1 / 16	
印　　张	19.5	
插　　页	2	
字　　数	299千字	
定　　价	69.00元	

凡购买中国社会科学出版社图书，如有质量问题请与本社联系调换
电话：010—64009791

编　委　会

序

2014年2月27日，中央网络安全和信息化领导小组在北京成立，中国互联网迎来了划时代的转折点。习近平总书记在会上强调指出，要"总体布局、统筹各方、创新发展，努力把我国建设成为网络强国"。这不仅确立了我国互联网发展的新的更高目标，还吹响了向网络强国进军的伟大号角。站在时代的交汇点上，面对浩浩荡荡的世界互联网发展大潮，实现建设网络强国的宏伟蓝图，不仅需要宏观上的顶层设计、市场上的开拓进取，更需要理论上的不断求索。

思想是行动的先导，理论是实践的指南，互联网的发展离不开互联网的理论研究。互联网理论研究应坚持战略思维、科学精神和问题导向，整体规划，合力攻关，锐意创新。但纵览我国当前互联网研究，个体研究的多，集体研究的少；技术层面研究的多，理论层面研究的少；微观层面研究的多，宏观层面研究的少。推进互联网科学发展、建设网络强国的战略目标，既需要我们从宏观上科学把握互联网的本质特点、基本规律和发展趋势，科学阐明互联网在人类社会发展进程中的战略地位、重要作用和深刻影响，科学揭示我国互联网所处的时代方位和阶段性特征，科学探索中国特色互联网发展建设管理道路，也需要从中观上深入分析影响和制约我国互联网工作的根本因素和难点问题，深入研究我国互联网的法律法规、产业政策、商业模式、管理机制，还需要从微观上追踪互联网新技术、新应用的前沿，探寻网络传播、产品服务和网民需求的特点，力争在基础研究上取得新突破，在理论创新上取得新进展，并将研究成果转化为指导推动我国互联网治理体系和治理能力现代化的科学理论，转化为适合我国互联网发展建设管理的科学政策，进而更好地推动我国网络强国建设伟大进程。

北京是中国"网都"，在网络强国建设进程中肩负着重要使命。北京市互联网信息办公室秉持历史责任，发扬首善精神，扛起"整合研究资源、搭建研究平台、研究行业问题、促进行业发展"的大旗。在充分调研论证的基础上，我们围绕互联网立法、赢利模式、信息安全、关键技术等方面的问题，于2013年4月确立了"互联网基础研究"系列课题，并分别组织中国人民大学、工业与信息化部、电信研究院等科研机构专家在相关领域开展深入研究。

在此基础上，我们组织编撰了互联网基础研究丛书：《国内外互联网立法研究》深入探讨了国内外互联网立法的现状，指陈各自的利弊得失；《互联网信息安全与监管技术研究》重在研究我国互联网监管领域的热点难点，并对全球主要国家互联网信息安全战略与监管手段进行了深入分析；《互联网赢利模式研究》通过考察当前互联网的十二种赢利模式，深刻阐述了各种赢利模式的经营理念及具体运作；《互联网接入服务现状及管理对策研究》回顾了全球互联网接入服务发展现状及经验启示，总结了我国互联网接入服务发展现状及存在的问题。四部研究专著均针对各自领域的难点问题，提出了建设性的对策建议。希望通过互联网基础研究丛书的出版，助力科研成果转化，启迪网络强国建设，指引未来发展方向。

《数字化生存》作者尼葛洛庞帝有一句名言："预测未来的最好办法就是创造未来。"纵观社会发展的每一次进步，人类开创的每一个未来，都离不开对事物规律趋势的精准洞察，对科学真理的执着追求。这既是理论研究的基础，也是实干兴邦的根本，更是贯穿于整个历史的成功真谛。

变化的是环境，不变的是探索。让我们共同思考互联网未来，携手推进互联网建设，共同分享网络强国的荣光。

是为序。

首都互联网协会会长　佟力强

2014年4月9日

目 录

第一章　互联网接入服务背景分析

互联网接入是个人终端、计算机、移动设备、局域网连接互联网的关键环节，是用户使用互联网服务的基础。互联网接入服务已被许多国家视为信息化的必要基础设施和战略资源，并被作为国家信息化战略的核心目标之一，蕴含巨大的战略价值。互联网接入服务的发展大大加速了信息化对经济、社会发展和人民生活的深刻影响和渗透，为新的发展模式与生活方式奠定了技术基础。

第一节　互联网及其重要作用

互联网（Internet）又称因特网，是由广域网、城域网、局域网、计算机设备、网络设备等按照一定的通讯协议组成的巨大国际计算机网络。通过互联网，人们可以与远在千里之外的朋友相互发送邮件、共同完成一项工作、共同娱乐。目前，几乎所有国家都已经加入了互联网，互联网对人们的社会生活、经济发展、政治形态、军事布局等都产生了深远的影响，已经成为人们不可或缺的第二生存空间。

一　互联网改变政治模式

近年来，在"占领华尔街"、"茉莉花革命"等重大国际政治事件中，互联网的重大影响已经充分显露。互联网作为一个全球性的社交、协作平台，正对全球政治生活造成全方位的影响。

在政治制度方面，互联网扩张导致"网络民主"的诞生，在扩大政治信息的公众知情权、促进公众参与政治、抑制独裁专制的同时，也成为一些政客和特殊利益集团影响政治、控制政治的工具，助长了绝对自由主义和无政府主义等极端民主化倾向和对个人权利的侵犯，成为影响现代民主制度的一把"双刃剑"。

在政治过程方面，互联网扩张也导致"网络政府"的诞生。政府上网将提高政府工作的透明度，使政府和公众之间的沟通更直接、更便利，有助于削弱严格的等级观念，改善政府形象，并为政府和公众间平等自由的交流铺平道路。

在国际政治方面，互联网对民族国家主权产生了重大影响，"互联网主权"成为国家主权概念中的重要内容，如何维护本国的信息主权成为世界各国面临的新问题。网络也对民族国家在国际关系中的主体地位产生了重大影响，互联网的普及和电子商务的发展成为经济全球化发展的良好催化剂，从而使国家在国际关系中的主体地位受到削弱，对国际格局造成重大冲击。

二 互联网打破经济发展的时空限制

互联网不仅促进了企业的虚拟化，为全球范围内商品、服务、资金流通提供便利，并且为企业创新、技术进步注入活力，其本身已成为新型产业的孵化器。这一切都对全球经济产生了巨大的影响，使得经济结构、就业方向、国际经济形式及贸易形式都发生了深刻的变化。

一方面，商业竞争急速加剧。由于消费者可以通过网络和生产者直接交易，过去由于地域的隔阂而形成的"地区垄断"正逐渐消失，一个竞争激烈的全球性市场正在形成。

另一方面，企业正变得更加专业化。通过利用网络来降低市场交易成本，越来越多的企业开始集中生产优势产品和提供核心业务，而非核心的产品和服务则通过市场购买。企业规模不断扩大，借助互联网，采购、生产、销售、人员管理等一系列的经营环节有望摆脱物理空间的束缚，国际大型跨国公司的全球扩展进程大大加速，跨区域、行业的企业合并、兼并、联盟等事件不断发生。

三 互联网促成新外交模式

互联网的爆炸式扩展正引起一场"外交革命"。网络用户的急剧增加和网络民意号召力的迅速上升，带来了外交主体、手段和内容的重大变革。

一是外交主体日趋多样化。在网络化时代，外交正在走下神坛，包括政治首脑、职业外交官、社会团体、跨国公司、非政府组织，甚至个人在内的所有行为体，都可以借助网络来开展外交事务。

二是网络外交成为新的公共外交实现手段。各国政府纷纷将虚拟外交、在线外交、社会网络外交作为重要的外交手段，不仅借助网络和信息技术来处理传统外交事务，开展虚拟的公共外交，实现国家利益和外交议程，而且利用独立网站、商业性网站以及 YouTube、脸谱、推特等社交工具，操纵社会公众舆论以实现商业或政治目的，并构成威力巨大的外交力量，左右全球政策的走向。

三是互联网中的合作和对抗正成为新的外交内容。在这个新的公共领域中，各个国家应该如何相互配合，是不是需要全新的行为标准？大量的努力正致力于解决这些全新的外交问题。当前，在互联网问题上，重要的国际法确实需要各个国家相互配合，这一点已经被普遍接受。

四 互联网成为军事竞争的新领域

自互联网诞生以来，世界各国普遍受益于网络给军事领域带来的便利。高效的信息收集、快速的命令下达、准确的指令传输，这一切都有效地确保了军事机构和战斗员指令畅通无阻地运转，极大地提升了各国的军事水平。然而，伊朗布舍尔核电站的"震网"病毒事件为互联网的安全敲响了警钟，开启了网络战的新时代，带来了军事领域的新挑战。

由于互联网在政治、经济、外交等方面的重大影响，互联网的防御和攻击将成为未来战争的重要形式。美国国防部将"网络中心战"列为美国的"核心能力"；美国《网络空间行动战略》也明确表现出"主动防御"的战略倾向，全球的"网络建军潮"已经到来。美国已经正式启动网络战司令部，用以整合网络作战力量，打击"敌对国家和黑客的网络攻击"。英国、日本、韩国、伊朗、印度等国也已建立或正在建立自己的网络部队。互联网实际上成为有史以来第一个全球性的战场，成为各国竞相争夺的新的国际战略至高点。大型网站的技术挑战主要来自于庞大的用户，高并发的访问和海量的数据，任何简单业务一旦需要处理数以 P 计的数据和面对数以亿计的用户，问题就会变得很棘手。大型网站架构主要就是解决这类问题。

第二节 互联网相关概念

一 互联网设备相关概念

1. 终端设备

互联网终端设备是由硬件和软件共同组成的、能够自动和高速处理数据的现代化智能电子设备，也是互联网的基本组成要素之一，主要包括计算机、服务器、打印机、传真机、移动终端等设备。

（1）计算机

计算机（Computer）是一种用于高速计算的电子计算机器，可以进行数值计算，又可以进行逻辑计算，还具有存储记忆功能，能够按照程序运行，自动、高速处理海量数据。计算机由硬件系统和软件系统所组成，可分为超级计算机、工业控制计算机、网络计算机、个人计算机、嵌入式计算机等。计算机是 20 世纪最先进的科学技术发明之一，对人类的生产活动和社会活动产生了极其重要的影响，已形成了规模巨大的计算机产业，带动了全球范围的技术进步，引发了深刻的社会变革。

（2）服务器

服务器（Server）是指一个管理资源并为用户提供服务的计算机软件，通常分为文件服务器、数据库服务器和应用程序服务器。运行以上软件的计算机或计算机系统也被称为服务器。相对于普通 PC 来说，服务器在稳定性、安全性、性能等方面都要求更高。

（3）DNS 服务器

DNS (Domain Name System) 服务器是指保存有该网络中所有主机的域名

和对应 IP 地址，并具有将域名转换为 IP 地址功能的服务器。域名服务器为客户机/服务器模式中的服务器方，它主要有两种形式：主服务器和转发服务器。

（4）移动终端

移动终端是指可以在移动中使用的计算机设备，包括手机、笔记本、平板电脑等。一方面，随着集成电路技术的飞速发展，移动终端已经拥有了强大的处理能力，移动终端正在从简单的通话工具变为一个综合信息处理平台。另一方面，随着移动互联网和无线接入的快速发展，移动终端数量急剧增加，具有广阔的发展空间。

2. 网络设备

网络设备是用于网络连接的设备，也是互联网的基本组成要素，主要包括集线器、交换机、网桥、路由器、网关、网络接口卡（NIC）、无线接入点（WAP）、调制解调器等。

（1）交换机

交换机（Switch）是一种用于电信号转发的网络设备，可以为接入交换机的任意两个网络节点提供独享的电信号通路，交换机有时被称为多端口网桥。最常见的交换机是以太网交换机、电话语音交换机、光纤交换机等。交换机根据工作位置的不同，可以分为广域网交换机和局域网交换机。

（2）集线器

集线器（Hub）的主要功能是对接收到的信号进行再生整形放大，以扩大网络的传输距离，同时把所有节点集中在以它为中心的节点上。集线器属于纯硬件网络底层设备，不具备交换机所具有的 MAC 地址表，所以它采用广播方式发送数据。当集线器网络中某条线路产生了故障，并不影响其他线路的工作。

（3）路由器

路由器（Router）是连接互联网中各局域网、广域网的设备，它会根据信道的情况自动选择和设定路由，以最佳路径，按前后顺序传输数据。路由器是互联网络的枢纽，是互联网的主要结点设备，已经被广泛应用于各行各业。路由器通过路由决定数据的转发，转发策略称为路由选择

（routing），这也是路由器名称的由来。作为不同网络之间互相连接的枢纽，路由器系统构成了基于 TCP/IP 的国际互联网络 Internet 的主体脉络，也可以说，路由器构成了 Internet 的骨架。它的处理速度是网络通信的主要瓶颈之一，它的可靠性则直接影响着网络互连的质量。

（4）无线接入点

无线接入点（WAP，Wireless Access Point）是无线网络的接入点，包括路由交换接入一体设备和纯接入点设备，一体设备执行接入和路由工作，纯接入设备只负责无线客户端的接入。WAP 手机等移动设备及笔记本电脑等无线设备用户接入互联网的接入点，主要用于宽带家庭、大楼内部、校园内部、园区内部以及仓库、工厂等需要无线监控的地方，典型距离覆盖几十米至上百米，也有可以用于远距离传送，目前最远的可以达到 30 公里左右，主要技术为 IEEE802.11 系列。大多数无线 AP 还带有接入点客户端模式（AP client），可以和其他 AP 进行无线连接，延展网络的覆盖范围。

二 互联网协议相关概念

互联网相关协议是支撑互联网数据传输、信息交换的规则，可分为 3 层，主要包括：最底层的 IP 协议（Internet Protocol）；中间层的 UDP（User Datagram Protocol）协议；顶层的 DNS（域名解析服务）、FTP（文件传输协议）、HTTP（超级文本传输协议）、POP3（邮局协议）、SMTP（简单邮件传输协议）和 Telnet（远程登陆）等协议。

1. IP

IP 协议（Internet Protocol），即互联网协议，定义了数据包在互联网传送时的格式。互联网协议地址（IP）是一种在互联网上给主机编址的方式，主要包括 IPv4 和 IPv6 两类。在互联网中，IP 协议规定了计算机在互联网上进行通信时应当遵守的规则。任何厂家生产的计算机系统，只要遵守 IP 协议就可以与互联网互连互通。IP 地址具有唯一性。

2. IPv4

IPv4 是目前使用最广的 IP 协议，其对应的 IP 地址由 32 位二进制数组成，常以 XXX.XXX.XXX.XXX 形式表现，其中 XXX 取值范围为 0–255。因此，IPv4 对应的 IP 地址总数达 42 亿，目前 IPv4 地址资源已经耗尽。

3. IPv6

IPv6 是下一代互联网中使用的协议，其对应的 IP 地址为 128 位，地址数量最高可达 $3.402823669 \times 10^{38}$ 个，"几乎可以为地球上每一粒沙子分配一个 IPv6 地址"。

4. TCP

传输控制协议（Transmission Control Protocol，TCP）由 IETF 的 RFC 793 定义，是一种面向连接的、可靠的、基于字节流的传输层通信协议。TCP 给每个数据包指定一个序号，确保传送到接收端的包按序接收。接收端通过发送确认（ACK）信息确认已成功收到数据包，如发送端在设定的往返时延（RTT）内未收到确认，该数据包就被假设为丢失并将会重传。此外，TCP 用一个校验和函数来检验数据是否有错误。

5. DNS

域名系统是互联网的核心服务之一，它的数据库中保存了网络中所有主机的域名和对应 IP 地址，能够使人更方便地访问互联网，而不用去记住以数字形式表述的 IP 地址。DNS 解析服务就是把英文或中文网址解析为计算机能够理解的数字信号的过程。目前大多数的互联网应用，如网页浏览、电子邮件、文件传输等，都依赖域名系统来实现网络资源的寻址和定位。

三　互联网接入网相关概念

接入网是指骨干网络到用户终端之间的网络，国际电信联盟将其定义为在业务节点接口（SNI）和用户网络接口（UNI）之间的一系列为传送实体提供所需传送能力的实施系统。接入网长度一般为几百米到几公里，因而被形象地称为"最后一公里"。

1. 局域网

局域网（Local Area Network，LAN）是指在一定区域内由多台计算机、服务器以及其他设备互联而成的区域性网络。它可以通过数据通信网或专用数据电路，与远方的局域网、数据库或处理中心相连接，构成一个较大范围的信息处理系统。局域网相对封闭，多用于企业、政府及其他机构内部，构成局域网的计算机设备可以从两台到几千台不等。局域网能够共享文件、软件、打印机，实现电子文档流转、内部邮件交流等功能。局域网由网络硬件（包括网络服务器、网络工作站、网络打印机、网卡、网络互联设备等）和网络传输介质以及网络软件所组成。

2. 城域网

城域网（Metropolitan Area Network，MAN）是在城市范围内建立的计算机通信网网络，其实质上是局域网的一种。通过在城市的不同地点设立主机、数据库、交互节点等设备作为骨干网络，并与其他局域网相互连接，共同构成城域网。通过城域网，能够将位于同一城市内不同地点的主机、数据库以及 LAN 等互相联接起来。局域网或广域网通常是为了一个单位或系统服务的，而城域网则是为整个城市而不是为某个特定的部门服务的。

3. 广域网

广域网（Wide Area Network，WAN）通常跨接很大的物理范围，所覆盖的范围从几十公里到几千公里，覆盖的范围比局域网（LAN）和城域网（MAN）都广。它能连接多个城市或国家，或横跨几个洲并能提供远距离通信，形成国际性的远程网络。广域网是由许多交换机组成的，交换机之间采用点到点线路连接，几乎所有的点到点通信方式都可以用来建立广域网，包括租用线路、光纤、微波、卫星信道。广域网可以分为公共传输网络、专用传输网络和无线传输网络。公共传输网络一般由政府电信部门组建、管理和控制，网络内的传输和交换装置可以提供（或租用）给任何部门和单位使用。

四 互联网服务相关概念

互联网服务是指以互联网为基础提供的服务，主要包括互联网内容服务、互联网接入服务等。

1. 互联网接入服务

互联网接入服务是指通过国际国内互联网宽带线路与节点、社区网、城域网、骨干网以及服务器等相关软硬件设施为各类用户提供接入互联网的服务。具体的服务主要包括基础性业务（接入网部署、宽带租用等）和增值业务（接入网络应用平台集成与开发、应用服务业务等）。互联网接入服务方式主要包括：拨号接入、DSL 方式接入（ADSL、VDSL 等）、以太网方式接入、无线方式接入、专线方式接入（包括通过 DDN、FR、ATM、数字电路等专线直接接入因特网）、光纤方式接入（FTTH、FTTP）等。

2. 互联网内容服务

互联网内容服务又称互联网信息内容服务，是指通过互联网为互联网用户提供资讯、信息等。互联网内容服务是互联网发展初期的主要服务模式，借助互联网高速、实时的通信渠道，用户能够及时获取信息。内容服务的形式主要包括网站、BBS、论坛等。

3. 其他互联网服务

随着互联网的快速发展，互联网服务的模式也在不断推陈出新，其他互联网服务还包括：游戏、语音聊天、可视电话、网上银行、网上证券等。

4. 互联网服务提供商

互联网服务提供商（ISP）是指向广大用户综合提供互联网接入业务、信息业务和增值业务的电信运营商。ISP 主要包括以下几类：搜索引擎 ISP、即时通信 ISP、移动互联网业务 ISP、门户 ISP、电子邮件 ISP 等。互联网内容提供商（ICP）是指向广大用户综合提供互联网信息业务和增值业务的电信运营商。随着以内容为主的互联网发展特征逐步明晰，大部分 ICP 也同时扮演着 ISP 的角色。互联网接入服务商（IAP）是指专门向用户提供互联网接入服务的公司或企业。

五 新兴互联网技术相关概念

1. 物联网

物联网（Network of Things）是指具备通信功能模块的物体组成的网络。其本质是通过 RFID、无线传感器以及卫星定位等自动识别和感知技术获取物品基础数据，并借助各种通讯技术进行数据交换，通过对相关信息的处理分析，实现对物理世界的智能化控制。

2. 移动互联网

移动互联网是移动通信技术与互联网技术融合的产物，集中了移动通信随时、随地、随身和互联网开放、共享、互动的优势，是一种通过智能移动终端，采用移动无线通信方式获取业务和服务的新兴业态。移动互联网网络接入方式和接入终端呈现多样化，用户可以通过多种移动终端随时随地访问互联网。当前移动互联网业务应用模式创新活跃，网络交互性、群体性和私密性特点更加突出。随着移动互联网的快速发展，其用户和市场都在迅速扩大。

3. 云计算

云计算是通过互联网提供的一种动态可伸缩的虚拟化资源计算模式。美国国家标准与技术研究院（NIST）将云计算定义为：一种按使用量付费的模式，这种模式提供可用的、便捷的、按需的网络访问，进入可配置的计算资源共享池（资源包括网络、服务器、存储、应用软件、服务），这些资源能够被快速提供，只需投入很少的管理工作，或与服务供应商进行很少的交互。云计算的主要服务模式包括：基础设施即服务（IaaS）、平台即服务（PaaS）和软件即服务（SaaS）。

第三节　互联网接入主要方式

计算机设备必须通过某种方式与互联网进行连接，互联网接入方式主要包括：

一　有线接入方式

1. 窄带接入

（1）电话拨号接入

电话拨号接入，又称调用接入，是指通过已有的电话线路，使用安装在计算机上的调制解调器（Modem）拨号连接到互联网接入服务提供商，从而享受互联网服务的一种上网接入方式，该接入使用模拟信号进行通信。该接入方式于 1990 年代网络刚兴起时比较普及，该方式通常速率为 33.6Kbps 或 56Kbps，且网络接入与电话通话不能同时进行。该接入方式一般按时间收费，且费用较高，主要用在一些低速率的网络应用（如网页浏览查询、聊天、EMAIL 等）。

（2）ISDN 接入

ISDN（Integrated Services Digital Network）是一种典型的电路交换网络系统（circuit-switching network），通过普通的铜缆以更高的速率和质量传输语音和数据。ISDN 是一种全部数字化的电路，在欧洲较为普及。数字化电路能够提供稳定的数据服务和连接速度，性能明显优于传统的模拟电话线路。ISDN 的基本速率接口包括 B 信道和 D 信道，其中 B 信道为语音和数据通道，带宽为 64kbps；D 信道用来设置和管理，带宽为 64kbps。不同国家 B 信道的数目各不相同，北美和日本的 ISDN 包含 23B+1D，总速率可达 1.544 Mbit/s；欧洲和澳大利亚的 ISDN 包含 30B+D，总速率可达 2.048 Mbit/s。由于 ISDN 需要投入巨额资金用于设备改造，且中国电信业发展相对落后，当中国 ISDN 开始起步时，ADSL 技术已经相当成熟。因此，九十年代中期只有在北京、上海、广州等少数城市进行了 ISDN 试点。

2. 宽带接入

（1）DSL 接入

DSL（Digital Subscriber Line）通过 DSL 调制解调器，使用铜线或者本地电话网提供网络接入。DSL 技术能够利用电话线的附加频段，避免数据传输影响音频信号。DSL 保留电话线上 0.3-4kHz 的频段给通话服务，使用其他频道传送数据。当用户到交换机距离超过 5.5 公里，DSL 网络接入服务质量会急剧下降。DSL 技术发明于 1988 年，但直到上世纪 90 年代末期才开始大规模应用。DSL 服务价格相对较低，可以说 DSL 接入技术开启了互联网宽带上网时代。

（2）ADSL 接入

ADSL（Asymmetric Digital Subscriber Line）是一种异步 DSL 接入技术，其采用频分复用技术将现有电话线信道分为电话、上行和下行三个相对独立的信道，以避免相互之间的干扰。ADSL 上行（用户上传）和下行（用户下载）带宽不对称，在不影响正常电话通信的情况下，能够提供最高3.5Mbps 的上行速度和最高 24Mbps 的下行速度。ADSL 用户与固网机房超过4 公里后，服务质量将迅速下降。

（3）VDSL 接入

VDSL（Very High Bit-rate DSL）也是一种非对称 DSL 技术，其网络接入速度曾是最快的，故又称超高速数字用户线路。VDSL 和 ADSL 一样，都可以通过铜线进行数据传输。VDSL 有效下行速度可达 12.9–52.8Mb/s，上行速度可达 1.6–2.3Mb/s。VDSL 有效传输距离只有 600 米，常用于光纤到户节点与用户之间。

（4）以太网接入

以太网是目前应用最为广泛的局域网络传输方式，它采用基带传输，通过双绞线和传输设备，实现 10M/100M/1Gbps 的网络传输，应用非常广泛，技术成熟。在城市人口居住相对密集的多层、高层住宅群，以太网方式就有了相对低成本的优势。尤其对于新建小区，采用综合布线构建以太网优势更加明显。

（5）有线电视网接入

有线电视网接入是一种基于有线电视网络铜线资源的接入方式，具有专线上网的连接特点，允许用户通过有线电视网实现高速接入互联网。适用于拥有有线电视网的用户。特点是速率较高，接入方式方便，可实现各类视频服务、高速下载等。缺点在于基于有线电视网络的架构是属于网络资源分享型的，当用户激增时，速率就会下降且不稳定，扩展性不够。小区内有线电视网接入用户共享 27Mbps 或 40Mbps 的下行通道，为保证接入速度，小区内覆盖用户数目不能太多。

（6）光纤宽带接入

本接入方式通过光纤接入到小区节点或楼道，再由网线连接到各上网设备（一般不超过 100 米），能够提供一定区域的高速互联接入。特点是速率高，抗干扰能力强，适用于家庭、个人或各类企事业团体，可以实现各类高速率的互联网应用（视频服务、高速数据传输、远程交互等），缺点是一次性布线成本较高。光纤接入网有多种方式，最主要的有光纤到路边、光纤到大楼和光纤到家，即常说的 FTTC、FTTB 和 FTTH。结合成熟的园区局域网络技术，提供 10M/100Mbps 交换或共享到用户端。这种解决方案需要进行园区网络结构化布线，比较适合于新建社区或正在建设中的社区。

（7）电力网接入

电力线通信（Power Line Communication，简称 PLC）利用现有电力线路进行数据传输。使用电力线通信技术，基本上不需要另外重新铺设网络线路，且电力线路涵盖的地区范围之广，远大于其他种类载体的线路。PLC 以往最大门槛是宽带讯号无法顺利穿越电表和变压器，目前已经取得突破。

二 无线接入方式

1. 固定无线接入

固定无线接入（Fixed Wireless Access）是一种有线接入的延伸技术，使用无线射频技术收发数据，减少使用电线连接，因此无线网络系统既可达到建设计算机网络系统的目的，又可让设备自由安排和搬动。在公共开放的场所或者企业内部，无线网络一般会作为已存在有线网络的一个补充方式，装有无线网卡的计算机通过无线手段方便接入互联网。

2. 移动无线接入

移动无线接入网包括蜂窝区移动电话网、无线寻呼网、无绳电话网、集群电话网、卫星全球移动通信网直至个人通信网等等，是当今通信行业中最活跃的领域之一。移动接入又可分为高速和低速两种。高速移动接入一般可用蜂窝系统、卫星移动通信系统、集群系统等。低速接入系统可用 PGN 的微小区和毫微小区，如 CDMA 的 WILL、PACS、PHS 等。近几年来，随着技术的不断发展和网络的日趋演进，以 3G 为代表的移动通信与 WIMAX 代表的无线接入在相互角逐的同时，走向互补融合、共同发展。

第四节 互联网接入服务发展历程

互联网接入服务随着互联网的发展不断演进，在 20 世纪 90 年代之前，互联网处于萌芽和成长阶段，该阶段互联网用户主要局限于研究机构，尚未大规模应用，互联网接入主要以专线为主。1991 年，欧洲粒子物理研究所科学家提姆·伯纳斯－李（Tim Berners-Lee）开发出了万维网（World Wide Web），互联网开始进入向社会大众普及的阶段。本书中互联网接入服务的发展历程主要考虑互联网市场化之后，互联网接入的主要发展阶段有：

一 窄带接入阶段

上世纪 90 年代起，互联网逐渐普及化和市场化，拨号上网成为该阶段的标志。该阶段互联网接入服务的接入速率较低，一般为 Kbps 量级，故该阶段被称为窄带接入阶段。

在拨号上网的过程中，调制解调器能够将数字信号调制到模拟载波信号上进行传输，同时能够解调收到的模拟信号以得到数字信息，发送和接收的信号经由成熟的固定电话线路进行传输。调制解调器是拨号上网的核心设备，它最初于 20 世纪 50 年代由美军半自动地面环境中心研制，用来连接不同基地的雷达终端。60 年代，随着商用计算机的普及，AT&T 发布了第一个商业化调制解调器 Bell 103，能够实现 300bps 的传输速度。1981 年，贺氏通讯研制成功的贺氏智能调制解调器（Hayes Smartmodem）可以让计算机发送指令来对电话线进行控制。20 世纪 80 年代末期，调制解调器的标准基本统一，2400bps 的传输速度逐渐普及。

调制解调器的逐渐成熟，为拨号上网的普及提供了基础。20 世纪 90 年代，拨号上网成为互联网用户接入互联网的主要方式。时至今日，拨号上网即将退出历史舞台。2013 年 9 月，英国电信公司 BT 宣布将正式关闭拨号上网服务。同期，据美国皮尤 (Pew) 研究中心最新公布的"互联网与美国人生活"调查显示，仍有 3% 的美国用户使用拨号上网。

二 宽带接入阶段

上世纪 90 年代末，以 DSL 技术为代表的互联网接入方式取代了之前速率较低、资费较高的拨号上网接入方式，互联网接入速率进入 Mbps 量级，互联网接入进入宽带接入阶段。

窄带接入阶段的拨号上网方式接入速率慢、信号干扰大且上网与电话通话不能同时进行。1988 年，贝尔实验室一位工程师设计了一种方法可以让数字信号加载到电话线路未使用频段，这就实现了不影响通话服务的前提下在普通电话线上提供数据通信。但出于商业原因，DSL 技术直到 90 年代末才被市场化。

该阶段互联网接入方式还包括光纤接入、有线电视网接入等。该阶段互联网接入服务质量有了极大提高，互联网相关应用不断涌现，互联网发展成为经济发展、社会生活必不可少的一部分。

三　泛在接入阶段

随着通信技术、信息技术、射频识别技术等的快速发展，在物联网、互联网、电信网、传感网等网络技术的共同发展下，"泛在网"正在逐渐形成。所谓泛在网是指广泛存在的网络，它以无所不在、无所不包、无所不能为基本特征，能够实现在任何时间、任何地点、任何人、任何物顺畅地通信。泛在接入是指能够支撑人、物时时处处上网的接入方式，主要包括无线接入、移动接入等方式。

目前出现的新兴互联网接入技术主要包括固定无线接入、移动无线接入（包括 3G 和 4G 等手机网络接入）、有线电视网络接入、电力线网络接入、超级 WiFi 接入等。这些接入方式覆盖范围更广、使用方式更加灵活、传输速率更高，使得用户时时、处处接入互联网成为可能。

第五节　互联网接入服务发展趋势

随着信息技术的快速发展，新型接入方式不断涌现，互联网接入服务呈现出以下发展趋势：

一　互联网接入服务增长空间仍很大

互联网已经成为人们不可或缺的第二生存空间。近年来，互联网接入用户持续快速增长，但是接入用户占全球总人口的比例还相对较低。据ITU（国际电信联盟）统计，截至2012年年底，全球仅有37%的家庭接入互联网，通过移动设备上网的人数更是不足四分之一。2013年年底互联网用户数量达到27亿，但仍有44亿人口依然无法上网。

发展中国家的互联网普及率相对较低，具有较大发展空间。到2013年年底，发达国家互联网接入的普及率接近80%，发展中国家则仅为28%。如图1—1所示，根据预测，未来几年内发展中国家的互联网普及率将迅速提升。

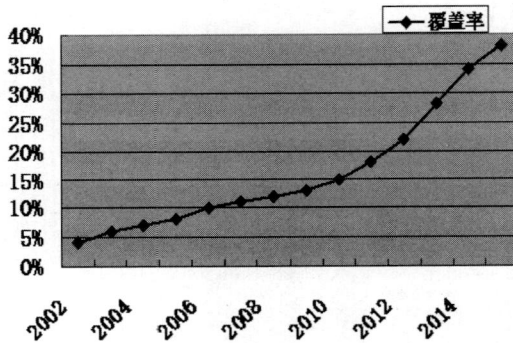

图1—1　发展中国家家庭接入互联网占比情况（含预测，2002—2015年）

数据来源：ITU，2012年

人们对互联网的需求持续增加。随着宽带无线接入技术和移动终端技术的飞速发展，人们迫切希望能够随时随地乃至在移动过程中都能方便地从互联网获取信息和服务，未来使用移动便携设备如智能手机、上网本、数据卡等终端，通过无线网络体验高速、便捷的互联网接入及应用业务将大幅增加。根据普华永道数据，全球互联网接入服务总支出将在未来五年内保持11%的年均复合增长率，并于2017年超过6650亿美元。移动互联网接入服务2017年年底的渗透率将在2012年的基础上增加31个百分点至54%；而同期的固定宽带则上涨11个百分点至51%。

互联网接入成为新兴市场的发展热点。预计到2017年年底，仅巴西、中国、印度和俄罗斯四国的固定宽带用户与移动互联网用户就将占到全球总量的45%和50%。在新加坡，2013年的移动接入支出达8.85亿美元，占该国互联网接入总支出的一半以上（超过固定宽带）。预计美国和韩国2013年也呈现类似的趋势，2015年英国也将呈现上述趋势。

二　宽带接入基础设施建设将进一步加快

当前，宽带接入基础设施建设已经成为各国促进本国经济和社会信息交流、提高国家竞争力的重要基础。根据世界银行的统计，宽带渗透率每增加10%，将平均拉动国内生产总值（GDP）增长1.38%。而且，新业务的发展使得数据流量成倍增长，推动了电信运营商加快网络升级。可以预见，未来一段时间，各国政府、电信运营商、大型互联网企业等各方都将投入高速宽带网络建设中，全球高速宽带网络建设热潮将持续。

随着信息通信技术的发展和创新，网络基础设施也在不断向新的方向发展。近几年，宽带网络的建设被置于重要位置，高速的宽带网络成为许多国家和地区追逐的目标。2009年美国投入72亿美元发展高速宽带接入；2010年推出《国家宽带计划》，计划投资155亿美元使得2020年1亿美国家庭实现100Mbps的宽带接入服务；2011年又部署下一代高速无线宽带计划，拟建立一个超高速宽带沙盒，将下一代互联网提速250倍，并在全美25个城市开发医疗、教育、清洁能源、制造、交通和安全等战略领域的至少60种新应用。此外，美国政府还建立宽带建设基金，带动社会资源共同发展宽带网络。近三年来，美国政府、企业等在宽带网络建设方面的投资接近2500亿美元。2009年到2012年间，美国无线网络的年投资额从每年210亿美元增长到300亿美元，以40%的速度增长；2013年美国的有线网络年投资额达到350亿美元。英、法、德、日、韩等十余个国家也纷纷投资发展高速宽带网络。如2010年法国政府就已投入20亿欧元正式启动"超高速宽带"计划的第一阶段，2013年2月政府宣布将在未来十年内投资30亿欧元建设"超高速宽带"网络。

与此同时，随着数据业务、网络视频、无线网络等应用逐渐成熟，数据流量大幅增长，电信运营商也开始着手通过推动网络升级、建设高速宽带网络来解决带宽及流量压力。目前国外大部分电信运营商已经完成规划研究，开始进入光纤接入（FTTx）部署阶段。尤其是欧洲的主流电信运营商，相继推出计划并开展宽带网络建设。德国电信、法国电信和英国的电信运营商正在修建以光纤接入网络为主的高速宽带网络，如英国电信以光纤到路旁交接箱（FTTC）方式建设光网络，并同时开启了光纤到户（FTTH）的建设。此外，全球多家互联网企业已经或计划建设自己的宽带网络。例如，2012年7月互联网巨头谷歌在美国密苏里州堪萨斯城推出其互联网宽带服务 Google Fiber（谷歌光纤），提供的高速网络比传统宽带要快100倍，将达到1000Mbps；2012年8月时代华纳公司宣布，将对纽约市宽带网络进行2500万美元的投资，在纽约布鲁克林和曼哈顿等地区建立起1Gbps光纤宽带。

三 高速率、低成本宽带接入将加快普及

普及宽带网络、提高接入速率、降低接入资费是当前和未来各国宽带政策的重心。在政策推动下，世界互联网接入将向高速度、低成本方向发展。

表1—1列出了主要国家的宽带发展目标，以美国为例，未来十年宽带发展要达到如下六个目标：至少1亿美国家庭能支付得起实际下载速度至少为100Mbps、实际上传速度至少为50Mbps的宽带网络服务；依靠速度最快的、覆盖范围最广的无线网络，使美国引领世界移动创新领域的发展；使每一个美国人都支付得起强大的宽带网络服务，并按他们所掌握的方式和技能来订购这些服务；每个社区都能够支付得起接入大于等于1Gbps的宽带服务，来访问学校、医院和政府等机构；为确保美国人民的安全，每一个应急救护人员都应该能访问一个覆盖全国的、无线的、互操作的公共安全宽带网络；为确保美国在清洁能源经济中处于领先地位，每一个美国人都应该能通过宽带跟踪管理其实时能源消耗。

表1—1	部分国家和地区国家宽带发展目标	
国家	目标	出处
美国	一是至少1亿美国家庭能支付得起实际下载速度至少为100Mbps，实际上传速度至少为50Mbps的宽带网络服务。二是依靠速度最快的、覆盖范围最广的无线网络，使美国引领世界移动创新领域的发展。三是使每一个美国人都支付得起强大的宽带网络服务，并按他们所掌握的方式和技能来订购这些服务。四是每个社区都能够支付得起接入大于等于1Gbps的宽带服务，来访问学校、医院和政府等机构。五是为确保美国人民的安全，每一个应急救护人员都应该能访问一个覆盖全国的、无线的、互操作的公共安全宽带网络。六是为确保美国在清洁能源经济中处于领先地位，每一个美国人都应该能通过宽带跟踪管理其实时能源消耗。	国家宽带计划
欧盟	通过在欧盟建立基于高速和超高速互联网及互操作应用的数字单一市场，实现欧洲可持续的经济效益与社会效益。到2013年，将使宽带接入扩展到整个欧盟范围；到2020年，为整个地区提供不低于30Mbps的接入速度；为至少50%的欧洲家庭提供超过100Mbps的网速。	数字议程
英国	到2012年，英国所有人口都能访问宽带，创造平等机会和公平的数字未来，保证英国所有人口都可享有至少2Mbps的基本宽带网络。	数字英国
法国	2012年以前，实现每月低于35欧元的宽带上网费用，并普及法国全国；设立开发光纤宽带（100Mb/s）的地方政府与民间合作公司；发展4G，等等。	2012数字法国
德国	到2010年，将德国家庭宽带覆盖率提高到100%；到2014年，将速率达50Mbps的宽带覆盖到德国75%的家庭；2018年再将这一比例提高到100%。	德国宽带战略
日本	建成任何人、任何时候、在任何地方都可以安全安心且快捷舒适地获取信息的网络系统（固定类网络要达到Gbps级水平，移动类网络要达到100Mbps的超级水平）。	2015年i-Japan战略
韩国	把目前100Mbps的有线网速以及1Mbps的无线网速提升10倍。	国家信息化基本计划韩国IT未来战略
韩国	至2012年，针对韩国国内1400万用户提供50～100Mbps有线上网服务，2012年后建造超高速上网基础建设，并提供1Gbps有线上网服务。而无线上网部分，2012年前对4000万用户提供1 Mbps的3G无线上网服务，2013年起将推出10Mbps的3.9/4G服务。	广播通信网中长期发展计划（2009年）
新加坡	到2015年建成世界领先的有线和无线两种宽带网络，提供1000M/秒以上的宽带接入速度。未来25年新加坡政府对电信运营商补贴宽带投资总额10亿新加坡元。	下一代全国宽带网络计划

国家	目标	出处
澳大利亚	通过9年时间建成覆盖全国的光纤宽带网，总投资359亿澳元，其中政府投资275亿澳元。计划家庭网速可达每秒1000M。	国家宽带计划
俄罗斯	计划在未来10年内，每年对该项目投资100亿卢布（约20.6亿元人民币），投资总额达1000亿卢布。	俄罗斯通信部制定的关于实施建设"2011～2020信息社会"长期方案的草案
巴西	到2014年使上网人数增长3倍，将宽带用户数提高至4000万人口，宽带普及率提高至45%。根据该计划，在随后5年时间里，巴西将投资128亿雷亚尔扩大宽带网络的覆盖率，同时将月租费降至15至35雷亚尔，使普通民众都能承受。	全国宽带计划
印度	2012年前，完成所有城市、市区与乡村委员会光纤宽带接入；2013年前，所有超过500人的村庄实现光纤接入；到2014年，63个大城市家庭的固定宽带下载速率达10Mbps，352个中小城市家庭的固定宽带下载速率达4Mbps，城镇和农村地区的宽带下载速率达2Mbps。农村地区的光纤网发展方面，将通过普遍服务基金投入41.8亿美元，以及"甘地农村就业保障计划"投入30.9亿美元。	关于推进国家宽带计划的建议

来源：ITU，2012年

2013年3月，国际电信联盟（ITU）提出联合国2015年数字宽带网发展目标是：普及宽带网政策，到2015年所有的国家都应该有一个国家宽带网计划或者战略，或者在普及接入/服务定义中包含宽带网；让宽带网成为人们消费得起的服务，到2015年，通过适当的调控和市场力量（例如，费用低于平均月收入的不到5%）使入门级宽带网服务成为发展中国家的人们消费得起的服务；把家庭连接到宽带网，到2015年，40%的发展中国家的家庭将有互联网接入服务；提高互联网普及率，到2015年，全球互联网用户普及率将达到60%。发展中国家的普及率将达到50%。最不发达国家的普及率达到15%。

四 互联网接入性价比持续上升

宽带价格是宽带发展的一项重要因素，也是发展中国家宽带发展的主要障碍。世界范围内，宽带价格逐渐降低，过去两年，一些国家的宽带价格下降超过了50%。据ITU统计，2008—2012年间，固定宽带价格总体下降了82%，从2008年的占人均月收入的115.1%下降到了2012年的22.1%。下降幅度最大的是发展中国家，从2008年至2011年三年间，其固定宽带价格每年下降30%。2011年，全球有49个国家的宽带价格低于平均月收入的2%，大多是工业化国家。可是，有30个经济体的宽带接入价格是国民平均收入的一半以上。有19个不发达国家的宽带价格超过了平均月收入（ITU，2012年）。各国政府正在出台各项政策支持宽带建设、降低资费，包括价格监管、制定法规、引入补贴、鼓励竞争和套餐服务等。很多国家的宽带计划将价格可承受作为一项关键政策优先推行，包括匈牙利的国家宽带战略、尼日利亚的国家信息通讯技术政策和美国的国家宽带计划。可以预见，网络接入的成本将持续下降。

另一方面，为更好地满足用户的应用需求，互联网接入技术加快向先进技术迁移，接入速率将进一步提升。例如，最早的电话线拨号接入（PSTN），接入速率最高不超过56Kbps；目前广泛使用的非对称数字用户环路（ADSL），理论速率可达到8Mbps的下行和1Mbps的上行，已大规模商用ADSL2+和甚高速数字用户环路（VDSL），可分别为用户提供24Mbps下行和1Mbps上行，以及上下行各100Mbps的速率。目前一些电信运营商，如NTT DoCoMo、韩国电信、Verizon、法国电信、Swisscom等正在采用以太无源光网络（EPON）和吉比特无源光纤接入网络（GPON）技术，大规模建设FTTH网络，FTTH最高速率可达100Mbit/s以上。

五 光纤接入和移动宽带接入将成未来主流

随着Web2.0技术在互联网中的使用，网络已不再仅是用作信息浏览和获取的单向型网络，成为了一个交互的世界，由此带来的网络数据流量的激增，也越来越凸显。据思科公司预测，2016年全球网络总流量将达到每月10.95万PB（1Petabyte=2的50次方），是2011年网络总流量3.07万PB的3.56倍，年均复合增长率为28.93%。

按照各国政府的规划，要实现普通接入20Mb/s、最高100Mb/s的接入速度，现有的DSL和电缆调制解调器（Cable Modem）都无法实现，而只有光纤接入的方式可以满足。使用光纤接入方式能更容易地组建全光网络，简化网络系统控制管理方式，并能减少信号传输中的损耗，提高网络效率，还可以方便地进行网络扩容，具有较高的市场发展潜力。使用光纤接入方式组建下一代高速宽带网络，已经成为各国政府及电信运营商的共识。光纤接入是未来互联网接入服务的发展方向之一，光进铜退已经成为接入网发展的必然趋势。目前以 EPON、GPON 为代表的光接入技术已经逐渐成熟，FTTx 接入模式以其巨大的上下行带宽优势必将成为未来接入层网络建设的主流方向，以 FTTH 为主、光纤到楼（FTTB）方式为辅的接入方案已经成为各大运营商的主要建设模式。

未来使用移动便携设备接入互联网将成为主流。2013 年年底，全球有68 亿蜂窝移动签约用户，接近地球人口总数（ITU）。皮尤研究中心 2013 年的报告显示，在美国，智能手机上网正在取代传统的宽带接入，成为新颖便利的上网方式，移动设备有替代宽带接入的趋势，约有 10% 智能手机拥有者使用手机上网，而不用宽带电脑；在一些新兴国家，使用智能手机上网的比例要低很多。但是随着移动网络变得更快、更便宜，手机的性能变得更好，手机上网将越来越普遍，例如非洲手机上网的发展速度已经远远超过十年前建造的固定网络，移动宽带将成为大众消费者的首选。从接入技术看，第四代移动通信（4G）长期演进技术（LTE）移动宽带接入技术值得关注。据爱立信预计，全球智能手机用户到 2018 年将增加至 45 亿，2017年宽带码分多址（WCDMA）/增强型高速分组接入技术（HSPA）的人口覆盖率将达到 85%，而 LTE 将达到 50% 的人口覆盖。受益于 4G LTE 网络的快速部署，以及可用电子终端的聚合，LTE 用户数在 2018 年将增至 16 亿，成为移动通信历史上在建设和使用方面发展最快的系统。

第五代移动通信（5G）已经提上议事日程。早在 2012 年 11 月，欧盟就推出全球首个大规模国际性 5G 科研项目 (METIS)，并在 3 个月后宣布为5G 研发投入 5000 万欧元。与此同时，我国工信部也在去年牵头成立 IMT-2020 推进组，正式启动国家 5G 标准化研究，主要包括 5G 概念、技术标准和网络演进路线等。国内企业也纷纷进军 5G 研发，华为自 2009 年起就开始研究 5G，并宣布将投资超过 6 亿美元用于 5G 技术的研究与创新。2020年 5G 有望实现商用，用户可享受百倍于 4G 的网速。

互联网的应用正在发生改变。从窄带到宽带，从千比特（KB）到吉比特（GB），从"人联"到"物联"，宽带的规模、大小、范围都在改变。未来的宽带建设以新型网络融合为基础，涵盖了更丰富的内容，包括嵌入式程序、自动"机对机"通话式交通管理和物联网等。未来的宽带世界将实现无缝式漫游的高速连接，可以在任何时间、任意地点使用任意设备高速接入网络。当前，移动通信技术快速发展，很多人都可以通过移动设备接入互联网。如图1—2所示，根据爱立信的预测，移动宽带用户每年约增长60%，照这个速度，到2017年，移动宽带用户将达到50亿。

单位：亿

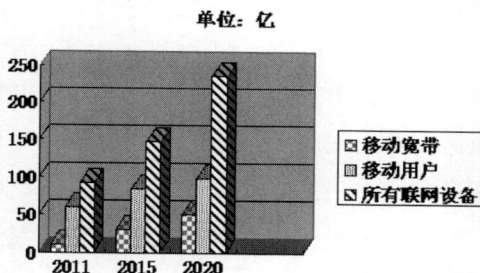

图1—2　未来移动宽带发展数量预测

数据来源：ITU，2013年

六　小型互联网接入服务提供商的市场份额将逐渐提高

在过去的几年里，发达国家中小型互联网接入服务提供商的市场份额比重持续提高。如图1—3所示，2008年至2011年，美国小运营商的份额逐渐增加，达到45.7%，日本2011年小运营商占市场份额23.2%。

发展中国家的互联网接入市场相对垄断于一个或几个大型提供商的手中，但随着接入技术的发展、市场化进程的加快，这些国家中小型互联网接入服务提供商的市场份额也将逐渐提高。一些发展中国家已经或正在出台相关政策，支持小型提供商的发展，如中国于2010年5月出台《关于鼓励和引导民间投资健康发展的若干意见》，鼓励民营资本进入通信行业；2012年6月，工业和信息化部下发《关于鼓励和引导民间资本进一步进入电信业的实施意见》等。

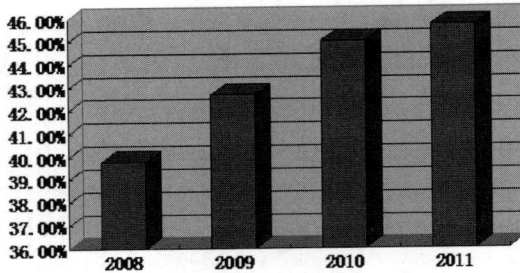

图1—3 美国小型运营商市场份额统计

数据来源：ITU，2013年

与此同时，随着电信技术更新、发展和用户对于电信业务需求的不断增加而出现的虚拟运营商正在改变互联网接入服务的运营模式。传统的电信运营企业为降低运营成本、提高运营效率，将重点集中于其最为擅长的核心网络的建设与维护。虚拟运营商将与电信企业开展合作，通过网络租赁为客户提供更为专业的、多样化的互联网接入服务。

七 新型互联网接入方式不断出现

当前互联网接入服务发展非常不平衡，欠发达国家缺乏资金推动互联网接入基础设施建设。一些企业不断尝试研发新型接入方式，以为欠发达地区提供互联网接入服务，占领市场。天空互联网接入方式是新型互联网接入的典型代表。

天空互联网接入其实由来已久，从90年代至少有包括铱星计划和Globalstar在内的五个项目在进行尝试。随着价格便宜、功能强大的智能手机的迅速普及，天空接入变得真正可行起来。

2012年，谷歌正式开展"热气球网络计划"，并于2013年6月在新西兰南岛开始进行小规模测试。谷歌"热气球网络计划"拟在大气平流层放飞无数热气球，组成一个无线网络，为更多尚未联网或网络条件不稳定的地区提供更加廉价的互联网服务。

2014年3月,Facebook收购生产太阳能无人飞机的TITAN航空航天公司。

Facebook 希望利用无人机把互联网接入部署到那些网络基础设施不完善的发展中国家。无人飞机能依靠太阳能在空中停留数年的时间，可以携带 250 磅的有效载荷。Facebook 的无人机项目将与谷歌的"热气球网络接入计划"掀起了天空互联接入的潮流，可以预见，天空互联网接入将成为未来欠发达地区的竞争热点。

八　互联网接入创新应用极具发展潜力

随着技术的快速发展，互联网接入服务范围已经不再局限于单纯的网络接入。互联网接入创新应用不断出现，互联网电视便是其中的典型代表。

传统电视通过有线电视网络传输电视信号，电视用户只是被动地接受信号，电视节目的可选择范围有限。互联网电视能够通过"电视盒子"直接接入互联网，能够在传统电视上实现网页浏览、网络视频播放、应用程序安装，是一种利用宽带有线电视网，集互联网、多媒体、通讯等多种技术于一体，向家庭互联网电视用户提供包括数字电视在内的多种交互式服务的崭新技术。据统计，2013 年欧洲的有线电视行业收入大幅增涨，欧盟 27 个国家总数达到了 219 亿欧元，同比增长 5.9%，其增长额中的 12 亿欧元是由互联网接入服务带动的。

此外，互联网接入服务将为物联网、云计算、大数据、智慧城市等新型技术和领域提供基础支撑，是确保将 ICT 作为创新式手段用于卫生、教育、管理、贸易和商业等领域的关键因素，从而实现社会经济的可持续发展。

第六节　互联网接入服务面临的信息安全挑战

互联网接入服务发展迅速，其面临的信息安全挑战也不断增加，主要包括：互联网接入设备漏洞和后门直接威胁互联网接入安全，互联网接入服务用户信息存在泄漏风险，现有互联网架构威胁接入服务安全，移动互联网给互联网接入带来新的风险。

一　互联网接入设备存在安全隐患

路由器（包括无线路由器）、集线器等互联网接入设备是互联网接入服务的核心与基础，这些设备存在的后门或漏洞将直接威胁互联网接入服务安全。互联网接入设备安全隐患主要包括以下两类：

"弱口令漏洞"。调查显示，市场主流路由器有 30.2% 存在"弱口令漏洞"，或者是用户没有修改路由器出厂默认的管理密码，或者是用户设置了较为简单的口令。这样，黑客就可以利用漏洞入侵路由器，受害者连接路由器上网时都会被黑客劫持到恶意网站，甚至输入正确网址也会进入虚假的钓鱼网站。这时受害者提交的账号、密码，都会在黑客电脑上实时显示出来。这也意味着，QQ、电子邮箱、微博、工作系统等各类账号密码都可能瞬间被盗。

设备存在后门或漏洞。2013 年 12 月，法国软件工程师 Eloi Vanderbeken 在几乎所有的 Netgear and Linksys 的路由器中都发现了可以重置管理员密码的后门。由于设计不善导致的漏洞或者由于恶意设计预留的后门严重威胁互联网接入设备安全。

二　互联网接入服务用户信息泄露

互联网接入服务涉及大量用户信息，由于管理不善等原因，信息泄露严重威胁互联网接入健康发展。

一方面，存在滥用用户信息的情况。互联网接入服务商在提供互联网接入服务时，会采集大量用户信息，包括姓名、地址、联系方式等。由于监管缺乏，这些信息可能被互联网接入服务提供商无意泄露，也可能被非法滥用和用以谋利。"黑中介"等非法互联网接入提供者能够轻易获得用户互联网操作数据，账户、密码等敏感信息一旦泄露，将造成用户重大经济损失。

另一方面，部分互联网接入服务提供商会利用接入设施向用户推送广告，不但干扰用户正常使用互联网服务，还会造成用户 IP 地址、MAC 地址等信息的泄露。

三 互联网接入成为互联网安全的薄弱环节

互联网接入是互联网用户使用互联网不可或缺的环节，也成为互联网威胁的重点目标。

一方面，互联网接入成为 DNS（域名）劫持等互联网风险的重要渠道。网络犯罪分子通过篡改路由器、域名服务器等接入设备和设施上的设置，可以将互联网用户随时重定向到任何地方，比如正在访问某银行的用户，很有可能被虚假的 DNS 服务器将连接重定向到钓鱼网站，造成财产损失；或者将网络请求重定向到指定的服务器，形成大规模 DDoS 攻击；或者引导互联网用户点击广告，以赚取经济利益；更有甚者，在通过第三方网站服务器中转的时候，进行数据包抓取、分析等窃密行为。

另一方面，互联网接入能够直接损害用户利益。互联网接入提供者能够轻易获得用户互联网操作数据，账户、密码等敏感信息泄露将严重危害用户合法权益。

四 移动互联网带来新的安全风险

随着移动互联网的快速发展，预计 2015 年移动互联网用户数将超过传统互联网用户数。与此同时，移动接入、无线接入等也带来新的信息安全风险。

一是伪基站干扰用户移动接入互联网。移动接入中，移动终端一般通过电信运营商的基站发射和接收数据。伪基站是不法分子私自搭建的基站，其不以用户正常通信为目的。伪基站通过移动用户手机接入信号，获取移动手机的 IMSI/IMEI 和电话号码。然后，伪基站即可强行让移动手机断网。

二是恶意无线接入点成为接入"陷阱"。不法分子设立无线 WiFi 接入点，并通过提供免费上网服务来吸引无线终端接入。之后，无线终端在接入恶意 WiFi 时会遭到攻击，导致终端被入侵、数据泄露等风险。此外，"恶意"接入点可能会危及无线网络的安全。如果接入点是在企业或机构网络管理人员不知情或未获许可的情况下安装，外部人员可能通过接入点查看内部信息。

三是 SIM 卡漏洞严重威胁手机用户信息安全。SIM（Subscriber Identity Module 客户识别模块），也就是通常所说的手机卡，是存储移动电话客户信息、加密密钥以及用户的电话簿等内容的电脑芯片，也是手机接入移动网络的主要媒介，被广泛用于移动电话客户身份进行鉴别和对客户通话时的语音信息进行加密。2013 年 7 月 21 日，德国密码破译研究人员 Nohl 宣称发现 SIM 卡加密密钥存在漏洞。Nohl 称，每个 SIM 卡上都有一条隐藏在短信中的唯一密钥，通过此密钥能够完全遥控一个人的手机。一旦 SIM 卡被黑客攻击，有可能造成话费支出增加、通话劫持、设备被跟踪、敏感信息泄露、手机银行非法交易等严重后果。为此，联合国下属国际电信联盟向全球手机运营商发出警报，全球 7.5 亿手机用户的 SIM 卡存在漏洞，黑客可在一分钟内侵入，获取手机主人个人数据，并在数分钟内完成获得授权的非法交易。

四是通过空气传播新型 WiFi 病毒开始出现。2014 年 3 月，英国证实已经研发出"变色龙"病毒，该病毒能够在空气中传播，像"感冒病毒"传播方式一样感染 WiFi 接入点。该恶意软件还能躲避侦测并从其当前位置找到其他可见的 WiFi 接入点，这些接入点的加密和密码防护工作最为薄弱。目前大多数病毒防护软件位于各种端点设备上，如笔记本电脑、平板电脑和 PC。而且这些软件是在互联网上或设备内部侦查病毒的，而非网络中。"变色龙"病毒只存在于网络中，能够有效地躲避各种安全方案的侦测。

第二章　互联网接入服务研究进展

随着信息技术的快速发展，互联网正在深刻影响着社会、政治、经济、文化、外交、军事形态，成为国家综合国力竞争的新焦点。作为互联网运转的基础，互联网接入服务成为学术研究领域的热点。

第一节　互联网架构

1969 年，美国国防部高级研究计划管理局（DARPA）建立了一个命名为 ARPAnet 的网络。通过专门的接口信号处理机 (IMP) 和专门的通信线路，ARPAnet 采用数据包交换机制将美国的几个军事及研究用电脑主机联接起来，形成了互联网的雏形。1983 年，ARPA 和美国国防部通信局研制成功了用于异构网络的 TCP/IP 协议，从而诞生了真正的 Internet（互联网）。1986 年，美国国家科学基金会 (National Science Foundation，NSF) 利用 ARPAnet 发展出来的 IP 通讯，在 5 个科研教育服务超级电脑中心的基础上建立了 NSFnet 广域网。同年，域名系统（DNS）被提上日程，一年后，.com、.gov 和 .edu 域名被启用，互联网层级式架构逐渐形成。

一　互联网域名系统

互联网由主机、服务器、移动终端、路由器、传输线路等各种不同的设备组成，每台设备都有一个唯一的 IP 地址。IP 地址由二进制数字组成，是通过互联网访问各个设备的基础。IP 地址数段的语义信息单一，不能直接反映出相应的互联网主机地址。对于互联网用户来说，通过输入 IP 数段进行互联网访问的难度很大。域名系统（DNS）由解析器以及域名服务器组成，能够将域名转换为 IP 地址。这样，互联网用户能够通过输入域名来访问互联网。

自 1984 年 9 月起，DNS 成为访问主机名到 IP 地址映射的标准方法。作为互联网发展的源头，美国一直保持着对互联网域名及根服务器的控制。在提供域名解析的多级服务器中，处于最顶端的 13 台域名根服务器始终由"互联网名称与数字地址分配机构（ICANN）"统一管理。ICANN 成立于 1998 年 9 月，是全球互联网的最高管理机构，其负责协调、管理及确保域名可解析性，使所有的互联网用户都能够找到有效的地址。

DNS 之所以能够将主机名解析成 IP 地址，主要依赖于一个全局的、层级性的分布式数据库系统。该数据库系统包含互联网上所有域名及对应的 IP 地址，并在 13 个根服务器的统一管理和调度下向全球互联网用户提供域名解析服务。

13 台根服务器中的 10 台部署在美国，其余 3 台分别位于英国、瑞典和日本。从理论上说，任何形式的标准域名要想被实现解析，都必须经过全球"层级式"域名解析体系的工作。根服务器之下是 .com、.org、.net 等国际顶级域名以及 .cn、uk 等国家顶级域名。根据"层级式"域名解析体系，互联网中实际使用的地址最终由这 13 台域名根服务器来解析，根服务器如同互联网的"中枢神经"，决定了整个互联网的控制权。

域名解析过程分为下面几个步骤：一是用户提出域名解析请求，并将该请求发送给本地的域名服务器。二是本地域名服务器收到请求后，首先查询本地缓存，如有该记录项，则本地域名服务器直接返回查询结果；如本地缓存中没有该记录，则本地域名服务器将请求发给根域名服务器，然后根域名服务器将一个所查询域的域名服务器的地址返回给本地域名服务器。三是本地域名服务器向上一步骤中返回的域名服务器发送请求，该服务器根据请求进行缓存查询，返回与此请求所对应的记录或相关下级域名服务器的地址；本地域名服务器将返回的结果保存到缓存。四是本地域名服务器将查询结果返回给用户，用户域名解析请求成功。

为保证全球 DNS 服务的高可用性以及抗攻击能力，根服务器在全球范围内广泛部署镜像节点。截止 2012 年 12 月底，全球共有 348 个镜像节点。

在现有国际互联网域名体系中，顶级域名分为通用顶级域名（Generic Top Level Domain）和国家与地区顶级域名（Country Code Top Level Domain）。截止 2013 年 3 月 30 日，共有 23 个通用顶级域名，可细分为基础设施类（Infrastructure）1 个，组织主办类（Sponsored）15 个，通用类（Generic）4 个，及限制通用类（Generic-restricted）3 个。截止 2013 年 4 月 1 日，国家与地区顶级域名共计 295 个。

二 下一代互联网

随着互联网的快速发展，基于 IPv4 的结构体系已经不能满足当前需要。由于 IPv4 技术标准的限制，要让所有根服务器的数据包含在一个 512 字节的数据包中，根服务器的数目不能超过 13 个。IPv6 模式下的数据包的大小可以突破 512 字节的限制，域名系统根服务器数量突破 13 个的技术条件已经具备，据预测，根服务器的数量可能扩展到 20 个。

与 IPv4 相比，IPv6 的地址长度由原来的 32 位增加为 128 位，解决了地址空间匮乏的危机；IPv6 地址的自动配置减少了网络管理的复杂性；IPv6 对移动性的支持更加优化。

IPv6 由 IETF（互联网工程任务组）设计，最早出现于 1992 年，并在 1998 年形成了 IETF IPv6 规范，即 RFC2460。目前，IPv6 的主要协议包括 IPv6 基本协议、邻机发现协议、互联网控制信息协议、OSPFv3、RIPng 等，其作为 IPv4 的唯一取代者的地位已经得到了世界的一致认可。

我国对下一代互联网信息技术的发展和应用非常重视。1999 年底中国教育和科研网 CERNET 与诺基亚公司合作启动了 IPv6 互联网 Internet 6 计划，形成一个大规模的 IPv6 研究和试验网络，开展了许多开拓性的研究。国内的电信运营商也开展了对 IPv6 的试验，湖南电信启动了 IPv6 电信级试验网，中国电信在北京、上海、广州等地启动了 IPv6 的试验项目。

三 我国互联网架构

自 1994 年全面接入互联网以来，经过近二十年的发展，我国互联网架构发展取得了长足进步，域名系统得到进一步完善。早在 2003 年，我国就拥有了第一个根服务器镜像，目前共有 4 个根服务器镜像节点。这些镜像节点也成为我国境内 DNS 解析请求最主要的根域名服务节点。

.cn 域名是全球唯一由中国管理的英文国际顶级域名，是中国企业自己的互联网标识，其域名服务器位于我国境内，根据工业和信息化部的授权，由中国互联网络信息中心（CNNIC）负责管理运维。

.cn 解析服务器位于中国境内，中国用户访问 .cn 网站无需通过根服务器中转。一方面，可以加快网站解析速度，提高互联网用户体验；另一方面，可以避免相关信息在流转过程中丢失泄密，能够更可靠地保护我国互联网的信息安全。自 1990 年 11 月 28 日 ".cn" 域名在 ICANN 注册以来，我国的顶级域名 .cn 取得了长足发展，全球目前使用中的 .cn 的域名接近 800 万个。

第二节 互联网接入技术

互联网接入技术是互联网接入服务的技术基础，决定着互联网接入方式的发展方向、互联网接入基础设施的实施规划，也成为学术界的研究热点。对于互联网接入技术的研究主要分为以下几类：

一 窄带接入技术

一般来讲，网络接入速度为 64Kbps(最大下载速度为 8KB/S) 及其以下的网络接入方式称为"窄带"。相对于宽带而言窄带的缺点是接入速度慢、传输速率低，很多互联网应用无法在窄带环境下进行，如在线电影、网络游戏、高清晰的视频及语音聊天等。常见的窄带接入技术主要包括：

一是拨号上网技术。拨号上网技术是上世纪 90 年代主要的互联网接入技术，它借助成熟的公共交换电话网（PSTN），通过调制解调器进行数据传输。使用拨号上网的用户往往要连续几个小时占用交换网络的资源，容易造成语音交换网络的拥塞。

二是 ISDN 接入技术。ISDN 是综合业务数字网的英文缩写，俗称"一线通"，是在现有电话网上开发的，能将语音、数据和图像集成在普通电话线上。它将互联网用户和电话网络之间"最后的 100 米"变成数字连接，有效地降低了网络连接对普通电话线的干扰，能有效地防止串音及盗打等行为。

三是 DDN 接入技术。DDN（Digital Data Network），即数字数据网，是利用数字信道提供永久性连接电路，用来传输数据信号的数字传输网络。DDN 主要适用于部门、行业或集团客户，能够提供速率为 N*64KBPS（N=1、2、3……31）数据专线业务，其常用的数据业务接口有：V.35、RS232、RS449、RS530、X.21、G.703、X.50 等。

二　宽带接入技术

宽带并没有严格的定义，美国联邦通讯委员会将"宽带"定义为下载速率超过 4Mbps、上行速率超过 1Mbps 的网络接入速度。通常来讲，宽带在速度上可达到百兆级，且 24 小时与互联网连接，能够在内容和服务上提供窄带网所不具有的互联网服务，即在普通网页浏览、电子邮件收发等服务之外，还能满足语音、图像、视频等大规模信息传输需求。常用的宽带接入技术主要包括：

一是 DSL 接入技术。DSL 是目前最常用的宽带接入技术，该技术是以铜质电话线为传输介质的传输技术，包括 IDSL、HDSL、SDSL、VDSL、ADSL、RADSL 等，其中 ADSL 使用的范围最广。ADSL 是一种采用离散多音频（DMT）线路码的 DSL 技术，其能在一根线上同时传送数据和语音信息，且数据信息并不通过电话交换机设备，减轻了电话交换机方面的负载。ADSL 是非对称传输模式，在一对铜质电话线上数据上传一般只有 640kbps 至 1Mbps，而数据下载最大可达 10Mbps，有效传输距离一般在 3–5 公里，完全可以满足多媒体传输要求。

以 ADSL 为例，其在一对铜质双绞线上具有三个信息通道：标准电话服务的通道、速率为 640kbps–1Mbps 的上行通道、速率为 1Mbps–8Mbps 的高速下行通道，且三个通道可同时工作。ADSL 具体工作流程是：经 ADSLModem 编码后的信号通过电话线传到电话局后再通过一个信号识别／分离器，如果是语音信号就传到电话交换机上，如果是数字信号就接入 Internet。

ADSL 依靠的核心技术就是编码技术，DMT 复用编码方式是其中较为常用的一种。在 DMT 编码中，数据被调制到多个载波之上，因此具有很强的抗干扰能力，而且对线路依赖性较小。在 DMT 复用编码方式中一对铜质电话线上 0–4kHz 频段用来传输电话音频，用 26kHz–1.1MHz 频段传送数据，并将它以 4kHz 宽度为单位分为 25 个上行子通道和 249 个下行子通道。ADSL 采用频分多路复用（FDM）技术或回波抵消技术实现有效带宽的分隔，从而产生多路信道，而回波抵消技术还可以使上行频带与下行频带叠加，因此使得频带得到复用，带宽得以增加。此外，DMT 还可根据探测到的信噪比自动调整各子通道的速率，使总体传输速度接近给定条件下的最高速度。

二是光纤接入技术。光纤是光导纤维的简写，是一种利用光在玻璃或塑料制成的纤维中的全反射原理而达成的光传导工具。光束在玻璃纤维内传输，信号不受电磁的干扰，传输稳定。具有性能可靠、质量高、速度快、线路损耗低、传输距离远等特点，被广泛使用在互联网的高速网络和骨干网。光纤传输使用的是波分复用，即是把小区里的多个用户的数据分别调制成不同波长的光信号在一根光纤里传输。与 ADSL 使用的电信号不同，光纤使用光信号传播数据。

由于光纤接入网使用的传输媒介是光纤，因此根据光纤深入用户群的程度，可将光纤接入网分为 FTTC（光纤到路边）、FTTZ（光纤到小区）、FTTB（光纤到大楼）、FTTO（光纤到办公室）和 FTTH（光纤到户），它们统称为 FTTx。FTTx 不是具体的接入技术，而是光纤在接入网中的推进程度或使用策略。光纤接入网从技术上可分为两大类：有源光网络（AON，Active Optical Network）和无源光网络（PON，Passive Optical Network）。

以 PON 为例，PON 主要由光线路终端（OLT）、光配线网（ODN）、光网络单元（ONU）组成。OLT：具有交换机接口的功能，完成光／电信号的转换、分配和控制各信道的连接，对各种光电接口实施监控，提供操纵、维护及管理等功能。ODN 在 OLT 与 ONU 之间提供光传输通道，完成光信号功率的分配，是由无源光器件组成的无源光配线网。ONU 为光接入网提供直接的或远端的用户侧接口，完成光/电和电/光信号的转换功能，实现语音信号的 A/D 和 D/A 转换、复用、信令处理和维护管理等功能，提供 PSTN、ISDN-BRA、ISDN-PRA、64kbit/s 数据等业务。PON 采用点到多点的分布结构，多种业务信号通过光纤传输到本地网，然后被无源地分配到 ONU 单元，经过 ONU 的光/电转换和信号处理后，为用户服务。

三是有线电视网接入技术。有线电视网接入是一种基于有线电视网络铜线资源的接入方式，其核心装置是通过有线电视网络进行高速数据接入的 Cable Modem，其在两个不同的方向上接收和发送数据，把上下行数字信号用不同的调制方式调制在双向传输的某个 6MHz（或 8MHz）带宽的电视频道上。Cable Modem 将上行数字信号转换成模拟射频信号，并在有线电视网上传送；接收下行信号时，Cable Modem 将收到的信号转换为数字信号以便电脑处理。

Cable Modem 在原理上是通过有线电视的某个传输频带将数据进行调制后在电缆的一个频率范围内传输，接收时进行解调。Cable Modem 是组建城域网的关键设备，混合光纤同轴网（HFC）主干线用光纤，光结点小区内用树枝型总线同轴电缆网连接用户，其传输频率可高达 550/750MHz。用户端的 Cable Modem 的基本功能是将下行的 RF 信号解调为数字信号，从 MPEG-TS 帧中抽出数据，形成以太网的数据，并通过 10Base 接口将数字信号传送到 PC 机；将上行数字信号调制成 RF 信号，通过 HFC 传给 CMTS（头端设备）。CMTS 将从外界网络接收的数据帧封装在 MPGE-TS 帧中，通过下行数字调制和 RF 输出到用户端，同时接收上行出来的数据转换成以太网的帧。Cable Modem 采用的主要协议有，下行协议是 64QAM（正交振幅调制），上行调制采用 QPSK（四相移相键控调制）。为实现上述功能，还要将目前的单向有线电视网转变成双向光纤 - 同轴电缆混合网，以便实现宽带应用。Cable Modem 彻底解决了由于声音图像的传输而引起的阻塞，其速率已达 10Mbps 以上，下行速率则更高。

三 无线接入技术

无线接入已经成为一种非常重要的互联网接入方式，主要包括无线局域网方式、手机上网方式、点对点的专用微波链路方式、无线本地环路方式、同步卫星链路方式等，其中无线局域网和手机上网两种方式的应用范围最广。

无线局域网由于其构网便捷、造价低、传输速率快的特点，得到了广泛的应用。目前，以无线路由器为接入结点的无线局域网多用于家庭、办公室等场景。随着无线接入技术的发展，无线接入成为城市数字化、智能化发展的重要媒介，无线城市为人们时时、处处联入互联网提供了可能。此外，超级互联网等新型无线局域网技术极大地扩展和提高了无线局域网的覆盖范围与传输速率。

手机自问世至今，经历了第一代模拟制式手机（1G）、第二代 GSM、TDMA 等数字手机（2G）、第 2.5 代移动通信技术 CDMA 和第三代移动通信技术 3G，手机上网的方式也经历了不同的阶段。

第一代模拟通信网络只能提供电话通信功能。第二代移动通信技术 GSM（Global System for Mobile Communications）是一种起源于欧洲的移动通信技术标准，GSM 使用 900MHz、1800MHz、1900MHz 等几个频段，其接入互联网的速度较慢。第 2.5 代移动通信技术 CDMA（Code Division Multiple Access）使得移动通信中视频应用成为可能。第三代移动通信技术是指将无线通信与国际互联网等多媒体通信结合的新一代移动通信系统，其能够处理图像、语音、视频流等多种媒体形式，提供包括网页浏览、电话会议、电子商务等多种信息服务。3G 技术主要包括 W–CDMA、CDMA2000 和 TD–SCDMA 等。

第三节 互联网管理与应用

一 互联网管理

互联网在带来便利的同时也带来了一些消极的、负面的影响，主要包括：一是互联网上丰富的信息和服务会干扰互联网用户信息筛选的速度和效率；二是互联网上极高的信息自由度会对传统的文化、习惯造成冲击；三是互联网上发布信息的低成本导致了互联网上信息的可信程度降低和非法信息的传播；四是互联网上用户信息传递的可选择性和隐匿性降低了犯罪成本。

为保障互联网的健康发展，世界各国都制定了相应的法律政策，以加强对互联网的监管。

尽管美国一贯标榜互联网自由，事实上美国实施的网络监管非常严格。美国制定的《联邦信息安全管理法》、《克林格—科恩法》、《经济间谍法》、《爱国者法案》等法律政策一方面对互联网架构、应用等作出了规定，另一方面赋予了美国执法和情报部门对互联网进行监管的权限。2013年相继爆出的"棱镜门"和"窃听门"事件已经证明，美国在互联网上一方面对国内民众进行大范围监控，另一方面在长期窃取其他国家的网络情报。

德国制定的《媒体服务国家协议》、《广播电台国家协议》和《通讯媒体法》等均适用于互联网领域，其中《信息和通讯服务规范法》明确了互联网信息内容传播过程中各个环节、相关机构的安全保障责任和义务。

法国的邮政及电信管理委员会是法国电信行业的监管部门，主要负责对电信行业和互联网进行监管。在法国的电信监管体系中，接入和互联互通管制居于重要地位。接入和互联互通管制主要针对具有显著市场影响力的运营商施加若干义务，以优化电信市场竞争环境，提升用户服务质量。

韩国早在1995年就颁布了《电信事业法》，提出对"危险通信信息"进行监管。2001年，韩国制定《不健康网站鉴定标准》和《互联网内容过滤法令》，确立了互联网信息过滤机制。近年来，韩国立法机关继续制定了《促进信息化基本法》、《信息通信基本保护法》、《促进信息通信网络使用及保护信息法》等法律，对在互联网上散布淫秽色情信息、污辱诽谤和损害他人名誉、反复发送可诱发恐怖或不安情绪的信息、网络赌博、发布对青少年有害信息等行为进行制裁。

日本《电讯事业法》、《规范互联网服务商责任法》、《规范电子邮件法》等专门性的互联网管理法律法规，在各个具体的环节界定了信息网络违法行为、网站责任等问题。日本《刑法》、《著作权法》等，明确规定互联网违法信息的范围。

新西兰于 2003 年制定的《电讯（截收）法》应当属于颇具特色的互联网信息安全立法，该法律规定警察为开展调查可通过技术手段进入个人电脑，可对电子邮件进行过滤审查。警方根据案件调查需要，可以对单位或个人计算机信息进行调查。根据情报部门或警方要求，电讯公司、网络服务商应向其提供相关用户的网络地址、登录名及密码、个人身份等信息。如拒绝提供，将被追究其刑事责任。

二　互联网接入资费

互联网服务包括网络基础设施建设、网络运营、信息提供等方面，相应的服务收费包括网络租用费、安装调试维修费、信息费等。对于互联网用户来说则常常表现为互联网接入资费。

互联网接入资费具有以下特点：

一是垄断性。互联网接入服务通常需要借助电信网络才能提供服务。电信网络系统的建立和操作具有显著的规模经济性和成本弱增性。一个特定规模的通信网络系统的操作成本不会因使用者的增加而大幅度增加，反而是在一个相当大的业务范围内，单位成本会呈不断下降的趋势。上网服务需要架接电信网，尤其是国际互联网更需架接国际网。巨大的网络系统开发投资建设成本，决定了互联网接入服务资费具有垄断特性。

二是竞争性。一般来讲，互联网接入服务由若干家运营商提供竞争性服务。目前，我国互联网服务就是由中国电信集团公司、中国网络通信集团公司、中国移动通信集团公司、中国联合通信有限公司、中国卫星通信集团公司、铁道通信信息有限责任公司等六家存在竞争性的企业共同提供的。

三是外部性。现代通信网络系统采用可靠、节能和高效的电子技术。一方面，一个特定规模的通信网络系统的操作成本不会因为使用者的增加而大幅度增加，短期可变成本很小。在现有网络中增加用户对所有网内用户均有好处，这是网络的"正外部性"；另一方面，互联网服务也不是可以无限制增加的，各种新功能的大量涌现，会导致用户占用的带宽持续增长，带宽资源消耗急剧增加，会造成网络"拥堵"，这是网络的"负外部性"。

四是公益性。网络资源在某种意义上说，带有公益性资源的性质，以互联网为主要标志的信息化，渗透到了社会文化、教育、科技、生活等方方面面，老百姓在享受这种公益资源的同时，能够更好地提高素质。

互联网接入服务收费形式主要有以下几种模式：

一是包月制。包月制是目前我国使用最多的宽带收费模式，其成本由网络租金、安装、维修耗材成本、网上资源信息接收等项目组成。

二是计时收费制。这种收费模式是按用户上网时间计时收费，最常见的是拨号上网收费，即根据用户上网时间收取费用。计时收费制模式网费一般较高，将会逐步被淘汰或过渡到计流量收费模式。

三是计流量收费制。这种收费模式是将宽带使用视为我们日常生活必需，收费模式与我们日常生活中每天都要用到的水、电和煤气一样，按用量缴费，也就是计流量收费的业务模式。

三　互联网应用

随着互联网的快速发展，互联网应用不断推陈出新，主要包括以下几种：

1. 信息内容服务

信息内容服务伴随着互联网的产生而产生，是指通过互联网提供经济、娱乐、科技、文化等内容的服务。互联网信息内容服务的主要模式包括：BBS（Bulletin Board System）、论坛、网站等。

2. 电子邮件

1971年，美国BBN科技公司的工程师雷·汤姆林森(Ray Tomlinson)开发出电子邮件，其是一种借助互联网提供信息交换的通信方式，是应用最广的互联网服务。用户可以用非常低廉的价格，以非常快速的方式，与世界上任何一个角落的网络用户联系，这些电子邮件可以是文字、图像、声音等各种形式。

3. 搜索引擎

搜索引擎是指根据一定的策略、运用特定的计算机程序从互联网上搜集信息，在对信息进行组织和处理后，为用户提供检索服务，将用户检索相关的信息展示给用户的系统。现代意义上的搜索引擎是由蒙特利尔大学学生 Alan Emtage 于 1990 年发明的 Archie。Alan Archie 工作原理与现在的搜索引擎已经很接近，它依靠脚本程序自动搜索网上的文件，然后对有关信息进行索引，供使用者以一定的表达式查询。搜索引擎包括全文索引、目录索引、元搜索引擎、垂直搜索引擎、集合式搜索引擎、门户搜索引擎与免费链接列表等。百度和谷歌等是搜索引擎的代表。

4. 社交网络服务

社交网络服务（Social Networking Service）是为一群拥有相同兴趣与活动的人创建在线社区。这类服务往往基于互联网为用户提供各种联系、交流的交互通路，如电子邮件、实时消息服务等。此类网站通常通过朋友一传十十传百地把网络展延开去，极其类似树叶的脉络，因此被称为"社交网站"。多数社交网络会提供多种让用户交互起来的方式，如聊天、寄信、影音、文件分享、博客、讨论组群等。社交网络为信息的交流与分享提供了新的途径。作为社交网络的网站一般会拥有数以百万的登记用户。社交网络服务网站当前在世界上有许多，知名的包括 Facebook、Quazza.com、Myspace、Orkut、Twitter，等等。在中国大陆地区，社交网络服务为主的流行网站有人人网、QQ 空间、微博等。

5. 即时通讯

即时通讯（Instant messaging）是一种终端服务，允许两人或多人使用互联网即时地传递文字讯息、档案、语音与视频交流。1996 年 11 月出现的 ICQ 是首个被广泛使用的互联网即时通讯软件，之后出现了多种即时通讯工具。即时通讯按使用用途分为企业即时通讯和网站即时通讯，根据装载的对象又可分为手机即时通讯和计算机即时通讯。国内外典型即时通讯产品有：Microsoft Lync、百度 Hi、MSN、QQ、FastMsg、UC、蚁傲、Active Messenger、米聊、YY 语音、微信等。

6. 电子商务

电子商务是指在互联网环境下，基于浏览器/服务器应用方式，买卖双方不谋面地进行各种商贸活动，实现消费者的网上购物、商户之间的网上交易和在线电子支付以及各种商务活动、交易活动、金融活动和相关的综合服务活动的一种新型的商业运营模式。电子商务是一个不断发展的概念。IBM 公司于 1996 年提出了 Electronic Commerce（E-Commerce）的概念。电子商务涵盖的范围很广，一般可分为企业对企业 (B2B)、企业对消费者（B2C）、个人对消费者 (C2C)、企业对政府（B2G）、线上对线下（Online To Offline）等 5 种模式。

7. 电子政务

电子政务（Electronic Government）诞生于 20 世纪 90 年代，其概念随着实践的发展而不断变化。联合国经济社会理事会将电子政务定义为："政府通过信息通信技术手段的密集性和战略性应用组织公共管理的方式，旨在提高效率、增强政府的透明度、改善财政约束、改进公共政策的质量和决策的科学性，建立良好的政府之间、政府与社会、社区以及政府与公民之间的关系，提高公共服务的质量，赢得广泛的社会参与度"。世界银行则认为电子政务是"政府机构使用信息技术，赋予政府部门以独特的能力，转变其与公民、企业、政府部门之间的关系，以便向公民提供更加有效的政府服务、改进政府与企业和产业界的关系、通过利用信息更好地履行公民权，以及增加政府管理效能"的新型政务模式。

8. 移动APP

APP 是 application 的缩写，特指手机等移动终端上的应用软件，或称移动客户端。苹果公司的 APP store 开启了移动终端软件业的发展潮流，目前 APP 开发主要集中于苹果和安卓操作系统。随着智能手机越发普及，用户越发依赖移动终端软件商店，APP 市场方兴未艾，一批"超级 APP"不断出现。所谓超级 APP，是指那些拥有庞大的用户数，成为用户手机上的"装机必备"的基础应用。

第三章 世界互联网接入服务发展现状及经验启示

第一节 总体发展情况

一 互联网接入用户数量快速增长

随着互联网快速发展和普及应用，全球互联网接入用户快速增长。据互联网市场研究机构 Royal Pingdom 统计，2012 年全球互联网用户总量已达 24 亿，较 2007 年的 11.56 亿将近翻一番。2007—2012 年 5 年间，全球各地区网民迅猛增长，亚洲互联网用户数从 4.18 亿达到 11 亿，欧洲从 3.22 亿增至 5.19 亿，非洲从 0.34 亿达到 1.67 亿，拉美、北美、中东、大洋洲也有较大幅度的增长。中国是世界上互联网接入用户最多的国家，2012 年用户数达到 5.65 亿，约占全球互联网接入用户的 25%，其次是美国、印度和日本，如图 3—1 所示。

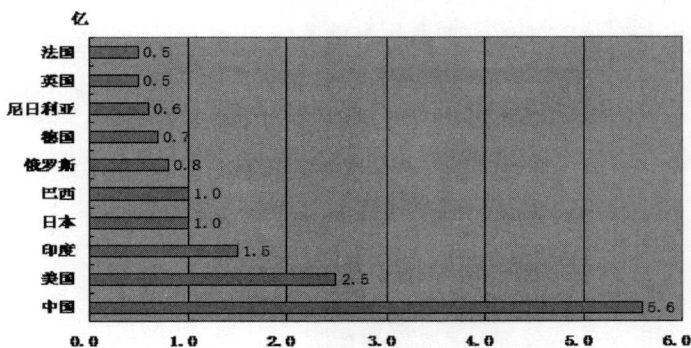

图 3—1 2012 年全球互联网接入用户数排名前十的国家

数据来源：ITU，2013年6月

从互联网普及率看，北美是全球互联网普及率最高的地区，如图3—2所示，2012年普及率为78.6%，大洋洲（澳大利亚）和欧洲分列第二、三位；福克兰群岛、冰岛、挪威的互联网普及率达到95%，分列全球第一、二、三位，如图3—3所示。目前发达国家的互联网接入家庭的增长率正在放缓，据国际电信联盟（ITU）数据，到2013年底发达国家的互联网普及率接近77%；发展中国家近5年来保持年均18%的增长率，2008年发展中国家拥有互联网接入家庭的比例仅为12%，2013年底达到28%。但发达国家与发展中国家之间的差距依然较大，据ITU数据，2013年底全球近40%的人口将能够上网，发达国家的互联网接入普及率接近80%，但发展中国家则仅为28%。

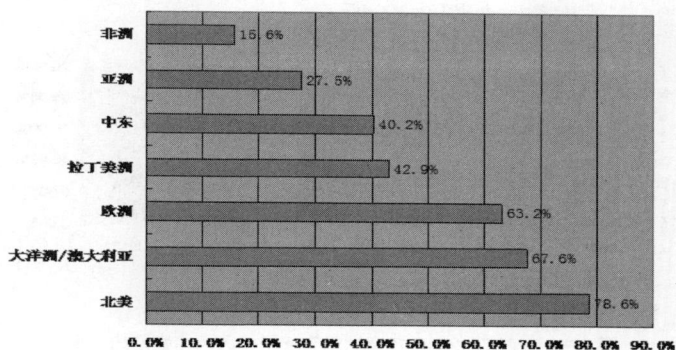

图3—2　2012年全球各地区互联网普及率

数据来源：互联网市场研究机构Royal Pingdom，2013年1月

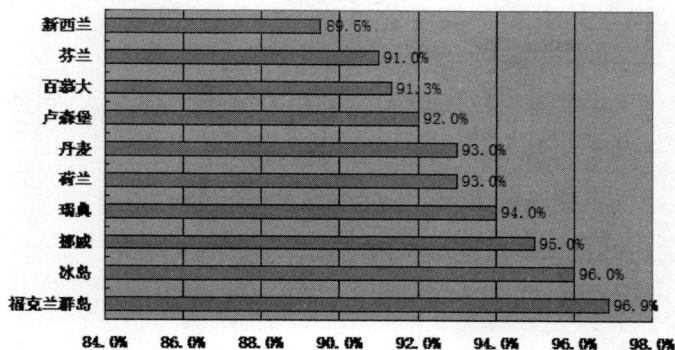

图3—3　2012年全球互联网普及率排名前十的国家和地区

数据来源：ITU，2013年6月

目前全球固定宽带接入用户增长正趋于平稳。2010—2013 年全球固定宽带年均复合增长率为 10%，低于移动宽带的增长率。固定宽带增速放缓的原因是发达国家增速减慢，而在发展中国家宽带接入用户数持续保持两位数字的增长。但发达国家和发展中国家的差距依然很大，据 ITU 预测，2013 年底全球固定宽带的普及率将达到 10%，发达国家为 27%，而发展中国家仅为 6%。据 ITU 统计，2012 年全球固定宽带（ITU 界定为下行速率等于或大于 256 kbit/s）接入用户总数达到 6.38 亿，其中亚洲、欧洲和美洲用户占到全球总量的 92% 以上，其他地区占有较少比重，如图 3—4、图 3—5 所示。中国是全球固定宽带接入用户最多的国家，达 1.78 亿，较 2011 年同期同比增长 15.11%；巴西是增速最快的国家，达 17.96%，中国、印度、俄罗斯分列二、三、四位，如图 3—6 所示。

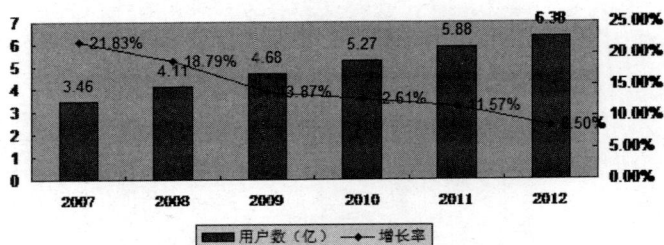

图 3—4　2007—2012 年全球固定宽带接入用户数及增长率

数据来源：ITU，2013年

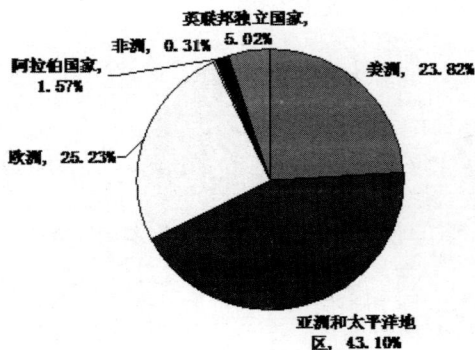

图 3—5　2012 年全球各地区固定宽带接入用户数量占比

数据来源：ITU，2013年

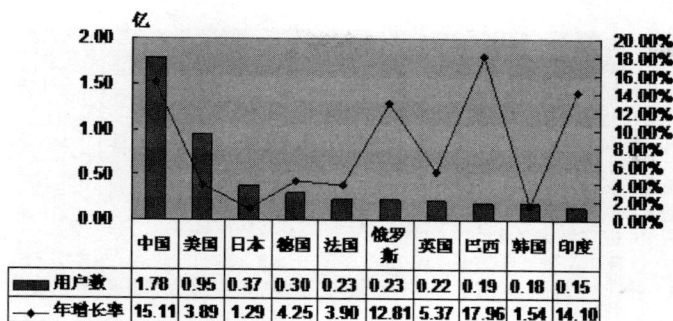

	中国	美国	日本	德国	法国	俄罗斯	英国	巴西	韩国	印度
用户数	1.78	0.95	0.37	0.30	0.23	0.23	0.22	0.19	0.18	0.15
年增长率	15.11	3.89	1.29	4.25	3.90	12.81	5.37	17.96	1.54	14.10

图 3—6 2012 年全球固定宽带接入用户数量排名前十的国家

数据来源：Point Topic，2012年12月

随着第三代移动通信技术（3G）技术的发展和在全球范围的普及应用，移动宽带接入用户增长迅猛。据 ITU 统计，2007 年全球移动宽带接入用户数为 2.68 亿，2010 年增长至 7.79 亿，2013 年将增长至 21 亿，年均复合增长率将达到 40%。欧洲和美洲移动宽带普及率最高，2010 年分别为 28.7% 和 22.9%，2013 年预计将达到 67.5% 和 48.0%，如表 3—1 所示。美国是全球移动宽带用户最多的国家，达到 2.34 亿，中国为 2.31 亿，日本、印度尼西亚和俄罗斯分列第三、四、五位，如图 3—7 所示。新西兰、日本、芬兰、韩国和瑞典是全球移动宽带普及率最高的国家，均达到 100% 以上，如图 3—8 所示。

表3—1   2007—2013年全球各地区移动宽带普及率

	2007年	2010年	2013年	年均复合增长率（2010-2013）
欧洲	14.7%	28.7%	67.5%	33%
亚洲和太平洋地区	3.1%	7.4%	22.4%	45%
美洲	6.4%	22.9%	48.0%	28%
非洲	0.2%	1.8%	10.9%	82%
阿拉伯国家	0.8%	5.1%	18.9%	55%
英联邦独立国家	0.2%	22.3%	46.0%	27%

数据来源：ITU，2013 年 6 月

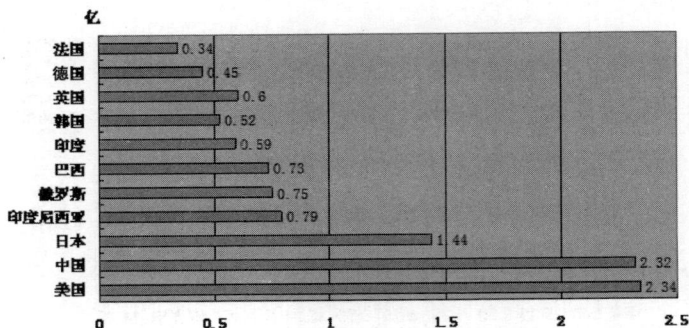

图 3—7 2012 年全球移动宽带用户数量排名前十的国家

数据来源：ITU，2013年6月

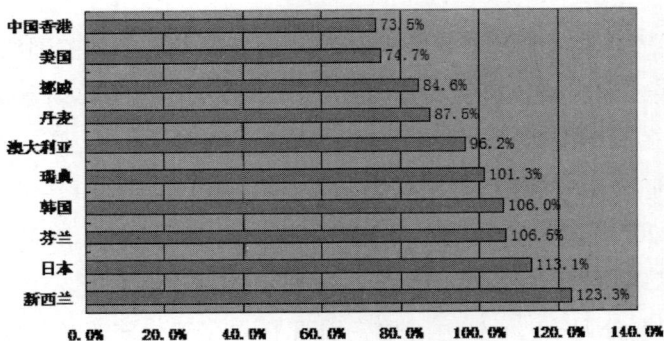

图 3—8 2012 年全球移动宽带普及率排名前十的国家和地区

数据来源：ITU，2013年6月

二 互联网平均接入速度持续提高

近年来，全球互联网平均接入速度持续提高，尽管由于移动宽带的使用而使环比增长率有所下降，但同比增长率仍保持增长态势。Akamai Technologies 数据显示，2012 年四季度，全球平均网速同比增长 25%，达到 2.9 Mbps；2013 年三季度，全球平均网速同比增长 29%，达到 3.6Mbps，如图 3—9 所示。2013 年三季度，全球有 133 个国家和地区网速同比有所增长，增幅由埃及的 0.2%(达到 1.2 Mbps) 至留尼旺的 259%(达到 6.8 Mbps)。目前韩国依然是全球网速最快的地区，2013 年三季度平均接入速度达到 22.1

Mbps，日本和中国香港分列二、三位，平均速度为 13.3Mbps 和 12.5Mbps，美国平均网速 9.8Mbps，名列第八，如图 3—10 所示。

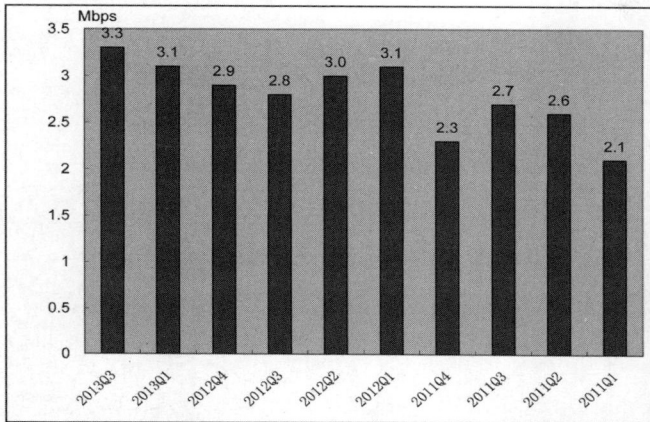

图 3—9 2011 年—2013 年全球互联网平均接入速度

数据来源：Akamai Technologies

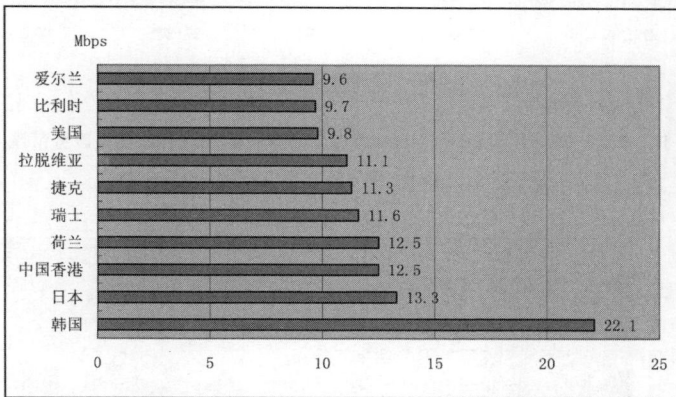

图 3—10 2013 年三季度全球互联网平均接入速度排名前十的国家和地区

数据来源：Akamai Technologies

据 ITU 数据，2008—2012 年，全球固定宽带服务的最低速度从 256Kbps 上升到 2Mbps，2012 年仅有五分之一的国家依然提供 256Kbps 速度的一揽子计划。全球 4Mbps 及以上速度的宽带接入率以及高速宽带接入率（10Mbps 及以上速度）持续提高。Akamai Technologies 数据显示，全球 4Mbps 及以上速度的宽带接入率 2012 年一季度为 40%，2013 年一季度同比增长 12%，达到 46%；全球高速宽带接入率 2012 年一季度为 10%，2013 年一季度同比增长 28%，达到 13%，如图 3—11 所示。目前瑞士、韩国和荷兰是全球 4Mbps 及以上速度的宽带接入率最高的国家，2013 年一季度的接入率分别为 88%、87% 和 84%，而全球高速宽带接入率最高的国家是韩国，达到 50% 以上，如图 3—12、3—13 所示。

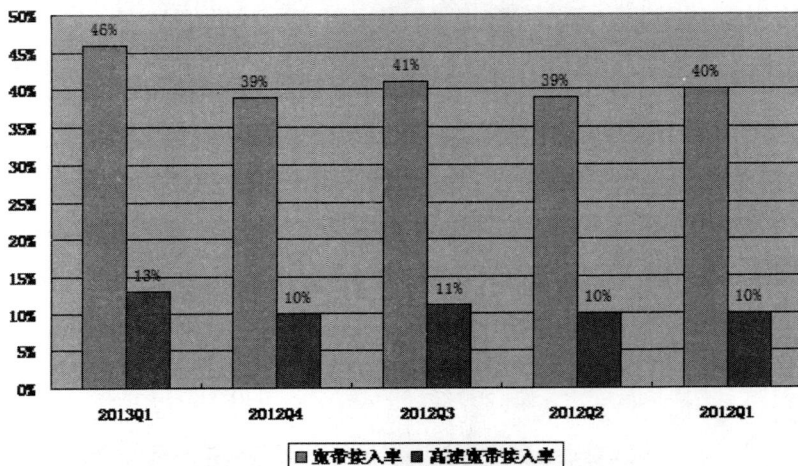

图 3—11　2012—2013 年全球 4Mbps 及以上速度宽带接入率以及高速宽带接入率

数据来源：Akamai Technologies

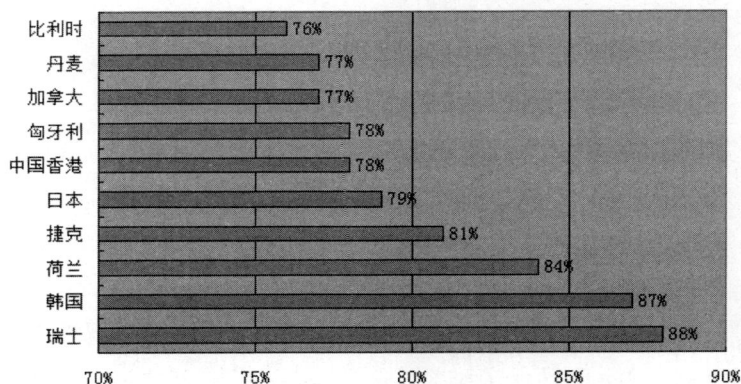

图 3—12　2013 年一季度全球最低 4Mbps 的宽带接入率排名前十的国家和地区

数据来源：Akamai Technologies

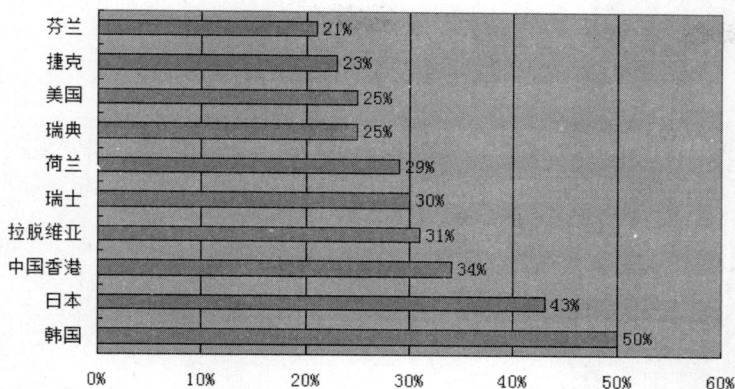

图 3—13　2013 年一季度全球高速宽带接入率排名前十的国家和地区

数据来源：Akamai Technologies

随着智能手机和平板电脑的普及应用，全球移动网络平均接入速度有所提高，但总体看目前还处于较低的水平。根据 Akamai Technologies 对全球 80 多家移动网络运营商的调查，2013 年一季度全球移动网络运营商平均网速最低为 0.4Mbps、最高为 8.6Mbps，相较 2012 年二季度的 0.34Mbps 和 7.5Mbps 有所提高。但目前全球移动网络平均接入速度还较低，没有达到高速宽带水平（10Mbps 及以上速度），据统计 2013 年一季度，全球有超过 70 多家移动网络运营商的平均接入速度超过 1Mbps，但仅有 10 家运营商平均接入速度可达到 4 Mbps。

三　互联网接入价格各国差异较大

近年来，全球互联网接入价格大幅下降。据 ITU 统计，2008—2012 年，全球固定宽带接入价格占人均国民总收入的比重下降了 82%，降到 21.5% 左右，如图 3—14 所示。下降幅度最大的是发展中国家，从 2008 至 2011 年，其固定宽带价格每年下降 30%，在 2012 年统计的 169 个经济体中，有三分之一的发展中国家以低于人均国民收入 5% 的价格提供宽带服务；而发达国家固定宽带价格稳定在了约占人均国民收入 1.7% 的水平，在一些发达国家，由于更高的速率和数据额度，固定宽带价格实际上略有上涨。但是，发展中国家与发达国家的差距仍较大，发展中国家中固定宽带价格占国民总收入的比重仍较高，约为30.1%，普通民众难以承受。

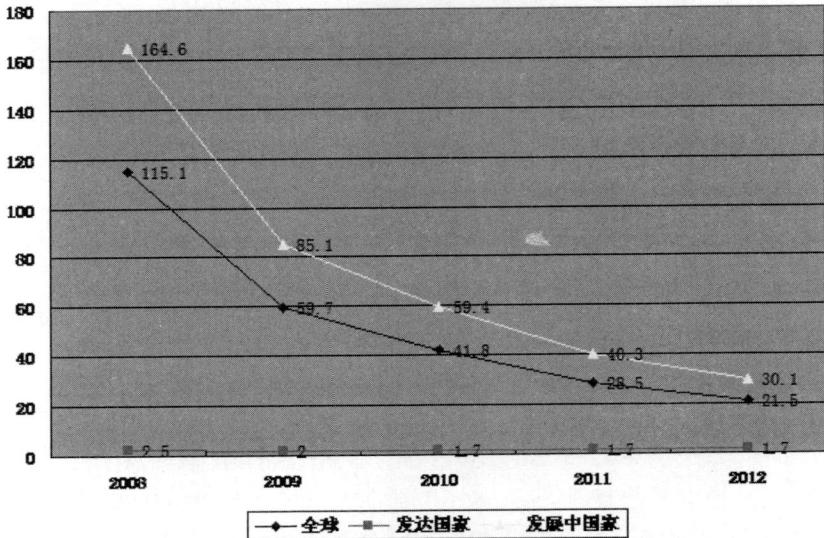

图3—14 2008—2012年全球固定宽带接入价格占国民总收入的比重

数据来源：ITU，2013年

目前各国宽带价格差异较大。据ITU统计，2012年底全球固定宽带价格平均为每月57美元，大多数国家价格在5美元至60美元之间，全球有12个国家固定宽带价格在每月10美元以下，其中斯里兰卡价格最便宜，为每月5.5美元，但古巴的价格最高，居然高达每月1753美元，如图3—15所示。从成本看，全球固定宽带价格最便宜的地区是中国澳门，如表3—2所示，其宽带价格约占人均国民总收入的0.3%，其次是以色列、瑞士和美国；全球固定宽带价格最贵的地区是冈比亚、厄立特里亚，每月平均宽带价格约占人均国民总收入700%以上。目前全球固定宽带价格占人均国民总收入比重的平均值为28.5%，发展中国家的平均值为40.6%，而发达国家的平均值为1.7%，差距很大。目前有25个国家的比重等于或小于1%，有17个国家的比重等于或大于100%。

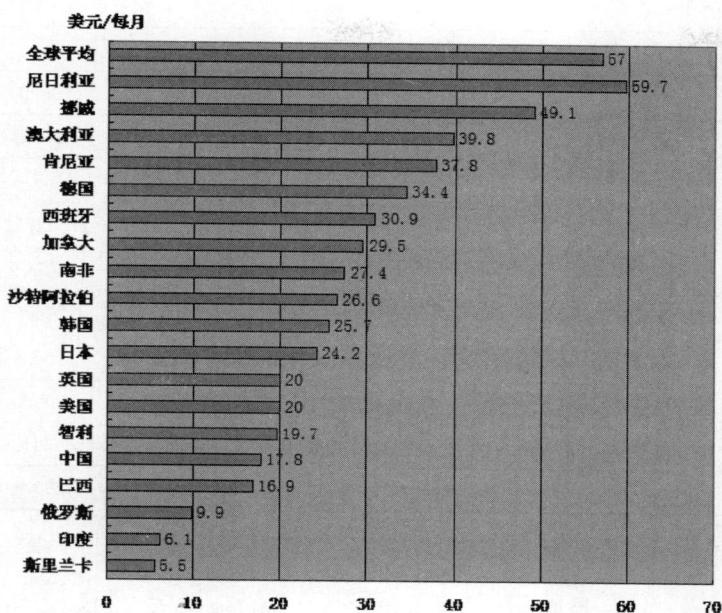

图3—15 2012年底部分国家固定宽带接入平均价格

数据来源：ITU，2013年

表3—2　　　2011年全球固定宽带价格最便宜和最贵的国家和地区

排名	国家	宽带价格占人均国民总收入的比重（%）	宽带价格（美元/每月）
最便宜的国家			
1	中国澳门	0.3	8.5
2	以色列	0.4	8.8
3	瑞士	0.5	32.7
4	美国	0.5	20
5	卢森堡	0.6	38.1
6	英国	0.6	20
7	比利时	0.7	25.2
8	日本	0.7	24.2
9	挪威	0.7	49.1
10	加拿大	0.8	29.5

排名	国家	宽带价格占人均国民总收入的比重（%）	宽带价格（美元/每月）
		最贵的国家	
1	尼日尔	193.4	59.6
2	圣多美&普林西比	221.3	221.3
3	基里巴斯	228.7	383.1
4	卢旺达	257.8	111.7
5	古巴	379	1752.7
6	斯威士兰	399.1	874.6
7	多哥	405.5	165.6
8	塔吉克斯坦	543.7	362.5
9	厄立特里亚	720	204
10	冈比亚	747.4	280.3

数据来源：ITU

　　全球移动宽带接入价格差异也很大。从发展水平看，目前在50%以上的发展中国家中，移动宽带价格占人均国民收入的5%以下，在发展中国家预付费的基于手机的移动宽带与每月蜂窝移动电话服务计划相比，在占人均国民收入的百分比方面贵出了40%；而在发达国家，预付费的基于手机的移动宽带价格事实上低于蜂窝移动电话服务价格。从地区看，2013年一季度欧洲国家移动网络接入价格占人均国民总收入比重在2%以下，为各地区最低；而非洲地区的比重达到30%，1GB的移动宽带接入价格更是占到国民总收入的50%以上，如图3—16所示。从国家看，奥地利移动宽带价格占人均国民收入的比重最低，为0.1%；圣多美和普林西比、津巴布韦以及刚果民主共和国的数值最高，为100%以上，即移动宽带价格等于或高于人均国民收入，移动宽带对国内多数居民是不可承受的；移动宽带综合价格占人均国民收入较低的国家包括卡塔尔、英国、德国、科威特和法国，一些低收入国家如爱沙尼亚、巴林和哈萨克斯坦，其移动宽带价格占人均国民收入的比重较低。

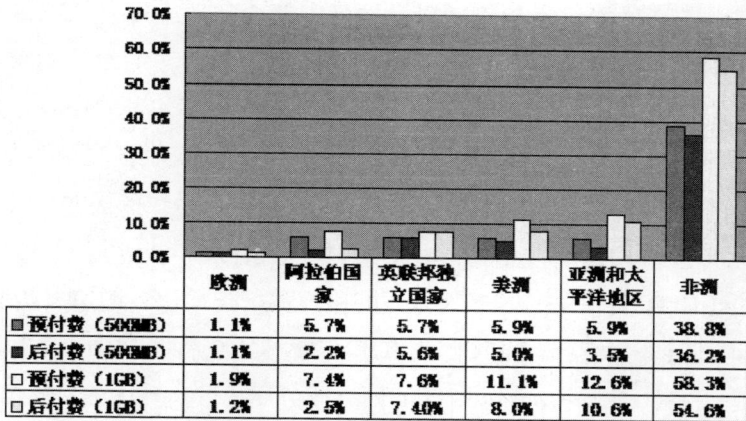

	欧洲	阿拉伯国家	英联邦独立国家	美洲	亚洲和太平洋地区	非洲
■ 预付费（500MB）	1.1%	5.7%	5.7%	5.9%	5.9%	38.8%
■ 后付费（500MB）	1.1%	2.2%	5.6%	5.0%	3.5%	36.2%
□ 预付费（1GB）	1.9%	7.4%	7.6%	11.1%	12.6%	58.3%
□ 后付费（1GB）	1.2%	2.5%	7.40%	8.0%	10.6%	54.6%

图 3—16 2013 年一季度全球各地区移动宽带接入价格占人均国民总收入的比重

数据来源：ITU

四 DSL仍是主流的接入技术

从接入方式看，数字用户线路（DSL）是世界上使用最广泛的宽带接入技术。据经济合作与发展组织（OECD）统计，截止 2012 年 12 月，以 DSL 方式接入占据 OECD 成员固定宽带接入的 53.6%，电缆调制解调器（Cable Modem）份额为 30.8%，光纤接入（FTTx，含甚高速数字用户环路 VDSL 和 VDSL2）为 14.9%。另据 Point Topic 统计，截至 2012 年 12 月，全球宽带接入方式中，DSL 接入方式（包括非对称数字用户环路 ADSL、ADSL2+，对称数字用户环路 SDSL）等占据 56.95% 的份额，Cable Modem 占据 19.19%，FTTx 占据 17.78%，无线和卫星等其他方式占据 3.08% 份额，如图 3—17 所示。

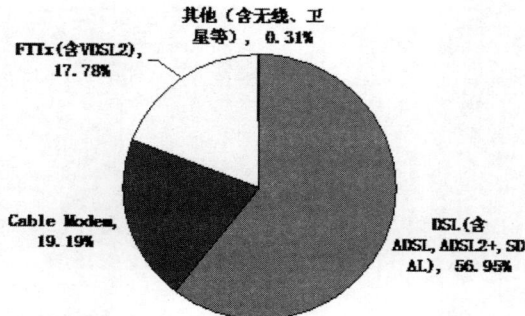

图 3—17 2012 年年底全球各类宽带接入业务份额

数据来源：Point Topic

但是，随着网络信息的倍增以及网络中新业务新应用对信息传输速率要求的不断提高，目前 DSL 已经不能满足高速宽带网络的发展要求。理论上，DSL 信号速率最大上行速率为 1Mb/s，下行速率可达 8Mb/s（商用的 ADSL2+ 可达 24Mb/s）。网络新应用的出现，使得数据业务规模急速扩大，DSL 速率已经不能满足需求，因此光纤接入成为增长最快的接入技术。2012 年光纤宽带接入网络用户数量猛增，其中：使用光纤到节点（FTTN）/ 光纤到路边（FTTC）、VDSL 等接入方式的用户数增长最快，增速高达 27.5%，达到 1.144 亿；其次为光纤到户（FTTH），增长了 20.3%，用户数达到 1931 万，如表 3—3、图 3—18 所示。DSL 网络服务用户数达到 3.667 亿，增长了 3.6%，Cable Modem 用户数达到 1.236 亿，增长了 7.2%。此外，包括卫星通信在内的固定无线接入技术服务用户数为 1081 万，增长了 12%。

表3—3　　　　　　　2012年四季度各类互联网接入方式用户数增长情况

接入技术	2011Q4	2012Q4	年增长用户数	年度增长率
FTTx	89, 781, 231	114, 440, 536	24, 659, 305	27.5%
DSL	353, 990, 359	366, 658, 476	12, 668, 117	3.6%
Cable Modem	115, 232, 185	123, 550, 859	8, 318, 674	7.2%
FTTH	16, 044, 679	19, 308, 751	3, 264, 072	20.3%
Fixed wireless	9, 655, 531	10, 811, 152	1, 155, 621	12.0%

数据来源：Point Topic

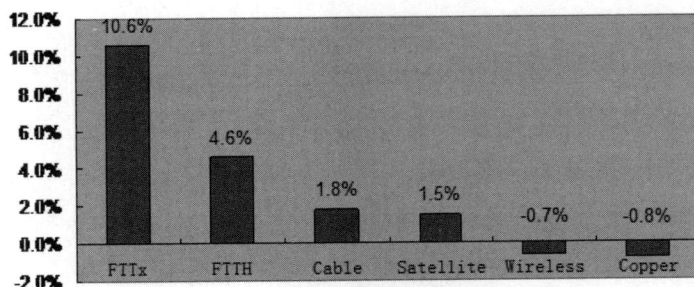

图 3—18　2013 年第一季度全球各类互联网接入方式用户数增长情况

数据来源：Point Topic

五　移动宽带接入市场发展迅猛

随着 3G 增强型技术的发展，以及智能终端、内置移动宽带通信功能的笔记本电脑终端等产品的逐步普及，全球移动宽带接入市场发展迅猛。据 ITU 数据，2007—2013 年全球移动宽带用户数量年均增长 40%，2012 年底 3G 网络已覆盖全球约 50% 人口，2013 年底全球移动宽带用户数量达到 20 亿，占网民总数的 75%。在世界上较大的国家和地区，3G 商业服务几乎已经实现了全覆盖。移动宽带不仅在发达国家发展迅速，在发展中国家也非常迅猛，其用户数在最近两年翻了一番，总用户数量超过了发达国家的数量。然而，发达国家与发展中国家的差距依然巨大，前者的普及率为 75%，而后者仅为 20%。

目前移动技术正在向更先进的技术快速迁移，随着技术的迁移，全球移动通信系统（GSM）/ 增强型数据速率 GSM 演进技术（EDGE）用户数已经开始下滑，3G、长期演进技术（LTE）用户数量迅猛增长。据《2013 互联网趋势报告》显示，2011 年全球 3G 用户数为 11 亿，同比增长 37%，3G 普及率 18%；2012 年用户数达到 15 亿，增长率为 31%，普及率达到 21%。据 GSA 数据显示，截止 2013 年 9 月，全球已部署 213 个 LTE 商用网络，LTE 用户数量已经达到 1.3 亿，其中美、韩、日三国的用户数最高，占到全球用户 90% 左右。相比 3G 用户发展，LTE 用户扩展速度更快，GSA 数据显示，同样是达到 5000 万用户，GSM 用了 60 个月，WCDMA 用了 48 个月，而 LTE 只用了 34 个月。目前全球 LTE 商用网络用户数最大的 10 家运营商占据了全部 LTE 用户数的 86%，其中的 6 家是 CDMA 运营商，分别来自美国［Verizon、Spring、MetroPCS（已被 T-Mobile 收购）］和韩国（SK Telecom、LGU+、Korea Telecom）。从国家来看，韩国 LTE 普及率最高，Juniper Networks 数据显示，2013 年 9 月韩国 62% 人口接入 LTE 网络，日本 21% 居第二，澳大利亚 21% 居第三，美国 19% 居第四，瑞典 14% 居第五，加拿大 8% 居第六，英国 5% 居第七，德国 3% 居第八，俄罗斯 2% 居第九，菲律宾 1% 居第十。

据 GSA 数据显示，1800MHz 频段是 LTE 部署中最受运营商青睐的频段，其在已商用的 LTE 网络中的占比超过 43%；随着 4G 网络商用化加快，4G LTE 终端设备的款数也持续大增，截止 2013 年 8 月，LTE 终端设备的款数达到了 1064 个（其中有 222 款可以工作于时分双工 TDD 模式）。另据市场研究公司 Strategy Analytics 数据显示，2013 年第一季度，全球 LTE 手机出货量达 4120 万部，较去年同期的 790 万部实现大幅增长。

据英国网络测试公司 Open Signal 发布的报告，2013 年全球 4G LTE 网络速度最快的国家和地区排名中，澳大利亚以平均下载速度 24.5Mbps 位列第一，意大利、巴西、中国香港、丹麦、加拿大、瑞典、韩国、英国、法国的 4G 网络速度依次排在第二至第十位。瑞典是全球第一个推出 LTE 网络的国家，依然具有领先优势；美国是全球第二个推出商用 LTE 网络的国家，但 4G LTE 网络的平均下载速度仅为 6.5Mbps。

第二节　主要国家和地区发展情况

一　美国：高速宽带日益普及，4G发展全球领先

美国互联网接入用户数居世界第二位，仅次于中国，据 ITU 统计，截止 2012 年底，美国互联网接入用户约为 2.5 亿，2013 年 6 月为 2.54 亿。美国互联网普及率较高，2000 年互联网普及率仅为 43%，2005 年达到 67%，2012 年达到 81%。美国互联网接入速度在全球排名前列，2012 年美国平均网速为 7.4Mbps，排名世界第九位，与其他一些人口、领土与美国相近的国家相比，美国的网速是最快的。美国通过移动设备接入互联网用户数正持续上升，IDC 数据显示，2012 年美国移动设备接入互联网的用户数为 1.74 亿，2015 年通过移动设备接入互联网的用户数将超过通过 PC 接入的用户数，2016 年将增加到 2.65 亿。

在国家宽带计划的推动下，美国高速宽带（下行速度最低 10Mbps）覆盖率和网速大幅提高。据白宫 2013 年发布的《2009—2012 年宽带发展报告》，2000 年宽带仅覆盖 4.4% 的美国家庭，2010 年这一比例达到 68%，2013 年 5 月下行速度超过 3Mbps 的基本宽带已经覆盖美国 98% 以上人口，

其中下行速度超过 10 Mbps 的有线宽带覆盖 91% 美国人，81% 的美国人可使用相近速度的移动无线宽带，如表 3—4 所示。在接入技术方面，电缆是主要的接入方式，下行速度 25 Mbps 的超高速宽带中，电缆接入占到 76% 以上，光纤接入 19%，固定接入 5%，如表 3—5 所示。

表3—4　　　美国不同下行速度宽带覆盖人口比例（2013年5月）

	≧ 3Mbps	≧ 6M	≧ 10M	≧ 25M	≧ 50M	≧ 100M	≧ 1G
所有宽带	98.18%	96.17%	94.39%	78.51%	75.15%	47.09%	3.17%
有线宽带	93.41%	93.81%	90.91%	74.85%	74.85%	46.87%	3.17%
无线宽带	94.37%	84.17%	80.66%	4.94%	3.03%	1.80%	0.00%

数据来源：国家电信和信息管理局（NTIA）

表3—5　　　通过不同方式接入超高速宽带的美国人口比例（2013年5月）

	≧25M bps	≧50M	≧100M	≧1G
电缆	76.42%	72.63%	44.20%	0.00%
数字用户线	7.21%	0.11%	0.01%	0.00%
光纤	18.72%	18.25%	6.79%	3.16%
固定	4.88%	2.99%	1.78%	0.00%
移动	0.00%	0.00%	0.00%	0.00%
铜线	1.46%	0.27%	0.12%	0.01%

数据来源：国家电信和信息管理局（NTIA）

　　美国并不是最早推出 LTE 的国家，但在 Verizon、AT&T、Sprint 等运营商的推动下，美国 4G 网络覆盖、用户数和设备均在全球领先。据统计，截至 2013 年底，美国 4G 网络已经覆盖 97% 人口，4G 用户数量近 1 亿，7 成以上智能手机支持 4G LTE，美国 4G 网络连接占到全球的 46% 以上。Verizon 是目前 4G LTE 网络覆盖最好的运营商，在美国的覆盖率已经达到 95%，2013 年第一季度 LTE 用户数超过 2600 万；AT&T 的 4G 包括了 HSPA+ 和 LTE 两种技术，4G LTE 网络已在 400 多个市场布局；T-Mobile 美国目前 4G 的覆盖率达到了 96%，有 1.8 亿用户在享有高速网络带来的便利；Sprint 和 T-Mobile 伯仲之间，但 Sprint 对大城市的支持不如 T-Mobile。另据

Open Signal 最新数据显示，2013 年美国 4G 下载均速为 6.5Mbps，相较 2012 年 9.6Mbps 的平均速度下滑超过 30%，目前在全球排名第 15 位。随着 4G 的部署，美国先进移动宽带服务的可用性较两年前大大提高。国家电信和信息管理局的数据显示，2012 年 6 月美国 80.6% 用户可接入先进移动宽带服务；2013 年一季度，美国家庭的联网设备数量达到 5 亿部，智能手机用户占比从 2009 年的 16% 提高到 56%。

美国互联网接入服务的成本根据网速、服务套餐类型的不同而存在很大差异。据美国联邦通信委员会的测算，2011 年美国 1-5Mbps 宽带的每月平均价格为 35 美元，5-15Mbps 为 44 美元，15-25Mbps 为 56.5 美元。另据新美国基金会 2012 年 7 月发布的报告称，"三合一"（互联网、电视和电话）套餐的价格同样差别很大，基本套餐（包括下载速度 6 Mbps、上行速度 1Mbps 的宽带以及电视和电话服务）的计划定价最低为 66 美元 / 月，而更高端的对称宽带服务（30 Mbps 的宽带及电视和电话服务）的价格为 130 美元 / 月。因为地理位置和供应商的不同，美国宽带服务价格也存在很大差异。例如，同样花费 35 美元，旧金山的用户可以享受 200 Mbps 的对称连接，纽约和华盛顿的用户只能获得下行速度 25 Mbps、上行速度 2Mbps 的宽带服务，而洛杉矶的用户则是下行速度 10 Mbps、上行速度 1Mbps。近年来，美国用户需要支付的费用逐年上升，成本仍是美国人不愿使用宽带的一个重要原因，对于低收入美国人而言尤其如此。

美国城市和农村宽带普及程度差异很大。据国家电信和信息管理局统计，截至 2012 年 6 月，几乎所有城市居民接入了下行速度 6 Mbps 以上的宽带，但只有 82% 的农村居民能获得该速度水平的宽带服务；已有 88% 的城市居民接入了 25Mbps 的宽带，但在农村该比例仅为 41%；宽带速度越高，在城市和农村的普及程度差距越大。美国州和州之间农村地区宽带普及程度也存在差异，截至 2013 年 5 月，美国 15 个州和波多黎各地区中，21%—40% 的农村人口接入了网速达 25Mbps 的带宽网络，但只有 12 个州上述速度的宽带服务覆盖率达到 60%。

二 欧洲：超高速宽带发展加速，移动宽带发展相对落后

欧洲是全球互联网普及率、互联网平均接入速度较高的地区。据欧盟统计局数据显示，2012 年欧盟超过 75% 的家庭接入互联网，明显高于 2006 年的 50%，同期北美、亚洲互联网普及率约为 57%、46%，远低于欧洲水平。欧洲多个国家互联网普及率在 90% 以上，瑞典、冰岛、丹麦、芬兰、挪威、荷兰、英国均是全球互联网普及率最高的十个国家之一。欧洲多个国家互联网平均接入速度居世界前列，2013 年三季度荷兰、瑞士、捷克、爱尔兰、奥地利、瑞典、丹麦、英国等国家互联网平均接入速度达到 9Mbps，位列全球前十五位。

欧洲基本宽带服务目前已普及。欧盟社会公众都拥有基本的宽带网服务是《欧洲数字议程》确立的重要目标之一，得益于卫星技术的发展，这一目标在 2013 年 10 月提前实现。据统计，2012 年底欧洲有 99.9% 的家庭可接入基本宽带网络，2013 年欧洲家庭宽带覆盖率已达到 100%，欧洲每个人都可以实现大约 2Mbps 以上的网络连接速度。从技术上看，卫星宽带覆盖了移动网络无法到达的 0.6% 的家庭，在欧盟实现了 100% 覆盖率，DSL、有线电视和光纤覆盖率 96.1%，移动网络覆盖率 99.4%。从国家看，瑞士是欧洲宽带普及率最高的国家，2013 年三季度，瑞士 4Mbps 以上宽带普及率达到 90% 以上，位列全球第二位，荷兰、捷克、丹麦、奥地利也达到 80% 以上。

欧洲正在加快发展超高速宽带网络。《欧洲数字议程》提出，到 2020 年，所有欧共体公民都可享有不低于 30Mbps 的宽带速度，50% 的欧洲家庭都能享有 100Mbps 的宽带速度。为实现这一目标，欧洲各国都在加快光纤和 VDSL 网络建设。据统计，截至 2012 年底，VDSL 网络在欧洲的覆盖率已达 25%，比利时、荷兰、瑞士、奥地利、英国和德国均有超过 45% 的家庭用户使用 VDSL 网络，FTTP 网络覆盖率达到 12.3%，而采用第三代电缆数据传输系统（Docsis 3）的有线电视网络的家庭覆盖率也已达 39.3%。另据 IDATE 统计，2013 年欧洲 35 个国家的 FTTH/FTTB（光纤到户／光纤到大楼）用户数增长 33%，达到 950 万，新增用户中 30% 是法国、荷兰、葡

萄牙、西班牙、德国和英国等国家的用户。相关数据显示，2012 年年底欧洲 53.8% 的家庭可接入最低速度 30Mbps 的超高速宽带网络，荷兰、比利时、瑞士和卢森堡等国超高速宽带覆盖率达 90% 以上；在欧盟五大国中，德国和西班牙超高速覆盖率最高，约在 60%—65% 之间，其次是英国（55%—60%），再次是法国（35%—40%）和意大利（10%—15%）。

欧洲移动宽带发展落后于美国、韩国等国家。早在 2003 年西欧各运营商积极部署 3G 业务，例如，和黄 3G 在英国、意大利、瑞典、奥地利等推出了专门的 3G 资费表，Tele2 在卢森堡、Vodafone（沃达丰）在爱尔兰也推出了各种规模的 3G 试验，但是欧洲却是全球 3G 发展较为不尽如人意的地区。究其原因，一是欧洲国家高额的牌照费加重了运营商的负担，如 2003 年英国拍卖了 5 张 3G 牌照获得 360 亿美元巨额财政收入，德国政府拍卖了 6 张 3G 牌照获得了约 450 亿美元的财政收入，此后荷兰、意大利、奥地利、瑞士等国也开展了 3G 牌照拍卖，运营商为此背上沉重的债务包袱；二是欧盟强力的反垄断措施也使得欧洲电信市场竞争异常激烈；三是欧洲文化和消费习惯影响了欧洲 3G 网络的发展。欧洲较早开始 4G 网络建设和部署，2009 年 12 月北欧电信运营商 TeliaSonera 在挪威奥斯陆和瑞典斯德哥尔摩同时部署了全球第一个 LTE 商用网络，成为在 LTE 商用领域"第一个吃螃蟹的人"，之后 TeliaSonera 又在芬兰、丹麦等国推出 LTE 商用服务；在全球最早商用的 20 张 LTE 网络中，有 13 张网络部署在欧洲，比如 Aero2 在波兰商用 LTE、A1 telekom 在奥地利、Telenor 在瑞典、Vodafone 在德国等均较早地开展了 LTE 商用。但是，由于在 3G 上的巨大投入尚未获得回报，欧洲运营商对 LTE 并不热衷，加之欧洲经济疲弱和严格的电信监管政策，运营商对移动宽带网络投资匮乏，导致欧洲移动宽带发展相对落后。据市场研究公司 IDATE 数据，截至 2012 年底，美国和韩国市场上 LTE 用户总数已上千万，德国市场上的 4G 网络用户总数仅为 57 万，而英国更是只有 4.1 万。但近一两年来，随着全球 LTE 热潮的来临，欧洲运营商也开始加快步伐推进 LTE 的大规模商用，例如 2012 年 11 月法国第二大移动通信运营商 SFR 在里昂启动了首个面向大众服务的 4G LTE 网络，10 月英国移动服务提供商 EE 启用英国首个 LTE 商用网络，11 月意大利电信宣布商用 LTE 服务等。

英国超高速宽带覆盖率较高，4G 起步晚但发展较快。早在 2011 年底英国基本宽带服务已覆盖所有家庭，据英国电信监管机构 Ofcom 统计，2013年第一季度，英国已有 80% 家庭接入互联网，75% 的家庭接入宽带；ADSL是英国最主要的固定宽带接入方式，截至 2012 年底，英国 99.9% 的家庭可以此接入互联网；受智能电话市场增长的驱动，2013 年第一季度，英国49% 的家庭使用移动电话接入互联网，接入方式继续发生改变。近年来，英国超高速宽带发展很快，据统计，截至 2013 年 6 月，英国超高速宽带覆盖率超过 73%，有 480 万用户使用 30Mbps 以上速度宽带，较 2012 年提高了 10 个百分点，所占比例从 10% 提高到 22%，每 100 人中有 9 人享受超高速宽带服务；从接入技术上看，Docsis 3.0 是英国最主要的超高速技术，覆盖率达 46%，高于欧洲 37% 的整体水平，VDSL 居次，覆盖率达 26%，超过欧洲的 21%，但 FTTP 则远远较为落后，覆盖率仅为 0.2%。

在移动互联网方面，英国 3G 网络覆盖率 2013 年 6 月已达 99.1%，每100 人中有 84 人连接到移动宽带，远高于 2012 年 1 月的 64%。英国 4G虽然起步晚，但发展很快。2012 年 10 月，英国通信运营商（Everything Everywhere，简称 "EE"）开始启动 4G 服务，2013 年 Vodafone、O2 等运营商在推出了 4G 服务，政府在 2013 年拍卖了特定频段的频谱资源，支持 4G发展；到 2013 年 9 月，EE 的 LTE 网络实现了覆盖 117 个城市和城镇 60%人口，4G 用户数从 2013 年 6 月的 68.7 万增长至 100 万，占到其用户总量的 4% 及英国总移动用户数的 2%，而 2014 年 1 月其 4G 用户数又突破 200万，4G 网络平均数据使用量增长了 70%，其中视频和社交网络增长最为强劲；另外，据 Open Signal 调查，英国 4G 网络平均下载速度可达到 17.3Mbps，居全球第九位。与此同时，英国也在加快 5G 网络研发，政府已拨款1160 万英镑支持建立了 "5G 创新中心"，并投入 2400 万英镑与华为、三星、Telefonia、富士通等厂商合作研究超前沿的概念与理论，拟从能源消耗、频段效率和传输速度等方面进行研究，并最终制定 5G 移动通信网络技术规范。

德国超高速宽带领先欧洲，移动宽带快速发展。德国超高速宽带网络建设居欧盟大国之首，其超高速宽带网络使用率在 G7 集团中排名第二。据相关数据显示，2012 年年底德国传输速率不低于 30M 每秒的超高速宽带覆盖率已达到 60% 以上，传输速率不低于 50M 每秒的高速宽带网络覆盖率自 2009 年以来已增加了 45%；德国 400 多个城镇都可以获得超高速宽带服务，西德最为繁华城市中超高速宽带已经实现了 100% 覆盖，多数具有规模城市其超高速宽带覆盖率至少达到 65%，在前东德的大部分地区和西部地区，覆盖率也不低于 35%。德国是全球 VDSL 高覆盖率国家之一，VDSL 覆盖率达 40% 以上，Docsis 3 居次，覆盖率近 40%，但 FTTP 覆盖率仅为个位数，远低于欧洲的平均水平；目前德国电信正尝试在 VDSL 和 FTTC 网络中使用 Vectoring 技术，并计划投资 300 亿欧元，在 2016 年前使 FTTC 和 vectored VDSL 覆盖 65% 的德国人口，LTE 覆盖 85% 的人口。

德国拥有欧洲先进的移动宽带网络。2010 年德国三大移动运营商沃达丰德国、德国电信、Telefónica 德国相继宣布部署领先的 LTE 商用网络，相关数据显示，2012 年年底德国电信 4G 网络已经覆盖 100 个大城市，德国电信还于 2013 年启用了 LTE-A 网络，该网络已经在德国的 100 个城市和镇区使用。据德国联邦统计局数据，2013 年德国有近 51% 的 10 岁以上互联网用户、约 2970 万人使用移动设备上网，移动互联网用户数同比激增 43%，用户通过移动宽带享受高清视频、高速下载和在线游戏等多种业务。但是，德国 4G 用户数量并不多，同时据 OpenSignal 数据显示，德国 4G 网络平均下载速度明显落后于意大利、瑞典、英国和法国等欧洲国家。

法国超高速宽带日益普及，移动宽带发展相对缓慢。2009 年至 2012 年间，法国互联网接入用户呈现出逐年递增的趋势，宽带用户由 1940 万增加到 2240 万，提高了 15.5%，2013 年 9 月法国接入宽带的用户数达到 2460 万。其中基本宽带接入用户数同比增长 2.9%，至 2280 万，超高速宽带用户数量由 2009 年的 30 万人增长到 2012 年的 160 万。但是，法国超高速宽带市场发展还不够充分，2012 年超高速宽带用户数量仅占互联网用户数量的 7.1%，发展缓慢的主要原因是全国范围内架设光纤网络存在诸多困难。为此，法国政府 2013 年出台《超高速宽带网络计划》，将在未来 15 年内耗资 200 亿欧元（约合 270 亿美元），利用公共和私人资金推动光纤宽带网络部署。投资方式分为三种：一是服务提供商独资，二是服务提供商及地方政府合资，三是国家和地方政府合资，预计到 2020 年使法国本土光纤网络覆盖率达到

50%。在相关政策刺激下，法国运营商加快了光纤网络建设步伐，超高速宽带日益普及。截至 2013 年 3 月底，法国宽带用户共计逾 2420 万，其中 66.5 万用户下载速度介于 30Mbps—100Mbps 之间，下载速度超过 100Mbps 的用户数量达 100 多万，低于 30Mbps 的用户数量共计 2250 万；光纤到户用户数量新增 5 万，总计达到 36.5 万，比去年同期增长近 70%。到 2013 年 9 月，法国超高速宽带网络已经覆盖了 1000 万法国家庭，超高速宽带用户达到 180 万，光纤到户网络覆盖 274 万家庭，同比增长 40%，约 19% 的法国家庭已经接入了光纤宽带，FTTH 用户已经超过 50 万。除光纤到户外，Docsis 3 是最重要的超高速技术，覆盖率近 30%。法国巴黎及其近郊地区可以享受 100% 超高速覆盖，里昂、马赛等城市覆盖率为 69%—89% 之间，再下级的城市覆盖率为 35%—65%，其他 40 多个地区则完全无覆盖，农村地区的超高速宽带覆盖远远低于城镇和郊区。

法国移动宽带发展相对缓慢。一方面，在 3G 发展上走过了一段曲折之路。2001 年法国就开始出售 3G 牌照，但却遭遇了少人问津的尴尬。主要原因是，当时政府拍卖 3G 牌照的价格高昂，每张牌照的固定费用约为 49.5 亿欧元，获得牌照的运营商必须在前两年支付一半费用，剩余款项在牌照有效期内还清，此外运营商们要投入巨资建设网络，购买设备并进行技术改造，这些方面都需要大量投入。后来，法国政府放宽了 3G 牌照发放的门槛，每家公司只需在获得 3G 牌照的头一年支付 6.19 亿欧元，其余费用将视 3G 服务的销售情况而定。此后法国的 3G 业务开始快速发展。另一方面，法国 2012 年 11 月才由运营商 SFR 推出 4G 网络，进入 4G 时代的时间并不长。目前法国有四个 4G 运营商，SFR 是最早推出 4G 服务的运营商，4G 和 HSPA+ 网络覆盖全国 70% 的人口，市场占比 30% 左右；Orange 于 2012 年 12 月推出 4G 服务，网络覆盖法国 30% 和巴黎 40% 的人口，市场份额也为 30% 左右；Bouygues 于 2013 年 10 月推出 4G 服务，网络覆盖率达到 63%；Free 于 2013 年 11 月推出 4G 网络，资费最低。截至 2013 年 11 月，法国 4G 用户数量为 160 万，占法国总人口的 2.5%，其中 SFR 用户为 60 万，Bouygues 公司和 Orange 公司用户各为 50 万。

三 韩国：宽带发展全球领先，4G网络覆盖率世界排名第一

韩国是全球信息社会发展较快的国家。2013年10月ITU发布报告称，2012年韩国信息社会发展指数为8.57，高于美国、英国、日本等国家，继续领先于世界。韩国未来创造科学部调查数据显示，截止2013年12月，韩国互联网用户达到4008万，家庭互联网使用量为98.1%，拥有智能手机的家庭占79.7%，智能终端的普及率增长7.9%，达到71.9%；互联网应用中，电子邮件使用率较2012年下滑24.6%，网络即时通讯工具使用率增至82.7%，增幅高达22.6%，移动银行使用比重增至65.4%，利用移动终端购物比重增至43.2%。

韩国是全球公认的宽带强国。2013年7月《经济学家》杂志公布的全球宽带指数排名中，韩国以4.4分（满分5分）排名第一，日本、新加坡分居第二、三位。韩国宽带普及率居世界前列，宽带接入速度、移动宽带普及率均排名第一。OECD数据显示，截至2012年12月，韩国人口每100人中宽带用户为103.04人，较2012年6月的102.13人有所提高，居全球第四位；Akamai Technologies报告称，2013年三季度韩国互联网平均接入速度为22.1Mbps，4Mbps以上速度的宽带普及率92%，10Mbps以上速度的高速宽带普及率达70%，领先其他国家；韩国是全球首个移动宽带普及率达到100%的国家，OECD数据显示，2013年6月韩国每100人中有100.6人是移动宽带用户。

韩国是全球最早启动3G的国家之一。截止2013年6月底，韩国3G用户数2210万，3G普及率接近100%，远超过欧美国家水平。从技术制式看，韩国最早采用CDMA技术，后又引入WCDMA技术，三大运营商中，SK电讯同时运营CDMA和WCDMA网络，韩国电信逐步停止发展CDMA并彻底转向WCDMA，LG U+则是CDMA运营商，目前CDMA用户比例约为55%，WCDMA用户为45%。韩国运营商推出了很多丰富、易用的3G服务，包括音乐、社区、邮件、游戏等，数据业务在增值业务中所占比例可达到60%以上，在总收入中的比重也较高，例如数据业务收入占SK电讯总收入25%左右。

韩国4G发展全球领先。目前韩国是全球LTE网络覆盖率最高的国家，据Juniper Networks数据显示，2013年9月LTE已覆盖62%人口，远高于日本和澳大利亚的21%、美国的19%和澳大利亚的14%。2011年韩国三大运营商陆续开通采用FDD-LTE制式的LTE商用网络，LTE用户数获得了快速增长。据统计，2012年年底韩国LTE用户达到1600万户，2013年6月底达到2297万，占其手机用户总数的40%以上，超过3G用户数；在三大运营商中，SK电讯LTE用户数约为1100万，在LTE市场占比达到48%，韩国电信和LG U+的LTE用户数则分别为605万和589万，市场占比分别为27%和26%。LTE的规模商用促使韩国智能手机快速普及，截止2013年11月底，韩国智能手机普及率已接近70%，其中LTE手机超过50%，平均每10个韩国人中就有4个使用4G手机，主要以三星、LG、泛泰三大品牌为主。LTE普及带动了韩国LTE流量迅猛增长，据韩国未来创造科学部统计，2013年1月韩国总体无线网络流量达到了5.8262 TB（百万兆），同比增长196%，LTE在所有无线流量中的比重2012年1月仅为9.54%，但2012年6月达到29.96%，2012年12月为49.47%，2013年1月达到52.10%，2013年2月LTE流量占到56.67%，韩国LTE智能手机用户人均流量在2012年2月为1794MB，远大于3G智能手机用户1117MB的人均流量。

在LTE用户数快速增长的同时，用户对移动网络速度的需求开始增加，为此2013年6月SK电讯推出全球第一个具备高级LTE（LTE-A）能力的移动服务，作为4G LTE的升级，LTE-A服务数据下载速度最高可达到150Mbps，是现有4G LTE网络速度的2倍、3G网络的10倍，据称下载一部800MB的影片仅需43秒。2013年7月LG U+利用载波聚合技术成功部署LTE-A网络，2013年9月也开始提供LTE-Advanced服务，目前韩国三大运营商已经全部进入LTE-A时代，韩国4G网络速率已达到全球最快。韩国正积极推进5G发展，2013年韩国未来创造科学部发布《5G移动通信先导战略》，拟投入5000亿韩元支持5G技术研发、标准化、基础设施构建，计划在2015年之前实现pre-5G技术，在2018年尝试5G服务，最终将于2020年正式提供5G商用服务，预计到2026年韩国将累计创造出476万亿韩元的5G机械设备市场和94万亿韩元的消费市场。在5G发展上，韩国已占得先机，三星电子已率先开发出基于 5G 核心技术的移动传输网络，三星的 5G 网络传输速率可以达到 1Gbps，将来最高还可达到 10Gbps。

韩国在宽带和 4G 发展上取得上述成绩，得益于政府和运营商多年的努力和投入。从政府方面看，韩国早从 1999 年开始每年都会提出发展宽带的政策；2003 年制定了详尽的"IT839 战略规划"，重点支持国家信息化战略 U-Korea 目标；2004 年提出了为期 6 年的宽带综合网络计划；2009 年发布了《绿色 IT 国家战略》，斥资 4.2 万亿韩元用于宽带提速；政府还积极支持无线网络建设，首尔等市政府在公共场所建设 WiFi 无线网络供市民免费使用。从运营商方面看，韩国运营商投入大量资金进行网络基础设施建设，据韩国通讯委员会的数据显示，2011 年韩国三家运营商的总投资达到 7.67 万亿韩元，用于改善各自的基础设施，年增长 20% 以上；除网络基础设施建设外，运营商还不断尝试与硬件厂商合作，定制个性化的智能家庭终端设备，包括高清电视机、智能平板电脑等，提升高速宽带对用户的吸引力，三星和 LG 的众多智能终端很好地满足了国内市场。

四 日本：光纤宽带普及率全球居首，移动宽带发展水平高

日本互联网普及率较高，互联网接入速度和宽带普及率居世界前列。据 ITU 统计，2012 年年底日本互联网普及率为 79%，在亚洲国家中排名第二，仅次于韩国。据 Akamai Technologies 数据显示，2013 年三季度日本互联网平均接入速度为 13.3Mbps，仅次于韩国，全球排名第二，日本 4Mbps 以上高速宽带普及率为 83%，全球排名第六，10Mbps 以上高速宽带普及率为 49%，全球排名第二。

日本光纤宽带普及率居全球首位。OECD 数据显示，2013 年日本光纤宽带普及率达到 68% 以上，高于韩国的 63%、瑞典的 36% 以及美国和英国的 8% 和 7%。FTTH 是日本主流的接入技术，据日本总务省（MIC）数据显示，截止 2013 年 6 月，日本固网宽带用户达到 3550 万，其中 FTTH 用户 2430 万，环比增长 1.8%，DSL 用户 516 万，环比下降 4.9%；FTTH 用户中，独栋楼房加商业用户为 1533.2 万，占比 63%，集合住宅用户数为 896.3 万，占比 37%；FTTH 服务提供商中，NTT DoCoMo 占比为 72.1%，K-Opticom 保持 5.8%

的份额不变，其他电力系统运营商占比为 3.1%，KDDI 占比 11.8%；DSL 服务供应商中，软银 BB 占比上升至 63.2%，NTT DoCoMo 占比下滑至 34.0%，并且呈现进一步下滑趋势。

日本是全球移动宽带发展较好的国家之一。2001 年日本颁发 3G 牌照，此后数年中运营商、制造厂商和服务提供商纷纷推出 3G 终端和业务，有力地促进了日本 3G 乃至整个移动通信产业的发展。从 2003 年开始，日本 2G 用户逐步减少，2006 年 3G 用户首次超过 2G 用户，标志着日本真正进入 3G 时代。目前日本是世界上 3G 用户比例最高的市场，大大超过了欧美的普及水平，2012 年 8 月 3G 用户占移动用户比例已达到 100%。运营商方面，NTT DoCoMo 是日本最大的移动运营商，2001 年 10 月开通了全球首个 WCDMA 商用网络，KDDI 和 Vodafone K.K（后被软银收购）于 2002 年开通了 3G 商用网络，EMobile 于 2007 年 3 月开通 WCDMA 商用网络。日本 3G 主要采用 WCDMA 制式，四大移动运营商中，除 KDDI 采用 CDMA2000 技术标准外，其他三家都采用 WCDMA，2012 年 8 月日本 WCDMA 市场份额为 73%，其中 NTT DoCoMo 市场份额为 48%。日本 3G 业务中，娱乐类和与生活关系密切的业务发展迅速，以数字音乐下载和移动支付为代表。

日本是全球 4G 发展最快的国家之一，截止 2012 年底，日本 LTE 用户已经达到 1360 万，超过了 ADSL 和 CATV 用户。2009 年 5 月，日本电信监管机构向 NTT DoCoMo、KDDI、软银、EMobile 批准了 4 个涉及 LTE 技术的频谱许可，标志着日本无线宽带开始向 LTE 统一标准迈进。2010 年 NTT DoCoMo 开始 LTE 网络部署，截至 2013 年 12 月 LTE 基站数已达到 4.5 万个，2013 年 10 月 LTE 网络覆盖率超过了 70%。品牌为"Xi"的 LTE 移动通信服务自推出以来，用户数大幅增长，一年内突破了 100 万大关，2012 年年底达到 1157 万，2013 年 12 月达到 1900 万。KDDI 凭借 CDMA 良好的后向兼容、平滑演进特性，在较短时间内以较低成本实现了 4G 网络部署和升级。截至 2013 年 6 月，KDDI 可提供 75Mbit/s 最高速度的 4G 网络已覆盖 97% 人口，可提供 37.5Mbit/s 速度的 LTE 网络已覆盖 71% 人口，而峰值速度为 75Mbit/s 的 LTE 网络则已覆盖 20% 人口。软银 2006 年通过收购 Vodafone 的日本移动业务资产，成功切入移动通信运营市场，2012 年 2 月推出兼容 TD-LTE 标准的 AXGP 网络，9 月推出基于 FDD 的 4G LTE 移动通信服务，截至 2013 年 3 月 LTE 基站达到 2.1 万个，2013 年 6 月 LTE 网络覆盖日本 92% 的人口，但软银 LTE 用户数仅为 140 万。目前日本四大运营商已经全部迈进 4G 时代，LTE 发展步入成熟期，运营商陆续推出媒体内容、位置信息服务、数据安全中心、金融支付、医疗健康保健、教育等服务，从多个需求层面推动用户使用数据业务。目前日本正在加快 5G 研发，NTT DoCoMo 已抢先公布了 5G 网络计划，拟通过使用大量的天线元件来实现高频带宽的信号传输，但在 2020 年以前 NTT DoCoMo 不会推出 5G。

与韩国类似，日本高速宽带和移动网络的快速发展，是政府和企业共同努力的结果。以 4G 技术研发为例。日本的 4G 研究是在政府主导和统一部署下展开的，日本总务省负责 4G 研究方面的总体部署和协调，国家信息通信技术研究院（NICT）负责相关领域基础通信技术的研发工作，运营企业在先进技术研发方面投入巨资。早在 21 世纪初日本就为 4G 的研发工作制定了详细的发展计划，作为 e-Japan 计划的一部分，政府为 4G 研发设定的具体目标是，到 2010 年实现比现有传输速率快 100 倍的移动通信系统，并积极推动 4G 基础研究项目，包括超宽带移动通信传输技术、媒体切换技术、无线安全平台技术等。日本 4G 研发工作最大的一个特点是运营商对 4G 的研发力度大。日本最大的移动运营商 NTT DoCoMo 自 2000 年 11 月起就开始研究下一代移动通信技术，2003 年公司宣布开始进行第四代移动通信系统的无线接入系统的户外试验，2006 年 12 月公司成功地以接近 5Gbit/s 的数据传输速度向一个移动速度为每小时 10 公里的接收装置传输了数据。KDDI 等运营商也纷纷提出了研发计划。此外，在 MIC 的领导下，日本各界还积极参与 ITU 关于下一代移动通信技术的标准化工作。

第三节 国外发展经验及启示

一 制定国家宽带战略，抢占未来发展的制高点

宽带在促进社会经济发展、提升国家长期竞争力方面作用显著。近年

来，众多国家纷纷出台国家宽带战略或计划，将发展宽带作为战略优先选择。据 ITU 统计，截止 2013 年 9 月，全球已有多达 146 个国家通过了国家宽带战略或计划，这些宽带战略和计划都把扩大宽带网络的覆盖范围和提升宽带应用作为发展目标；在上述国家的宽带战略和计划中，目前约有 35% 的国家已在其普遍接入和服务的定义中将宽带纳入，并重点关注通过采用诸如电子商务、电子教育、电子卫生和电子政务等在线服务和应用来刺激市场需求。

美国早在 1993 年就提出《国家信息基础设施计划》，投资 4000 亿美元投资国家信息基础设施。2008 年金融危机发生后，美国将宽带作为重建美国、赢得未来的关键，希望通过发展宽带来促进信息通信的技术创新和业务创新，构建新型国家信息基础设施，继续保持其在信息技术和产业的领先位置。2010 年 3 月，美国联邦通信委员会向国会提交了国家宽带计划，发展重点是提高基础设施水平，力争在未来十年内在美国建立起超高速宽带网络。计划拟从四个方面着手，明确实现六大目标：一是至少 1 亿美国家庭能支付得起实际下载速度至少为 100Mbps、实际上传速度至少为 50Mbps 的宽带网络服务；二是依靠速度最快的、覆盖范围最广的无线网络，使美国引领世界移动创新领域的发展；三是使每一个美国人都支付得起强大的宽带网络服务，并按他们所掌握的方式和技能来订购这些服务；四是每个社区都能够支付得起接入大于等于 1Gbps 的宽带服务，来访问学校、医院和政府等机构；五是为确保美国人民的安全，每一个应急救护人员都应该能访问一个覆盖全国的、无线的、互操作的公共安全宽带网络；六是为确保美国在清洁能源经济中处于领先地位，每一个美国人都应该能通过宽带跟踪管理其实时能源消耗。为实现上述目标，美国提出了四项战略举措，包括：建立竞争机制，通过健康竞争使消费者利益最大化，并在此基础上促进创新和投资；通过对国有资产进行有效分配及管理，促进宽带基础设施建设的实施，并降低竞争门槛；创新激励机制，普及宽带服务，确保所有的美国人有足够的能力使用宽带服务、支付得起宽带服务、具备利用宽带网络开发数字文化的技能；完善法律、政策、标准和奖励措施，在政府主要部门最大限度地发挥宽带所带来的好处。

欧盟把宽带发展作为"欧盟 2020 战略"的重要组成部分，英国、法国、德国、芬兰、匈牙利、西班牙等国家纷纷在原有宽带战略基础上提出新的发展战略与计划。2010 年 3 月欧盟委员会出台《欧洲 2020 战略》，把《欧洲数字化议程》确立为欧盟促进经济增长的七大旗舰计划之一，其目标是在高速和超高速互联网的基础上，提高信息化对欧洲经济社会的贡献率，到 2013 年实现全民宽带接入，2020 年所有互联网接口的速度达到每秒 30 兆以上。为实现所设定的宽带发展目标，欧盟提出了鼓励和增加投资、发展无线宽带和合理使用发展基金等具体措施。例如，为推动无线宽带发展，欧盟在无线宽带频谱资源分配方面，提出如下建议：一是欧盟委员会建议欧盟各成员国在 2013 年之前把一部分具有价值的广播频率提供给移动运营商，以支持创建一个欧盟范围的无线宽带服务市场；二是在全球宽带提速的背景下，欧盟通过合理分配频谱，增加在频谱资源分配方面的灵活性和竞争性，如鼓励频谱资源的快速应用、允许频谱资源的二次交易等，以期充分发挥稀缺资源的价值。

日本、韩国、新加坡等亚洲国家也纷纷出台新的宽带战略和计划。例如，2001 年日本政府制定和发布了信息化建设五年计划 e-Japan 战略，又制定了 e-Japan 重点计划概要，明确指出，要建立世界上最先进的高速信息网络，提出"可高速上网家庭 3000 万户，可超高速上网家庭 1000 万户"的目标，并通过加强信息化知识教育、促进电子商务发展和电子政府建设、推进公共领域信息化等措施，确保到 2005 年实现"使日本成为世界最先进的信息化国家"的总体战略目标；2003 年 e-Japan 战略提前实现。2004 年 5 月，日本总务省向日本经济财政咨询会议正式提出以发展"无所不在"的社会为目标的 u-Japan 战略构想，提出在 2010 年前建立一个"100% 国民利用高速及超高速网络连网的社会"，将日本建设成为一个"任何时间、任何地点、任何人、任何物"都可以上网的环境；2010 年日本 90% 的家庭都可接入超高速网络。在 u-Japan 计划实现的背景下，2009 年 7 月日本又推出了"i-Japan 战略 2015"，着眼于应用数字化技术打造普遍为国民所接受的数字化社会。i-Japan 战略有三个目标：一是聚焦与政府、学校和医院的信息化应用推广，电子政府和电子自治体、医疗保健、教育与人才；二是激发产业与区域活力、培育新兴产业，制定提高应用服务提供商（ASP）能力与普及软件即服务（SaaS）的各种指导性政策，促进中小企业的业务发展，强化现有产业的竞争力，促进信息产业的变革，推广绿色信息技术与智能道路交通系统，为开创新的创意市场提供条件；三是完善数字基础设施建设，将超高速宽带建设提升到一个新的高度，即固定宽带速率达到 Gb 级、移动宽带速率为 100Mb 级，2015 年光纤接入到所有家庭。2010 年 9 月日本政府在公布的《新经济发展战略蓝图》中称，将通过推进基础设施建设，力争到 2015 年左右使国内约 4900 万户家庭能够利用宽带网络服务。在韩国，韩国政府 2004 年提出 e-Korea 战略，提出加紧建设 IT 基础设施，旨在使韩国社会的各方面在尖端技术的带动下跨上一个新的发展台阶，该战略的基本目标包括五个方面：最大程度地提高所有公民的信息通信技术应用能力，使他们积极参与信息社会；通过提高所有产业的信息化水平，增强经济的全球竞争力；通过信息化建设，打造透明和高效的政府；通过促进信息产业和开发先进的信息基础设施，继续推动经济的增长；通过在国际合作中发挥主要作用，成为全球信息社会的领导者。2004 年 3 月，在韩国基础设施水平大幅提升的情况下，韩国提出了 u-Korea 战略，旨在通过建设智能网络、推广最新的信息技术应用等信息基础环境建设，让韩国民众可以随时随地享有科技智能服务。u-Korea 分为两个执行阶段：第一阶段是发展期（2006-2010年），重点任务是 u-Korea 基础环境的建设、技术的应用以及无所不在的社会制度的建立；第二阶段是成熟期（2011—2015 年），重点任务为推广 u 化服务。2009 年 1 月韩国政府发布《2009—2013 年广播通信网中长期发展计划》提出，2012 年后建造超高速宽带网络，提供 1Gbps 优先上网服务等。

二　加大资金投入，推动宽带网络建设和宽带普遍服务

为支持宽带发展，大多数国家通过政府直接投资、设立宽带基金等方式，支持国家宽带网络建设和宽带普遍服务。

美国政府对宽带的财政支持主要有：一是《2009 年美国复兴与再投资法》中设立的 72 亿美元的宽带发展基金，用于宽带技术普及计划（BTOP）和宽带建设计划（BIP）两大计划。BTOP 资助可持续宽带接入等三类项目，

可持续宽带接入项目的重点是提高宽带互联网的使用和接入，其中包括传统的宽带技术在弱势群体中的充分利用，许多项目还包括数字扫盲培训和宣传活动，以提高宽带与人们日常生活的相关性。BTOP 和 BIP 旨在提高无宽带服务区域和不发达地区的宽带接入率和服务质量，它们采取统一的形式，通过拥有项目的申请人向计划负责单位申请贷款或补贴，获批的项目将按规定获得政府的贷款或补贴。二是建立连接美国基金。2011 年 10 月美国联邦通信委员会决定对"普遍服务基金"（USF）进行修订，设立"连接美国基金"，在未来 10 年里，从现有的 USF 项目里每年拿出多达 155 亿美元放入"连接美国基金"中，以支持宽带建设，实现普通大众可支付实际下载速度至少为 4M 的宽带和语音服务。在实施的第一个阶段，"连接美国基金"和"移动基金"已经使得美国新增近 40 万个家庭宽带用户，并使移动宽带新增覆盖 8.3 万公路里程。此外美国还加大资金投入支持宽带应用，例如 2012 年 6 月美国出资 4000 万美元支持"点亮美国"宽带应用开发项目，目标是在全美 25 个城市开发至少 60 种先进的下一代创新应用，这些应用涉及医疗、教育、清洁能源、先进制造、交通、安全等战略领域。

欧盟加大对宽带的国家资助力度，2012 年宽带国家援助资金达 65 亿欧元，是 2011 年的 3 倍。2012 年 12 月欧盟出台新的指令，鼓励成员国使用公共投资、开展网速为 100Mbps 的城区超高速宽带网络，而之前的政府资金主要用于推动乡村地区实现最后一英里的宽带覆盖。该指令设定了超高速宽带发展的具体目标：到 2020 年，为欧盟 27 个成员国的所有家庭提供下载速度为 30Mbps 以上的超高速宽带服务，为城市家庭（也就是超过 50% 的家庭）提供下载速度为 100Mbps 以上的超高速宽带服务。英国、法国、德国、瑞典等成员国也纷纷通过财政支持宽带建设和宽带普遍服务。2010 年英国启动边远地区宽带覆盖计划，决定投资 10 亿英镑用于边远地区的宽带接入网络建设，目标使英国的超级宽带普及率达到 90% 以上；2011 年 3 月启动资金发放，第一批投入 5000 万英镑资金分配到各地区，每个地区获得了 500 万—1000 万英镑的资金；2012 年招标建设，招标结果主要由英国电信公司承建，项目总投资追加到 20 亿英镑，其中 10 亿英镑由运营商承担，5 亿英镑由中央政府承担，5 亿英镑地方政府承担；2011 年 11 月政府宣布拨款 1 亿英镑用于 10 座城市的"超高速固定和移动宽带网络建设",这是继"宽带传播英国"专项资金之后的又一笔用于宽带建设的拨款。2010 年 6 月法国为电信运营商分配 20 亿欧元资金,支持在地广人稀的地区建宽带,包括部署光纤网络。

此外,日本、韩国、新加坡、马来西亚等亚洲国家也加大政府投资力度。例如,韩国政府投资宽带基建高达 700 亿美元,还大量补贴宽带行业。"光纤到户"工程投资为 245 亿美元,韩国政府将承担其中的 15 亿美元。在这几年的网络基础设施建设中,韩国政府对宽带基础设施的投资达到 700 亿美元,使韩国各地区得以快速布建宽带网络系统。此外,韩国政府还热衷于向宽带行业提供慷慨的政府鼓励措施,例如为发展高速宽带,政府花几十亿美元建设光纤主干线,使宽带进入每一所学校和每个政府办公室,另外还拿出十亿美元在财政上鼓励各电话公司把高速线路通向各家各户,大大降低了供应商和消费者的成本。2009 年韩国总统直属机构的"绿色 IT 国家战略"斥资 4.2 万亿韩元用于宽带提速,计划到 2012 年底建成速率高达 1Gbps 的"G 速互联网"。又如,马来西亚政府 2010 年规划了国家宽带项目,由马来西亚电信承建,总投资 130 亿马币,马来西亚政府分 3 年共计投资 24 亿马币。

在加大财政支持的同时,多数国家还通过税收优惠、政策性贷款、消费补贴等方式对私人投资宽带网络予以激励,支持宽带网络发展。例如,美国出台了私人投资的激励政策,对在宽带领域进行资本投资的企业,允许通过折旧费用扣除以收回成本。2010 年 12 月,奥巴马总统签署了美国历史上最大的临时投资优惠政策,即企业投资宽带的投资成本 100% 费用化,允许企业和投资者立即扣除宽带投资的全部成本;2013 年的美国纳税人救助法案为企业宽带投资提供了 50% 的红利折旧。这些政策有效降低了企业来自于商业投资的收入的有效税率,从而增加了企业的投资回报率,对宽带产业发展取得了明显效果。又如,在税收优惠方面,日本提供低商业税和津贴来实现全国使用宽带;英国 2/3 地区通过商业竞争方式实现高度宽带覆盖,首年资本免税;韩国政府规定对高科技企业,保持 10 年国税优惠(部分减免),15 年内地税优惠。在政策性贷款方面,巴西参与国家宽带计划的企业可以向国家发展银行申请低息贷款；日本提供低价贷款；韩国政府为了鼓励私有投资宽带，大幅度降低了贷款利率，为偏远地区网络建设提供免息贷款。在消费补贴方面，韩国购买电脑出租给低收入家庭，提供 5 年的免费宽带服务，为所有学校提供免费上网电脑；英国则为低收入家庭使用宽带提供补贴。

三　调整监管政策，强化对宽带公平接入和接入价格等的监管

为加快宽带发展，实现所有人拥有能负担得起的宽带接入服务，一些国家开始调整电信行业监管政策，强化对宽带公平接入和价格等的监管，行业监管政策也注重推动宽带发展。

近几年，光纤宽带成为国家宽带建设的重点，传统的垄断建设模式已成为快速提升大带宽及渗透率的障碍。为了能够建立宽带市场的公平竞争机制，一些国家提出"宽带开放模式"，以打破垄断、促进市场多元化竞争。例如，法国电信监管机构 ARCEP 要求建设部门为光纤入户提供方便，明确在室外的管道资源由法国电信进行建设，并可出售给任意的运营商建设宽带网络，而在楼道内的管道资源和光纤资源由房地产开发商负责建设，并可出售给任意的运营商。2009 年开始，英国政府授权英国电信完成宽带基础网络的建设，管道所有权为英国电信，但英国电信必须开放 FTTx 网络的带宽，不仅可直接为其消费者提供服务，也必须出售给第三方运营服务提供商 (SP)，英国电信与其他运营商的结算价格由政府主导制定。亚洲国家新加坡在宽带公平竞争机制上的政策也很有特色，新加坡实行建设与运营分离，无源网络、有源网络和零售商完全独立进行建设，无源网络建设商出售物理资源（含管道、光纤、铜线等资源）给有源网络建设商，有源网络建设商再出售带宽给 SP 的模式，这种模式严格要求管道商只能批发、SP 只能零售，可以保障自由的竞争和相对的公平。

在互联网接入价格监管方面，很多国家对主导运营商的网络设施租赁及业务批发价格实施严格管制，如美国、英国、欧盟、澳大利亚、日本等都建立了自己的批发价格监管体系，以促进市场竞争。以英国为例，2010 年英国电信监管机构 Ofcom 裁定英国电信在本地接入市场（WLA）和本地

网元非捆绑（LLU）方面有显著市场力量，要求英国电信必须下调在英国部分地区的宽带批发服务资费，使那些依赖英国电信网络在英国农村地区开展业务的互联网服务提供商能以合理的成本提供服务；在那些仅有英国电信一家网络提供商的地区，Ofcom 要求英国电信削减批发价格，英国电信需要从 2010 年 8 月中旬开始至 2014 年 3 月，将宽带批发业务资费控制在低于通胀率 12 个百分点的水平。但是，在当前国家宽带战略突出的背景下，欧盟开始对宽带批发价格进行反思，在 2012 年 7 月—12 月的多次讲话中，欧盟副主席 Neelie Kroes 提出当前的首要任务是增加宽带投资，监管思路应当从"强迫大型电信运营商低价向小型竞争对手出租网络"转换到"刺激光纤宽带的建设"，在 2020 年之前不再强制运营商要求降低铜线宽带租赁的价格，对 FTTH 在竞争充分的地区也要放松价格监管。

此外，在宽带网络部署等方面，一些国家和地区开始行业政策调整。例如，美国总统奥巴马 2012 年 6 月签署行政命令，要求所有政府机构使用相同的程序对宽带光纤建设项目进行审批；2013 年 3 月，欧盟委员会提议新的宽带规则，简化和去除宽带建设中的地方性繁文缛节，加快高速宽带网络部署，内容包括：简化天线杆和天线安装的审批，地方政府需在 6 个月内作出同意或拒绝的决定，否则默认为同意；所有建设审批只需通过"单点"申请；在公平合理的条款和条件下，确保对现有基础设施的接入开放，包括现有管道、入孔、交接箱、管孔、天线杆、天线塔以及其他配套；所有新建筑都必须预装高速宽带，通信缆线可以与自来水、电力、煤气设施同时安装。

四 加快采用光纤和移动宽带技术，发展光纤和无线宽带接入

全球领先的运营商加速光纤网络和 4G 网络的建设，积极采用光纤接入和无线宽带接入技术，发展新业务。例如，日本 NTT DoCoMo 从 2002 年开始引入宽带无源光网络（BPON）技术，2004 年开始采用以太无源光网络（EPON）技术，2010 年基本完成了网络的大规模建设，目前已经推出了"IP Phone"、"TV& 视频服务"、高质量的 IP 视频等关键应用。早在 2006 年 NTT DoCoMo 便开始 LTE 系统部署思考，2010 年 12 月正式推出其首个 LTE 服

务，业务品牌定为"Xi"，初期主要针对东京、名古屋和大阪在内的主要中心城市推出，随后陆续向其他城市和地区拓展，预期到 2015 年其频分双工长期演进技术（FDD-LTE）网络覆盖率将达到 98%。又如，Verizon 从 2004 年开始规模建设 FTTP 网络，花费了 6 年时间和 230 亿美元的巨大成本，将老旧、低速的铜线网络升级为高速光纤网络，到 2010 年实现了 FTTP 覆盖美国 16 个州 1800 万家庭的目标；在基础网络部署完成后，Verizon 将运营重点从扩展市场转向开拓新业务，推出了 FiOS Internet 等服务，可提供互动节目指南、高清电视、数字视频录像和视频点播、在线游戏等多媒体业务。Verizon 是目前 4G LTE 网络覆盖最好的运营商，其 4G LTE 网络在美国的覆盖率已经达到 95%。

与此同时，各国政府在尽力为无线宽带业务分配更多的频谱资源，加速无线宽带发展。释放低频数字红利频谱是一项全球通用的做法，"数字红利"频谱是指模拟电视转换成数字电视后所空出的 470M－862MHz 频段，利用"数字红利"频谱提供无线宽带服务，将极大推动移动宽带发展。美国、瑞典、德国已经分配了"数字红利"频段。

例如，美国早在 2005 年就通过了数字电视转换和公共安全法案，规定了美国对电视广播系统的模 / 数转换后释放频谱的分配；2008 年 3 月美国将模拟转数字空闲下来的 700MHz 频段进行了拍卖，拍卖所得创下了 195.9 亿美元的纪录；美国计划 10 年内为无线宽带释放出 500MHz 的频谱，其中包括在今后 5 年内释放 300MHz 的频谱。欧盟国家也纷纷释放"数字红利"频谱，英国政府于 2011 年年底进行 700MHz 频谱的拍卖；德国电信管制机构 2010 年 5 月发放了新一代移动宽带系统的频谱，包括 800MHz、1800MHz、2GHz 和 2.6GHz 四个频段，德国电信、O2、Vodafone 和 E-Plus 通过拍卖获得了数量不等的频段，其中 800MHz 为数字红利频段，由德国电信、O2 和 Vodafone 三家获得；西班牙在 2011 年 8 月举行的 LTE 频谱拍卖中，拍卖了位于 700MHz、900MHz 和 2.6GHz 频段上的 58 个片区的频谱，共获得超过 16.5 亿欧元的收益；瑞典政府在 2011 年 2 月拍卖了原来用于广电的 700M 频段，重新规划 900M 频段，用于移动通信的频谱将达到 1047MHz；芬兰、卢森堡、荷兰、比利时、奥地利、丹麦、马耳他、斯洛文尼亚等国都已完成电视的数字化转换，释放 700MHz 频谱，"数字红利"皆在计划与进行中。

此外，亚洲、南美等地区的国家也在加紧广播电视模拟转数字的进程，计划尽快将频率释放出来用于提供移动宽带业务。

第四章 我国互联网接入服务发展现状及存在问题

第一节 我国互联网接入服务市场发展现状

一 互联网接入用户数量快速增长

随着互联网快速发展和普及应用，我国互联网接入用户快速增长。1995—2012年全国互联网接入情况如表4—1所示，我国互联网上网人数、互联网宽带接入用户均出现快速增长，其中1997—2012年互联网上网人数显著增长，由1997年的62万人上升到2012年56400万人，如图4—1所示。

表4—1　　　　　　　　1995—2012年全国互联网接入情况

年份	互联网上网人数（万人）	互联网拨号用户（万户）	互联网宽带接入用户（万户）	城市宽带接入用户（万户）	农村宽带接入用户（万户）
1995		0.7			
1996		3.6			
1997	62	16.0			
1998	210	67.7			
1999	890	299.4			
2000	2250	900.5			
2001	3370	3652.7			
2002	5910	5246.5	325.3		
2003	7950	5653.1	1115.1		
2004	9400	5122.3	2487.5		

年份	互联网上网人数（万人）	互联网拨号用户（万户）	互联网宽带接入用户（万户）	城市宽带接入用户（万户）	农村宽带接入用户（万户）
2005	11100	3559.5	3735.0		
2006	13700	2644.6	5085.3		
2007	21000	1941.0	6641.4		
2008	29800	1227.8	8287.9		
2009	38400	754.4	10397.8		
2010	45730	590.1	12629.1	9963.5	2475.7
2011	51310	550.7	15000.1	11691.4	3308.8
2012	56400	569.8	17518.3	13442.4	4075.9

数据来源：中国统计年鉴，2013年

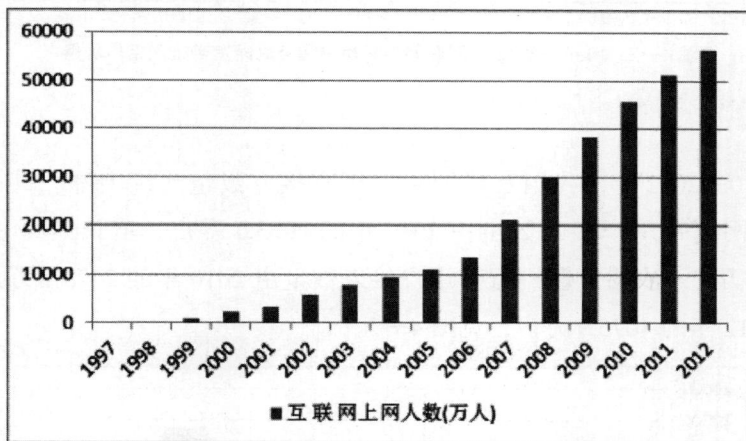

图4—1 1997—2012年互联网上网人数

数据来源：中国统计年鉴，2013年

在1995—2003年期间，互联网拨号用户呈显著上升趋势，由1995年的0.7万用户增长到5653.1万用户，而在2003—2012年期间互联网宽带接入用户数量急剧增长，从2002年的325.3万用户增长到2012年的17518.3万用户。随着宽带的普及，互联网拨号用户在2003年出现下降趋势，由5653.1万用户下降到2012年的569.8万户。从图4—2中可以看出，目前互联网宽带接入已成为我国互联网的主要接入方式。

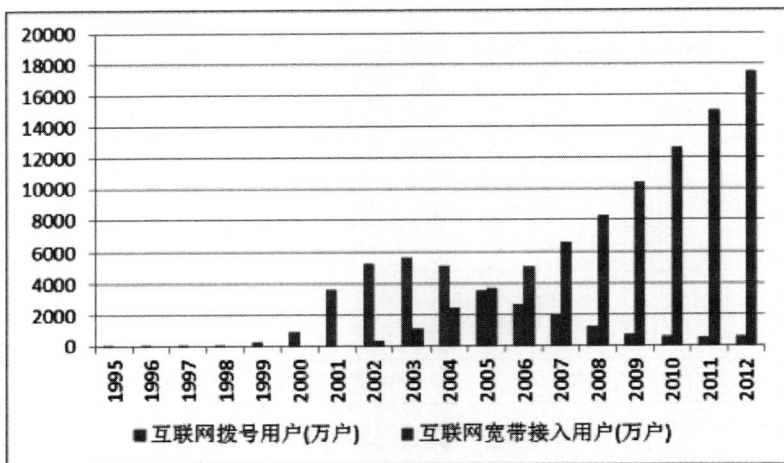

图4—2　1995—2012年互联网拨号用户和互联网宽带接入用户数量

数据来源：中国统计年鉴，2013年

2010—2012年，我国互联网宽带用户接入数量连续上涨。其中，城市互联网宽带用户接入数量由2010年的9963.5万户，增长到2012年的13442.4万户；农村互联网宽带用户接入数量由2010年的2475.7万户，增长到2012年的4075.9万户，见图4—3。

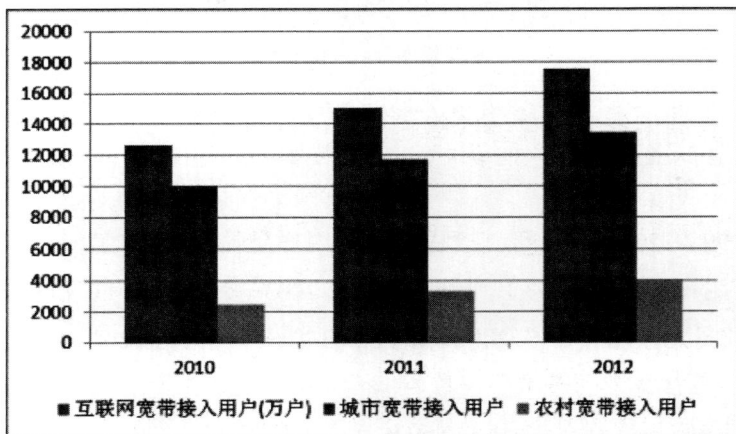

图4—3　2010—2012年互联网宽带接入用户数量

数据来源：中国统计年鉴，2013年

移动互联网用户规模达到 8.20 亿户，3G 上网用户比重突破 30%。2013 年 1—7 月，移动互联网用户净增 5585.2 万户，总数达到 8.20 亿户，对移动电话用户的渗透率达到 69.2%。随着 3G 移动电话用户普及率的不断提升，3G 上网用户的规模不断扩大，用户总数达到 2.50 亿户，占移动互联网用户的比重首次突破 30%，达到 30.5%。无线上网卡用户占比持续下降，总数比上年末增加 5.7 万户，但占移动互联网用户的比重由去年末的 2.0% 下降至 1.9%。

我国宽带接入人口普及率不断提高。在 2009 年年底，我国宽带人口普及率超过全球平均水平，但是仍低于亚太地区的平均水平（10.1%）。到 2012 年年底，我国宽带接入人口普及率达到 13%，而韩国、日本以及英美等发达国家这一数据已经超过 30%；OECD（Organization for Economic Cooperation and Development，世界经济合作与发展组织）国家平均普及率达到 27.2%，全球水平为 10.9%。2012 年在"宽带普及提速工程"的推动下，新增固定宽带用户 2520 万户，宽带总量达到 1.75 亿户，普及率提升至 13%，与 OECD 国家普及率差距从 2008 年的 15.5% 缩小至 15%，差距进一步缩小。

2012 年，我国移动用户继续保持较快增长势头，全年新增移动用户 1.26 亿，普及率突破 80%。其中，新增 3G 用户突破 1 亿，3G 用户占新增移动用户的 83%，在移动用户中的渗透率提高 8%，达到 21%，发展进一步加速。

二　互联网接入速度持续提高

据全球知名的云平台公司 Akamai Technologies 2013 年 4 月发布的《2012 年第四季度互联网状况报告》和 2012 年 4 月发布的《2011 年第四季度互联网状况报告》显示：2012 年年底，中国互联网接入速度为 1.6 Mbps；2011 年年底，中国互联网接入速度为 1.4 Mbps。数据显示，2012 年我国平均网速较 2011 年有了较大幅度的提升，同比提速 14%。

我国宽带提速效果凸显，我国大部分地区对 4M 以下的宽带接入产品进行了免费提速，部分地区还采用 4M 免费升 20M 等方式大幅提高接入带宽和性价比。2012 年，我国使用 4M 及以上接入带宽的用户占比提高了 23 个百分点，超过 63%。2012 年我国 FTTH 已经覆盖 9500 万户家庭，城市地区 20M 及以上接入宽带覆盖率比例达到 51%，农村地区 4M 以上宽带覆盖率比例达到 81%。

在 2013 年 1—2 月，4M 以上宽带接入用户比重达到 68.3%，基础电信运营商互联网宽带接入用户净增 372.4 万户，达到 17890.7 万户。其中，2M 以上的互联网宽带接入用户净增 424.5 万户，达到 16945.9 万户，接近宽带接入用户总量的 95%。4M 以上互联网宽带接入用户达到 12221.2 万户，占宽带接入用户总量的 68.3%，8M 及以上的互联网宽带接入用户净增 244.1 万户，达到 2939.3 万户，同比增长 87.5%，2M 以下互联网用户提速升级显著。2013 年一季度，互联网宽带接入用户净增 628.6 万户，达到 18146.9 万户。其中，4M 以上宽带接入用户达到 12482.5 万户，占宽带用户总数的比例达到 68.8%。宽带数量有所提升。各省的宽带发展水平都有大幅度的提升，其中上海、江苏、浙江、山东、广东、海南、河南、重庆、四川、西藏、宁夏等 11 个省区市出台了有实质性的支持宽带发展的具体政策和措施，福建、广东、河北、甘肃、海南、上海、黑龙江、云南、江苏、江西 10 个省市的 4M 及以上接入带宽用户占比超过 70%，北京、内蒙古、重庆、宁夏、湖北、广西 6 个省区市 4M 及以上接入带宽用户的比例提升了 40%。

目前，网络下载速度、网页浏览时间和网络视频下载速度的三方面网速性能成为中国网民用户上网体验速率的重要关注点。宽带发展联盟发布《中国宽带速率状况报告（2013 上半年）》运用平均可用下载速率衡量网络下载速度；运用平均首屏呈现时间衡量网页浏览速度；运用平均视频首屏呈现时间衡量网络视频速度。根据 2013 年上半年中国宽带速率状况报告显示，我国互联网宽带速率情况主要状况：（1）全国固定宽带用户网络下载的忙闲时加权平均可用下载速率为 2.93Mbit/s（375.04kByte/s）；（2）全国固定宽带用户网页浏览的忙闲时加权平均首屏呈现时间 2.55s；（3）全国固定宽带用户网络视频的忙闲时加权平均视频下载速率为 1.03Mbit/s（131.84kByte/s）。

从网络下载速度方面看，（1）我国整体情况：2013 年上半年，我国固定宽带，忙时平均可用下载速率为 2.82Mbit/s，闲时平均可用下载速率为 3.21Mbit/s，忙闲时加权平均可用下载速率为 2.93Mbit/s。从全国情况来看，全国闲时平均可用下载速率比全国忙时平均可用下载速率高13.8%。
（2）区域情况：2013年上半年，从地域分布来看固定宽带用户网络下载速率，东部地区、中部地区、西部地区网络下载忙时平均可用下载速率分别是2.99Mbit/s、2.54Mbit/s、2.63Mbit/s，东部地区、中部地区、西部地区网络下载闲时平均可用下载速率分别是3.40Mbit/s、2.89Mbit/s、2.96Mbit/s。我国东部地区、中部地区、西部地区的忙闲时加权平均可用下载速率分别是3.10Mbit/s、2.63Mbit/s、2.72Mbit/s，东部地区下载速率最高。由此可见，东部地区享用最高的忙、闲时平均可用下载速率。从各区域情况来看，东部地区的平均可用下载速率明显高于中部地区和西部地区，中部地区和西部地区的平均可用下载速率低于全国水平。（3）各省区市情况：从各省区市情况来看，上海、北京、江苏、浙江、福建、山东6个省市的平均可用下载速率超过了全国平均水平。见表4—2和图4—4所示。

表4—2　　　　　　　　网络平均可用下载速率（单位：s）

省份	忙闲时加权	忙时	闲时	省份	忙闲时加权	忙时	闲时	省份	忙闲时加权	忙时	闲时
东部地区				中部地区				西部地区			
上海	4.28	4.20	4.53	黑龙江	2.90	2.80	3.17	四川	3.00	2.92	3.21
北京	3.41	3.22	3.96	安徽	2.83	2.74	3.06	云南	2.88	2.74	3.29
江苏	3.33	3.22	3.61	湖南	2.76	2.67	3.00	甘肃	2.81	2.68	3.11
浙江	3.12	3.03	3.37	江西	2.68	2.57	3.02	陕西	2.73	2.64	3.08
福建	3.12	3.02	3.39	吉林	2.62	2.51	2.89	重庆	2.69	2.61	2.94
山东	2.93	2.84	3.20	湖北	2.60	2.53	2.79	广西	2.59	2.51	2.78
广东	2.92	2.80	3.23	河南	2.54	2.43	2.84	西藏	2.53	2.40	2.84
河北	2.82	2.73	3.10	山西	2.34	2.26	2.59	宁夏	2.53	2.43	2.83
天津	2.75	2.64	3.07					新疆	2.53	2.43	2.75
海南	2.59	2.50	2.83					内蒙古	2.44	2.34	2.74
辽宁	2.42	2.35	2.62					贵州	2.41	2.33	2.64
								青海	2.29	2.21	2.51

来源：中国宽带速率状况报告（2013上半年）

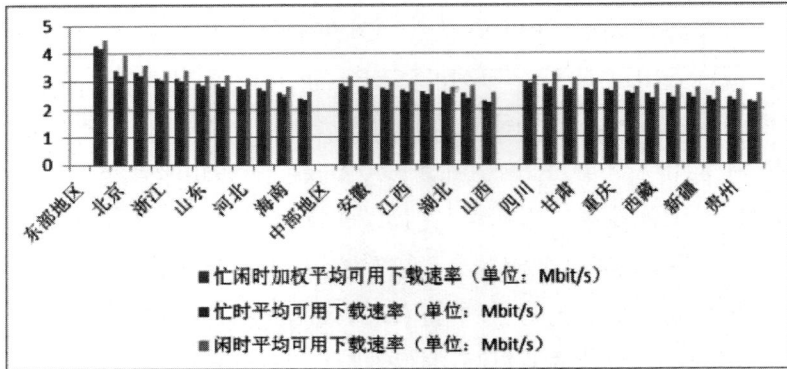

图4—4 网络平均可用下载速率

来源：中国宽带速率状况报告（2013上半年）

2013年上半年，我国网页浏览速度情况如下：（1）从整体网页浏览的速度情况看，我国固定宽带用户使用网页浏览业务时，忙时平均为2.65s，闲时平均为2.17s，忙闲时加权平均首屏呈现时间为2.55s。忙时平均首屏时间比闲时平均首屏时间仅高出0.48s，用户感觉不明显。（2）从区域网页浏览的速度情况看，我国固定宽带用户使用网页浏览业务时，东部地区、中部地区、西部地区网页浏览的忙时平均首屏呈现时间2.69s、2.53s、2.67s，东部地区、中部地区、西部地区网页浏览的闲时平均首屏呈现时间2.21s、2.04s、2.17s。中部地区忙、闲时平均首屏呈现时间均最低。东部地区、中部地区、西部地区网页浏览的忙闲时加权平均首屏呈现时间2.59s、2.44s、2.56s，中部地区最好，达到2.44s。从各区域情况来看，东部地区的首屏呈现时间较中部地区和西部地区略长（不超过1s），用户实际感受差别不大。（3）从各省区市网页浏览的速度情况看，最快省区市与最慢省区市的首屏呈现时间相差不到1s，大部分省区市的首屏呈现时间位于2s至3s之间，能较好地满足用户体验。见表4—3和图4—5所示。

表4—3　　　　　　　　　　　　网页浏览平均首屏呈现时间（单位：s）

省份	忙闲时加权	忙时	闲时	省份	忙闲时加权	忙时	闲时	省份	忙闲时加权	忙时	闲时
东部地区				中部地区				西部地区			
山东	2.27	2.34	1.89	吉林	2.24	2.30	1.94	重庆	2.27	2.34	2.02
浙江	2.31	2.39	1.92	安徽	2.26	2.33	1.93	广西	2.43	2.56	2.05
河北	2.38	2.46	1.95	山西	2.30	2.38	1.95	内蒙古	2.46	2.54	2.17
北京	2.43	2.53	2.00	江西	2.39	2.48	2.02	新疆	2.47	2.58	2.23
江苏	2.47	2.55	2.08	河南	2.41	2.50	1.99	云南	2.48	2.63	1.99
福建	2.48	2.55	2.23	湖北	2.57	2.65	2.15	陕西	2.56	2.67	2.08
海南	2.66	2.85	2.27	黑龙江	2.59	2.67	2.22	甘肃	2.66	2.75	2.35
上海	2.68	2.77	2.30	湖南	2.61	2.74	2.08	贵州	2.70	2.87	2.22
辽宁	2.76	2.87	2.18					宁夏	2.72	2.86	2.37
天津	2.84	2.90	2.57					四川	2.75	2.85	2.38
广东	2.85	2.99	2.39					青海	2.95	3.16	2.37
								西藏	3.06	3.25	2.63

来源：中国宽带速率状况报告（2013上半年）

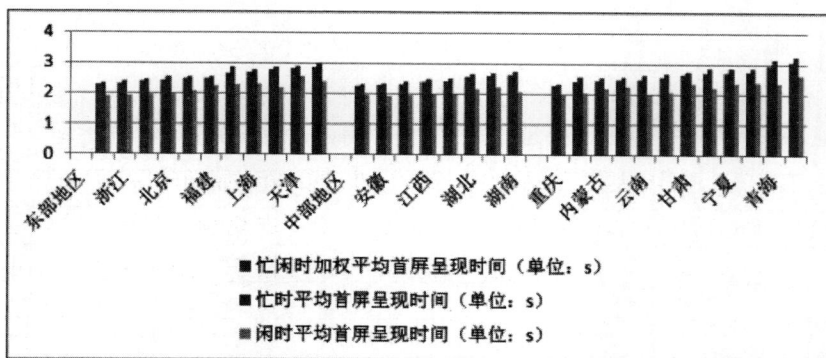

图4—5　网页浏览平均首屏呈现时间

来源：中国宽带速率状况报告（2013上半年）

　　2013年上半年，我国网络视频速度情况如下：（1）从全国来看，我国固定宽带用户使用网络视频业务时，忙时平均为0.98 Mbit/s，闲时平均为1.23 Mbit/s，忙闲时加权平均视频下载速率为1.03Mbit/s。闲时视频下载速率比忙时视频下载速率高 25.5%。（2）从区域来看，我国固定宽带用户使用网络视频业务时，东部地区、中部地区、西部地区网络视频的忙时平均视频下载速率 1.02 Mbit/s、0.92 Mbit/s、0.90 Mbit/s，东部地区、中部地区、西部地区网络视频的闲时平均视频下载速率 1.28 Mbit/s、1.18 Mbit/s、1.14 Mbit/s，东部地区忙、闲时平均视频下载速率最高，东部地区、中部地区、西部地区网络视频的闲忙时加权平均视频下载速率分别是 1.07 Mbit/s、0.97 Mbit/s、0.96 Mbit/s。从各区域情况来看，东部地区的视频下载速率略高于中部地区和西部地区（不超过 0.11 Mbit/s）。（2）我国固定宽带用户使用网络视频时，各省区市的忙闲时加权平均视频下载速率，忙闲时平均视频下载速率见表 4—4。从各省区市情况来看，上海、北京、浙江、福建、江苏、广东、山东 8 个省市的平均视频下载速率超过全国平均水平。分区域考察各省区市的平均视频下载速率，东部地区的视频下载速率只是略高于中西部地区，这主要是因为视频下载速率不仅与可用下载速率有关，很大程度上取决于视频原速率及视频网站向用户传送视频节目时采用的技术策略。见表 4—4 和图 4—6 所示。

表4—4　　　　　　　　　　网络视频平均视频下载速率（单位：Mbit/s）

省份	忙闲时加权	忙时	闲时	省份	忙闲时加权	忙时	闲时	省份	忙闲时加权	忙时	闲时
东部地区				中部地区				西部地区			
上海	1.27	1.25	1.34	江西	1.08	1.02	1.32	四川	1.04	0.99	1.24
北京	1.15	1.09	1.41	安徽	1.02	0.97	1.23	重庆	1.02	0.97	1.23
浙江	1.13	1.07	1.36	湖南	1.02	0.95	1.23	陕西	1.01	0.93	1.26
福建	1.12	1.06	1.36	河南	1.01	0.95	1.20	广西	0.98	0.93	1.13
江苏	1.12	1.06	1.35	湖北	0.95	0.90	1.17	甘肃	0.94	0.88	1.13
广东	1.05	0.99	1.25	黑龙江	0.94	0.87	1.18	西藏	0.93	0.84	1.03
山东	0.99	0.95	1.19	山西	0.93	0.89	1.07	云南	0.92	0.86	1.11
河北	0.97	0.92	1.22	吉林	0.85	0.78	1.06	新疆	0.90	0.85	1.04
天津	0.93	0.89	1.08					贵州	0.90	0.84	1.06
辽宁	0.91	0.86	1.08					宁夏	0.90	0.83	1.07
海南	0.86	0.79	1.07					内蒙古	0.81	0.76	0.97
								青海	0.77	0.70	0.92

数据来源：中国宽带速率状况报告（2013上半年）

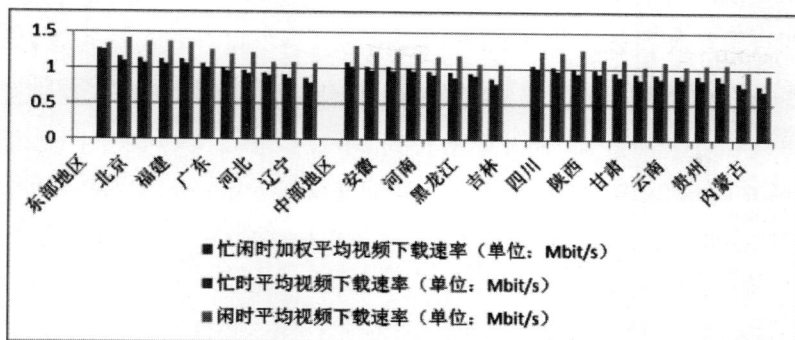

图 4—6　网络视频平均视频下载速率

数据来源：中国宽带速率状况报告（2013上半年）

三　互联网接入资费有所下降

互联网接入市场化进程的不断推进，有助于提高互联网接入服务质量，并且降低互联网接入的服务成本。据统计，2012 年全国单位带宽平均资费水平同比下降超过 30%。据分析，如果能够推动市场上形成有效竞争，未来 5 年互联网接入价格有下降 27—38% 的空间，同时，互联网用户至少可以节约 100—150 亿元的上网费用。

在固定宽带资费方面。美国运营商 AT&T 官网，其固网宽带资费套餐分为 3M、6M、12M、18M、24M 五种，月基本费用分别约折合成人民币 251 元、282 元、312 元、343 元、404 元。澳大利亚 Telstra 公司的 NBN 网络，开通 12M 宽带的每月价格约为 354 元人民币，在此基础上每月加收约 780 元人民币。再以香港最大运营商盈科为例，套餐从 8M 起，8M 每月折合人民币约 265 元、100M 宽带折合约 326 元、1000M 宽带折合约 490 元人民币。在我国，中国联通推出 4M、10M、20M 三类套餐（2M 套餐已取消），市区 4M、10M 宽带的月基本费为 148 元，20M 宽带的月基本费为 178 元；中国电信方面，2M、4M、10M、20M 的月基本费分别为 160 元、180 元、220 元、309 元。从互联网的接入资费情况来看，美国、澳大利亚等高于中国内地，目前，中国内地互联网接入提供商正在推广"提速不提价"行动，由此可见我国互联网接入资费实质上是下降的，未来的资费有望接近国际水平。

四 固定宽带接入发展迅速

2003—2012 年期间，固定宽带接入服务发展迅速，互联网宽带接入端口数量由 2003 年的 1802.3 万个增长到 2012 年的 32108.4 万个，见表 4—5 和图 4—7 所示。2013 年一季度，互联网宽带接入端口新增 667.1 万个，同比增长 13.4%，达到 27502.6 万个，其中 FTTH/O 端口达到 8390.4 万个。

表4—5   2003—2012年互联网宽带接入端口

	互联网宽带接入端口（万个）
2003	1802.3
2004	3578.1
2005	4874.7
2006	6486.4
2007	8539.3
2008	10890.4
2009	13835.7
2010	18781.1
2011	23239.4
2012	32108.4

数据来源：中国统计年鉴，2013 年

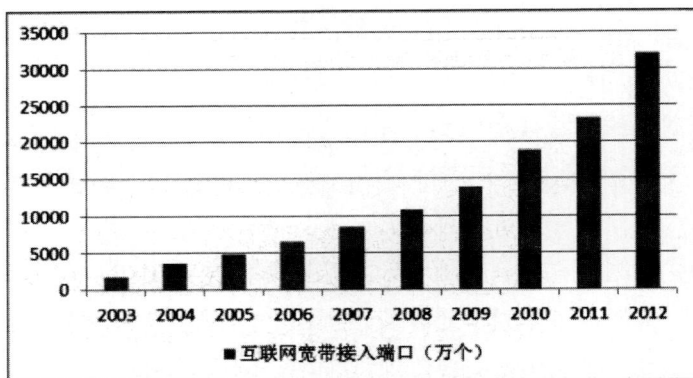

图 4—7 2003—2012 年互联网宽带接入端口

数据来源：中国统计年鉴，2013 年

近年来，我国实施了"光纤入户"、"宽带中国"等一系列推动我国宽带发展的措施，2012 年，固定宽带互联网接入用户新增 2510 万，达到 1.75 亿，通宽带的行政村新增 19000 个；FTTH 覆盖的家庭新增 4900 万，达到 9400 万。

据工信部统计数据表明，2013 年 7 月固定互联网宽带接入用户净增 169.1 万户，固定互联网宽带接入用户总数已达 1.83 亿户，其中 FTTH/O（FTTH，即 Fiber To The Home，光纤到家庭；FTTO，即 Fiber To The Office，光纤到办公室）用户达到 3159.5 万户。截止 2013 年 7 月，移动互联网用户总数已达 8.20 亿户，渗透率达到 69.2%。固定宽带接入用户总数达 1.83 亿户，农村宽带用户比重突破 25%。2013 年 1—7 月，基础电信运营商互联网宽带接入用户净增 1278.4 万户，与去年同期相比净增数减少 364.6 万户，达 1.83 亿户。光纤入户量不断提升，2013 年 7 月 FTTH/O 用户达到 3159.5 万户，占宽带用户总数的比重由去年末的 11.6% 提升至 17.3%。2013 年 1 月—7 月，农村宽带接入用户净增量为 527.7 万户，达到 4576.6 万户，在宽带接入用户总数比重达到 25.1%，城市宽带接入用户净增 750.7 万户，达到 1.37 亿户。2013 年 7 月，我国互联网拨号用户达 562 万户，互联网宽带接入用户达 18263.7 万户。其中，xDSL 用户为 11226.9 万户，FTTH/O 的光纤用户 3159.5 万户，其中，xDSL 用户占宽带互联网用户总数的 61.5%，是我国有线接入的主流接入技术。

高速率宽带用户比重大幅提高，FTTH/O 用户突破 3000 万户。1—8 月，基础电信运营商互联网宽带接入用户净增 1425.3 万户，达到 1.84 亿户。高速率宽带接入用户占比明显提高，2M 以上、4M 以上和 8M 以上宽带接入用户占宽带用户总数的比重分别达到 95.5%、74.3%、18.3%，比去年末分别提高 1.2、8.5、2.3 个百分点。光纤入户工作稳步推进，FTTH/O 用户新增 1298.9 万户，月均净增超 160 万户，达 3337.0 万户，占宽带用户比重由 2012 年末的 11.6% 提升至 18.1%。宽带接入用户呈现"家庭客户为主、企业机构为辅"的特点，1—8 月家庭宽带接入用户净增 1015.8 万户，达到 1.53 亿户，占宽带用户比重达到 83.1%，比去年末提高 1.5 个百分点。

五 无线接入发展迅猛

2012 年，新增 WLAN 接入点超过 200 万个，累计达到 524 万。2013 年一季度，互联网宽带接入端口中，WLAN 公共运营接入点数达到 535.4 万个。据工业和信息化部统计，2013 年 1 月至 8 月期间，我国移动互联网接入累计流量达 80835.6 万 G，同比增长 65.2%，从 2013 年 4 月至 8 月期间连续四个月增长率超过 60%；月户均移动互联网接入流量在 2013 年 4 月突破 100M，2013 年 8 月达到 128.3M，同比增长 40.7%。数据及互联网业务实现收入 2202.0 亿元，同比增长 29.8%，对电信业务收入的增长贡献达到 81.6%。其中，固定和移动数据及互联网业务分别同比增长 7.1%、54.9%，对电信业务收入的增长贡献分别为 12.4%、69.2%。其中，3G 用户数据流量消费突出，2013 年 1—8 月 3G 用户消费了 47.2% 的移动互联网接入流量，移动数据及互联网业务收入实现 1211.4 亿元，同比增长 54.9%，在电信业务主营收入的占比达 15.8%，对电信业务收入增长的贡献接近 70%。

数据和互联网业务收入保持近 30% 增长。数据及互联网业务实现收入 2202.0 亿元，同比增长 29.8%，比去年同期提高 1.0 个百分点，对电信业务收入的增长贡献达到 81.6%。其中，固定和移动数据及互联网业务分别同比增长 7.1%、54.9%，对电信业务收入的增长贡献分别为 12.4%、69.2%。

东部地区引领 3G 业务，全国三分之一地区 3G 用户渗透率超过 30%。1—8 月，东部地区的 3G 移动电话用户数累计新增 5729.2 万户，在全国新增用户占比达 48.4%。总量用户达到 1.8 亿户，占到全国用户总数的一半以上。其中，广东省 3G 移动电话用户总数和累计净增数均居全国首位，分别达到 4027.3 万户和 1243.0 万户，占全国总数的比重分别为 11.5%、10.5%。在 3G 业务普及方面，北京、西藏和陕西等地区的 3G 用户渗透率位居全国三甲，分别达到 37.7%、35.3%、34.6%。3G 用户渗透率超过 30% 的地区达到 11 个，占到全国三分之一强。

无线互联网接入主要包括固定无线接入和移动无线接入两类，其主要代表模式分别包括 WiFi 热点以及 3G、4G 等。

移动无线接入方式中，以 3G、4G 为代表的移动互联网发展快速。2013

年 1—7 月，受智能终端普及和数据业务需求提高的刺激，3G 对 2G 的替代明显加快。其中，2G 在移动电话用户的渗透率由去年末的 79.1%下降到 71.8%。3G 移动电话用户净增超过 1 亿户，达到 10093.5 万户，相当于去年全年净增用户数，在移动电话用户数的渗透率提升到 28.2%，预计三季度末突破 30%。随着 4G 商用进程的加速，LTE 已经成为业界关注的焦点。2012 年以来我国的 LTE 产业取得快速发展。中国移动在规模试验后，公布了 2013 年国内 4G 网络覆盖将超过 100 个城市，4G 终端采购将超过 100 万部，基站数量超过 20 万个，覆盖人口将超过 5 亿的发展计划；广东、江苏、北京等地陆续启动了 4G 体验业务；中国联通和中国电信的 4G 路径也逐渐明朗，LTE 时代即将来临。

无线城市是我国发展固定无线接入和移动无线接入的主要成果之一。例如，中国移动于 2013 年推出"无线城市统一平台"，布局 4G 并且探索我国城市信息化和新型城镇化建设的创新模式。这个平台是中国移动"移动互联战略"的重要一步。通过搭建"无线城市统一平台"管理运营体系，中国移动可以为各级政府提供高效、智能的城市管理解决方案。目前中国移动已与全国 31 省超过 300 个省市政府签订了战略合作协议，服务内容涉及政务、智能交通、就业信息、公共事业等多个领域，用户覆盖达 7000 多万。

第二节　我国互联网接入管理体系现状

一　管理体系较为完善

目前，我国对互联网接入的管理部门主要有工业和信息化部、国家新闻出版广电总局、国家工商总局、公安部等。其中，工业和信息化部是最重要的监督管理部门。在工业和信息化部里，运行监测协调局、通信发展司、电信管理局、通信保障局、无线电管理局都是重要的监管部门。工业和信息化部下属的各省市通信管理局、经济和信息化委员会负责监管各地互联网接入工作。

运行监测协调局职责范围：负责监测分析通信业日常运行，分析国内通信业形势，统计并发布相关信息，进行预测预警和信息引导，承担应急管理相关工作。

通信发展司职责范围：协调公用通信网、互联网、专用通信网的建设，促进网络资源共享；拟订网络技术发展政策；负责重要通信设施建设管理；监督管理通信建设市场；会同有关方面拟订电信业务资费政策和标准并监督实施。

电信管理局职责范围：依法对电信与信息服务实行监管，提出市场监管和开放政策；负责市场准入管理，监管服务质量；保障普遍服务，维护国家和用户利益；拟订电信网间互联互通与结算办法并监督执行；负责通信网码号、互联网域名、地址等资源的管理及国际协调；承担管理国家通信出入口的工作；指挥协调救灾应急通信及其他重要通信，承担战备通信相关工作。

通信保障局职责范围：组织研究国家通信网络及相关信息安全问题并提出政策措施；协调管理电信网、互联网网络信息安全平台；组织开展网络环境和信息治理，配合处理网上有害信息；拟订电信网络安全防护政策并组织实施；负责网络安全应急管理和处置；负责特殊通信管理，拟订通信管制和网络管制政策措施；管理党政专用通信工作。

无线电管理局职责范围：负责无线电频率的划分、分配与指配；依法监督管理无线电台（站）；负责无线电监测、检测、干扰查处，协调处理电磁干扰事宜，维护空中电波秩序；依法组织实施无线电管制；负责涉外无线电管理工作。

二 管理措施陆续出台

2008 年，为了适应国家信息化深入发展的新形势，需要综合利用行政、技术、经济等多种监管手段，重点解决互联网互联互通突出矛盾，原信息产业部发布了《互联网骨干网网间通信质量监督管理暂行办法》。

2009 年，为了规范电信市场秩序，维护电信用户和电信业务经营者的合法权益，保障电信网络和信息的安全，促进电信业的健康发展，《中华人民共和国电信条例》正式发布实施。

2009 年，为了加强电信网络运行监督管理，保障电信网络运行稳定可靠，预防电信网络运行事故发生，促进电信行业持续稳定发展，根据《中华人民共和国安全生产法》、《中华人民共和国电信条例》等相关法律、行政法规，工业和信息化部制定了《电信网络运行监督管理办法》。

2009年，为营造和谐竞争环境、加快推动TD发展，依法严处违法违规行为、维护市场竞争秩序，严格执行网间结算政策、保障网间通信质量，规范电信企业定价行为、切实保护消费者合法利益，工业和信息化部发出了《工业和信息化部关于进一步落实规范电信市场秩序有关文件精神的通知》。

2009年1月7日，工业和信息化部向中国移动、中国电信、中国联通分别发放基于TD-SCDMA、CDMA和WCDMA技术制式的第三代数据蜂窝移动通信3G业务许可，之后发布《关于做好发放3G牌照后续工作的通知》，明确了三家运营商的业务经营范围。工业和信息化部进一步加强3G的监管工作。

2010年，为了提高国际通信网络架构保护措施，保障国际通信网络运行稳定可靠，促进国际通信健康有序发展，工业和信息化部印发了《关于加强国际通信网络架构保护的若干规定》。

2010年，为引导推进第三代移动通信（以下简称3G）网络建设，拉动国内相关产业发展，切实发挥3G对国民经济和社会发展的促进作用，工业和信息化部、国家发展和改革委员会、科学技术部、财政部、国土资源部、环境保护部、住房和城乡建设部、国家税务总局共同发布《关于推进第三代移动通信网络建设的意见》。监管部门联合制定此意见对于我国推进网络建设，落实3G发展规划，有利于3G网络建设，解决互联网接入困难，引导和支持3G网络应用发展和创新，带动3G网络建设升级，促进网络协调持续发展有积极的作用。各监管部门在制定和执行过程中积极协调、相互配合，从而进一步加强各部门在监督管理第三代移动通信网络建设中的协同能力。

2010年，为引导推进光纤宽带网络建设，拉动国内相关产业发展，切实发挥光纤宽带对国民经济和社会发展的基础和促进作用，工业和信息化部、国家发展改革委、科技部、财政部、国土资源部、住房和城乡建设部、国家税务总局联合印发了《关于推进光纤宽带网络建设的意见》。各部门重视光纤宽带网络建设及信息基础设施能力，联合共同推进网络建设发展。

通过制定和完善光纤宽带网络建设的配套措施，支持网络建设发展，并完善其他相关配套措施来保障光纤宽带网络建设。

2010年，为发挥自主创新的牵引和支撑作用，全面推动中国下一代广播电视网（NGB）工作，促进三网融合，带动战略新兴产业发展，NGB领导小组办公室组织NGB总体专家委员会编制了《中国下一代广播电视网（NGB）自主创新战略研究报告》。NGB领导小组办公室不断推进数字电视、移动多媒体广播电视、有线宽带上网等三网融合，开发和建设符合宽带双向和全媒体全业务的新一代广播电视有线传送网络，利用有线网络在接入带宽和覆盖方面的固有优势，促进互联互通和资源共享，进一步提高对网络和业务的管控能力。

2012年，为促进互联网行业健康发展，营造健康有序的市场环境，落实《工业和信息化部关于鼓励和引导民间资本进一步进入电信业的实施意见》（工信部通〔2012〕293号），依据《电信业务经营许可管理办法》（工业和信息化部令第5号）等相关规定，工业和信息化部制定了《关于进一步规范因特网数据中心（IDC）业务和因特网接入服务（ISP）业务市场准入工作的实施方案》。本次规范范围是因特网数据中心（IDC）业务和因特网接入服务（ISP）业务。重点内容为明确IDC、ISP两项业务经营许可证申请条件和审查流程，同时进一步明确IDC、ISP申请企业资金、人员、场地、设施等方面的要求。

2012年国家发展改革委办公厅、工业和信息化部办公厅、教育部办公厅、科技部办公厅、中国科学院办公厅、中国工程院办公厅、国家自然科学基金会办公室为加强对"十二五"期间互联网发展的管理，推进我国下一代互联网加快发展，联合发布《关于印发下一代互联网发展建设的意见的通知》。

2012年，为加快建设宽带、融合、安全、泛在的下一代国家信息基础设施，促进宽带建设与发展，提升用户宽带上网体验和宽带使用的性价比，充分发挥宽带网络对国民经济和社会发展的基础和促进作用，工业和信息化部印发了《关于实施宽带普及提速工程的意见》。以"建光网、提速度、促普及、扩应用、降资费、惠民生"为总体目标，加强组织领导和科技创新，创造政策环境，发挥部省联动优势和市场机制，强化信息发布和公众参与，促进产业链合作。

2013 年，为深入贯彻落实党的十八大关于推进经济结构战略性调整、建设下一代信息基础设施的总体要求，加快推动"宽带中国"战略部署实施，工业和信息化部、国家发展和改革委员会、教育部、科学技术部、财政部、环境保护部、住房和城乡建设部、国家税务总局发布了《"宽带中国"战略实施方案》和《关于实施宽带中国 2013 专项行动的意见》。在实施专项行动中，部际监管部门加强合作，实施部省联动，充分发挥政府引导作用。加强对各地各企业、宽带发展环境的管理，引导科技创新，统筹有线无线发展，推动应用普及深化。

2013 年，为了加强国家互联网骨干网的管理工作，加快新增骨干直联点设立工作，更好发挥新增点作用，《工业和信息化部关于设立新增国家级互联网骨干直联点的指导意见》发布。

2013 年，为促进信息消费，激发市场竞争活力，推动电信发展成果更多惠及广大用户，进一步优化调整公用电信网网间结算标准，《工业和信息化部关于调整公用电信网网间结算标准的通知》发布。

三 监管部门明确管理目标

目前，工业和信息化部正在加强互联网的监管工作。政策法规司，加快推动《无线电管理条例》修订工作，规范无线宽带接入；积极推动《电信法》立法。规划司，加强与周边国家及新兴市场国家产业主管部门的合作，推动将国际通信基础设施建设纳入我国与周边国家互联互通建设。科技司，共同推动基于 TD-LTE 技术的宽带集群发展。提升移动互联网业务体验，促进移动互联网应用发展。运行监测协调局，发展 4G、宽带中国等重大政策措施的执行情况，加强研究，提出政策性建议，形成政策储备。通信发展司，全面落实"宽带中国"战略，实施"宽带中国 2014"行动计划；大力发展 TD-LTE，加快宽带业务普及，2014 年年底前实现超过 300 个城市覆盖 4G 网络；推进城市百兆光纤工程。创建"宽带中国"示范城市（城市群）；完善宽带普遍服务补偿机制，推动建立宽带发展专项资金；利用 LTE 建设发展关键期，加快推进移动 IPv6 的发展，实现 IPv6 商用改造突破。电信管理局，推动中国移动大力开展 TD-LTE 商用网络建设和运营；引导中国电信和中国联通开展 TD-LTE 规模网络建设和 LTEFDD 网络技术试验；促进宽带建设；以农村宽带设施建设为重点，深入推进通信村村通工程实施，全年为 1 万余个行政村新开通宽带，使通宽带行政村比例达到 93% 以上；规范互联网市场竞争秩序；研究建设互联网企业竞争行为。无线电管理局，加快无线电管理法律法规体系建设，全力推动《条例》修订出台，做好《条例》出台后配套的法规规章的清理与修订前期工作；支持下一代移动通信、物联网等新一代信息技术产业发展和"宽带中国"战略实施。国际合作司，继续推动两岸在信息通信技术领域开展共通标准制定，加大推动相关技术研发合作；推动开展陆资入岛工作，促进大陆台资企业转型升级，推动两岸产业合作无线城市试点项目取得阶段性成果。

第三节　我国互联网接入提供商发展现状

一　基础电信运营商处于主导地位

2008 年电信重组之后，国内经营互联网接入的提供商主要有中国电信、中国联通和中国移动三家基础电信运营商。互联网接入行业集中度高，接入服务基本同质，其中三家基础电信运营商在互联网接入行业中处于主导地位，2012 年年底，在 1.75 亿宽带用户中有 1.64 亿用户使用三大接入服务提供商提供的宽带服务，三大接入服务提供商的市场优势明显。但中国电信、中国联通和中国移动三家基础电信运营商在这个行业中并不均衡发展，其中中国电信在互联网接入产业的份额最大。中国互联网接入市场中，中国电信集中了 60% 的宽带接入用户、62% 的国际出口带宽、65% 的内容资源，流经中国电信的互联网流量在网间互联总流量占 83% 的比重；中国联通的宽带接入用户、国际出口带宽、内容资源大约是中国电信的一半；其他互联网接入提供商的宽带接入用户、国际出口带宽、内容资源的总和不足 10%。

我国三家基础电信运营商居于互联网接入的主导地位主要是由以下原

因决定的：一是互联网接入行业的规模经济性，该行业规模经济性是由于网络系统基础上的服务活动的不可分割性决定的。小规模的网络系统相对于一个较大规模的网络系统会产生较高的成本，存在规模不经济。所以，目前经营互联网接入业务的三家基础电信运营商中国电信、中国联通和中国移动因其经营规模大而获得了低成本。二是网络的外部性。现代网络系统采用电子技术，特定规模的网络系统的操作不会因使用者的增加而大幅增加其成本，因为使用者的增加，原有网络的使用者将支付更低的价格，而且还增加使用者之间网络联系的方便性，从而就产生网络的正外部性，其中网络间互联互通还需要依靠政府监管来实现。三是资产专用性。互联网接入行业中各环节资产专用性程度并不相同，网络设施的专用性远远高于机房、机柜等固定设备的专用性。这种差异能够使可竞争环节与其自然垄断环节相分离，潜在竞争者更容易进入或退出资产专用性较低的环节，参与互联接入市场的竞争，如增值服务业务竞争可以更加自由。四是普遍服务性。互联网接入业务属于基础电信运营商的电信业务，为每个用户提供互联网接入服务是基础电信运营商必须履行的普遍服务义务。由于互联网接入行业的特性和我国互联网接入提供商自身的历史原因，使新企业进入此行业较难。三家基础电信运营商在互联网行业中处于主导地位，短期内不会有太大的变化。

二 其他互联网接入提供商借助自身优势逐步开拓市场

除中国电信、中国联通和中国移动三家基础电信运营商外，其他互联网接入提供商借助自身优势逐步开拓市场。2012年年底统计的1.75亿宽带用户中，有0.11亿用户使用其他互联网接入提供商提供的宽带服务，较之前有大幅增加。

驻地接入服务提供商通过自建的城域网、社区网等接入网为用户提供接入服务，接入网与互联网骨干网络相连。驻地接入服务提供商（如北京的长城宽带、电信通、方正宽带等；上海的宽带通、长城宽带、首创等）凭借其区域市场较为成熟，并利用灵活的运营和营销策略，积极抢占社区互联网接入的市场份额。其中，长城宽带已经成为全国最大的驻地网运营商，分支机构遍布全国 30 个大中城市，建设以新一代以太网技术为基础的宽带网络，并在 3G 大趋势下，全力打造 EPON（以太网＋无源光网络）接入立体化运营技术系统。在上海、深圳、武汉、北京等大城市已率先应用 EPON 这种接入方式，并逐渐辐射到全国范围的宽带用户。北京电信通电信工程有限公司（简称电信通），专营互联网综合业务，是目前国内规模最大的中立于各电信运营商的互联网服务业务提供商。提供的互联网接入方式有宽带接入、光纤接入、国际专线接入、微波接入。电信通在北京、天津、广州、武汉、上海、杭州、西安、青岛等骨干节点均建有长途互联电路，IP 地址资源名列全国第七，仅次于几大运营商等国家级互联网络服务提供商。方正宽带网络服务股份有限公司（简称方正宽带）是首批获得宽带驻地网试验许可证、工信部增值电信业务经营许可证的高新科技企业。方正宽带致力于为互联网用户提供优良的宽带接入服务，已在全国建立了大连、长春、天津、江门 4 处分支机构，覆盖用户数百万。

随着三网融合的进一步深入，有线电视网络成为互联网接入的重要途径之一。2012 年年底我国 IPTV 用户接近 2000 万，规模居世界首位。在市场监管方面 2012 年 9 月国家广电总局和工信部就三网融合试点所要求的双方开放市场准入取得共识，为三网融合试点地区办理经营业务许可证，对双向进入工作给予实质性的推动。2012 年 11 月，国务院下发国函 184 号文件，同意组建中国广播电视网络有限公司，负责全国范围内有限电视网络的有关业务，并开展三网融合业务。广电参加三网融合主体的国家级有线网络公司"中国广播电视网络公司"组建方案获批，按照组建方案，将由财政部出资，广电总局负责组建和代管，注册资本 45 亿元。各地广电网（如北京歌华有线、上海有线通、广州宽频等）纷纷进军互联网接入服务行业，成为互联网接入提供商的新兴力量。

除此之外，政策的扶持将为其他互联网接入提供商进入互联网接入行业创造良好的宏观环境。2010 年 5 月国务院发布的《关于鼓励和引导民间投资健康发展的若干意见》，2012 年 6 月工业和信息化部下发的《关于鼓励和引导民间资本进一步进入电信业的实施意见》，均鼓励民营资本进入通信行业，互联网接入服务市场化进程将进一步加快。2013 年 5 月 17 日，工业和信息化部发布移动转售业务试点方案，民营资本进入电信业进入实质阶段，民营资本可以从基础运营商处购买服务，并以虚拟运营商的形式为用户提供互联网接入服务。

三 移动接入网速正在提升

随着 3G 技术的兴起，近年来我国移动互联网发展迅速，成为互联网接入的主要方式，但是目前移动互联网覆盖不全，而且 3G 接入速度相对国际水平较慢。据《2012 年 10 月份全国 3G 用户体验速率数据报告》数据显示，2012 年 10 月，我国平均 3G 感知速率为 52.51k Byte/s。其中，中国联通的 3G 网速最高，为 55.04 k Byte/s；中国电信 3G 网速略低于中国联通，为 49.67k Byte/s；中国移动 3G 网速最低，为 28.26 k Byte/s。我国东、中、西部的 3G 用户体验网速分别为 46.03 Byte/s、44.12 Byte/s、47.86 Byte/s，虽然西部 3G 网速略高，但并不存在明显差距。中国联通 3G 网络的区域差别最小，而中国移动 3G 网络的区域差别相对较大，中国电信 3G 网络在东部表现较好（54.23 kB/s），甚至超过了中国联通，具有较好的竞争优势。

我国即将推出的 4G 网络，网速远远高于 3G 网速，4G 系统能够以 100Mbps 的速度下载，比拨号上网快 2000 倍，上传的速度也能达到 20Mbps。在实际监测中，大运会期间 4G 上网速度最高超过 50MByte/s，目前可达 60MByte/s；通过 360 安全卫士自带网络测速监测的结果是 4.8 MByte/s，网速击败了全国 98% 的用户；通过 Net Meter 软件对网络流量进行监控的结果表明，中国移动 TD–LTE 4G 网络的速度可以达到 57.0 MByte/s，经过转换峰值达到 7MByte/s。2013 年 6 月中国移动推出"无线城市统一平台"，布局 4G，和 300 多个省市政府签订了战略合作协议，4G 的推出拓展了移动互联网覆盖的范围。

四 互联网接入提供商的业务向多元化发展

除提供传统的互联网接入服务外，互联网接入提供商的业务逐渐向多元化发展。特别是中国电信、中国联通和中国移动三家基础电信运营商，他们利用自身基础设施和客户资源的优势，推进其业务的多元化发展，积极提供互联网内容服务、邮箱服务、搜索服务等。

中国电信、中国联通和中国移动三家基础电信运营商，推进其业务多元化发展的便利条件主要包括五方面：一是基础网络优势。互联网接入提供商都拥有自己的互联网接入资源，在不需要购买互联网资源的情况下，获得满足业务需求的带宽资源，低成本地实现业务多元化。二是技术优势。在技术方面，三家基础电信运营商，通过多年积累，已拥有了大量的技术基础，可以根据技术优势开发设计出新业务类型。三是人才优势。拥有大量的技术人才和市场人才，可根据市场调研情况分析客户需求，进一步与技术人才协同推出适应市场需求的新的业务。四是资金优势。互联网提供商需要大量的资金开展多元化业务，而三家基础电信运营商拥有大量的资金积累，有利于多元化的发展。五是客户优势。利用已有的市场资源，在已有客户群体的基础上推行他们的新业务，节省了市场推广成本。

目前，中国电信宽带业务包括：天翼宽带上网卡、天翼宽带有线、互联网专线接入、无线宽带（WLAN）。除互联网接入业务之外，189邮箱、通信助理、财经速递、新浪掌上股市、手机炒股、备份、天翼V博、爱音乐—音乐下载、七彩铃音套包、手机上网、手机影视（天翼视讯）、天翼院线通、新闻早晚报、天翼Live、话费周周报、瑞丽手机报、体坛周报、中国文化报、健康管家个人版、法律秘书–标准版、天翼交通一卡通、改号通知、爱冲印等一系列新的业务。

中国联通互联网接入服务主要包括固定接入和无线接入两种方式。固定接入包括CHINA169提供电话拨号、xDSL、专线、光纤方式等。无线接入包括WLAN、GPRS方式等，其中，WLAN（无线局域网）是通过内置WLAN无线模块的终端（PC、手机等）或终端+WLAN网卡的方式，用户可以接入互联网，除此之外，中国联通用户可以运用ADSL+WLAN、LAN+WLAN等组合方式接入互联网，在联通布网的范围内实现互联网接入。中国联通已在互联网接入服务的基础上开展了多元化业务，其互联网应用服务业务包括家庭网关、"宽带我世界"客户端、"宽带我世界"网站、E盾、IDC（互联网数据中心）等。家庭网关上行目前支持ADSL、ETH、光口等接入方式，下行支持多 ETH、WiFi 等标准，同时支持运营商远程管理，从应用上支持多设备接入、互联及共享，QOS 保障，绿色上网，NAT，私网穿越，FTP 等。"宽带我世界"客户端提供宽带服务的承载软件，具有拨号上网、网页浏览、内容服务的功能，采用"2＋X＋A"的业务模式，为用户提供多种视频娱乐内容。"宽带我世界"网站群是联通的门户网站，为宽带接入用户提供内容与应用服务，"宽带我世界"有先进的流媒体视频服务平台，网站的主要频道涉及电影、电视剧、动漫、音乐、娱乐、体育、教育等。中国联通提供的安全认证与互联网应用服务业务 E 盾，以数字认证技术为核心基础，包含了数字证书、终端产品以及应用服务，提供认证、鉴权、支付三大核心功能，能够确定交易者身份、保护敏感数据、防止信息的篡改。IDC 建立在宽带网络资源基础上，面向互联网的应用服务提供商、系统集成商、内容服务提供商和各类政企客户，不仅提供带宽、互联网信息服务，还提供主机托管、虚拟主机、端口批发、IP Transit 等 IDC 基础业务。除此之外，IDC 还提供数据存储备份、网络安全监控、防火墙等安全服务，以及终端维护、性能优化、设备租赁、应用外包等 DC 增值业务。

中国移动的互联网接入方式包括：移动数据流量、WLAN 无线接入方式。WLAN（无线局域网：Wireless Local Area Networks），是当前主流的无线移动上网方式之一，又称 WiFi。中国移动 WLAN 可提供最高 54Mbps 的速率，中国移动 WLAN 业务有 CMCC、CMCC-EDU、CMCC-AUTO 三种网络标识，以满足不同用户的需求。除此之外，中国移动积极拓展其互联网业务，如，139 邮箱（个人）、飞信、冲浪助手、手机邮箱、掌上交通指南、企网通。其中，139 邮箱（个人）业务将电子邮箱服务和移动手机优势合二为一。飞信是中国移动的综合通信服务，融合语音、GPRS、短信等多种通信方式。冲浪助手业务是在"手机冲浪"平台上推出的增值业务。手机邮箱是指电子邮件到达用户邮件服务器后，通过端到端的安全连接，把邮件推送到集团内部个人客户的移动终端。掌上交通指南业务主要为北京移动客户提供实时路况、拥堵信息、最快路线推荐等信息的查询和定时播报服务。企网通是北京移动为企业客户构建基于 GPRS 的虚拟专用网，实现无线远程访问企业内网的业务。中国铁通互联网接入业务包括：xDSL 接入、LAN 接入、

WLAN 接入、专线接入等。除此之外，中国铁通积极拓展互联网业务，目前，互联网宽带增值业务包括：MPLS VPN、CDN、IDC 、VOIP 等。互联网网上应用业务：门户服务、宽带视频、IPTV、IP VOD、网络游戏、电子商务、电子政务等等。

我国互联网接入提供商多元化发展过程中，开展的主要业务包括内容服务、邮箱服务、搜索服务等，并取得了良好的经济效益。例如，中国移动积极推出多种业务类型取得了良好的效果，手机邮箱收入增长 55.6%、手机阅读收入增长 74.3%、手机视频收入增长 63.9%、手机游戏收入增长 58%。中国联通积极推进特色业务，规模快速发展经济收益显著，手机音乐收入增长 174%，沃阅读收入增长 138%，手机视频收入增长 122%。

第四节 主要省市互联网接入服务发展现状

一 北京：重视互联网接入速度提升，市场竞争激烈

1. 北京市政府重视宽带建设

2009—2012 年期间，北京市为全面提升信息化基础设施水平，增强综合竞争力，促进经济平稳较快发展，实施《北京信息化基础设施提升计划（2009—2012 年）》。这个计划的实施，目标是加速推进信息化基础设施工程建设，提升信息化基础设施服务能力，拉动电子信息制造业、软件和信息服务业发展，提高信息化应用水平，实现城乡一体化的数字城市等一系列任务。

《北京市"十二五"时期城市信息化及重大信息基础设施建设规划》对互联网宽带接入有着重要的意义。在此规划中，对宽带设施提升提出的目标是：建设高标准信息基础设施，创建全国最好、世界领先的无线城市，打造一流的信息枢纽城市，率先建设国内物联网传输基础设施，升级改造全覆盖的政务网络。

2012 年，北京市提出《关于实施宽带普及提速工程的意见》。北京市坚持政府引导与企业主导相结合，坚持提升发达地区宽带发展水平与缩小地区差距并重，加强从用户到信息源各环节的统筹规划与协调发展，坚持宽

带应用引领宽带网络发展，坚持宽带建设与安全保障相协调。为了实现增强宽带接入能力、提升我国固定宽带用户的总体接入速率、降低单位带宽价格、提高固定宽带家庭普及率、扩大公共热点区域无线局域网覆盖规模、进一步推广和普及宽带应用的目标，需要加速城市光纤宽带网络发展、加快农村宽带网络建设、改善公益机构与低收入群体的宽带接入条件、加快互联网网站的升级与优化、加强宽带应用创新与示范、积极支持中小企业提高宽带接入和应用水平、加快国家产业化基地及相关平台的宽带网络升级与提速、加强宽带设备系统的技术标准研制、完善产业链等。

2013年，北京市政府为继续提升北京市信息化水平，构建下一代信息基础设施，为北京市民提供方便快捷、安全可靠的高速宽带网络服务，发布《北京市人民政府关于印发宽带北京行动计划（2013—2015年）的通知》。"宽带北京行动计划"坚持政府引导、企业主体，集约建设、重点推进，市区联动、示范带动，创新发展、惠及民生的基本原则，将北京建成城乡一体的光网城市、移动互联的无线城市、高速便捷的宽带城市。为保障"宽带北京行动计划"的顺利完成，北京市实施一批重大工程：光网城市建设工程、无线城市建设工程、下一代广播电视网络建设工程、物联网基础设施建设工程、下一代互联网工程、三网融合推进工程、下一代信息基础设施综合示范工程。

2. 北京互联网宽带发展迅速

北京市固定互联网宽带接入用户情况，如表4—6和图4—8所示。整体而言，在2013年1月—2013年6月期间，固定互联网用户接入用户较2012年1月—2012年12月期间略有下降。2012年1月，北京市固定互联网宽带接入用户数是502万，到2013年7月，固定互联网宽带接入用户数是479.6万。2012年，全市光纤到户家庭有482.3万户，光纤用户在宽带用户中已占主体地位。接下来，光纤到户工程还将加快推进：2013年底，新建居住建筑将直接实现光纤到户；老旧小区则分批实现，新增具备光纤接入能力的用户将达100万户。到2015年年底，城市区域将实现家庭宽带能力超百兆，社区宽带能力达千兆，高端功能区和重点企业宽带能力达万兆，使用10M及以上宽带接入互联网的用户占比超过75%。

表4—6 北京市固定互联网宽带接入用户情况

时间	固定互联网宽带接入用户（万户）
2012年1月	502.0
2012年2月	483.4
2012年3月	483.7
2012年4月	483.2
2012年5月	484.0
2012年6月	483.2
2012年7月	483.1
2012年8月	481.3
2012年9月	480.4
2012年10月	478.5
2012年11月	481.8
2012年12月	473.7
2013年1月	474.4
2013年2月	474.3
2013年3月	479.9
2013年4月	476.0
2013年5月	477.4
2013年6月	478.8
2013年7月	479.6

数据来源：北京市通信管理局

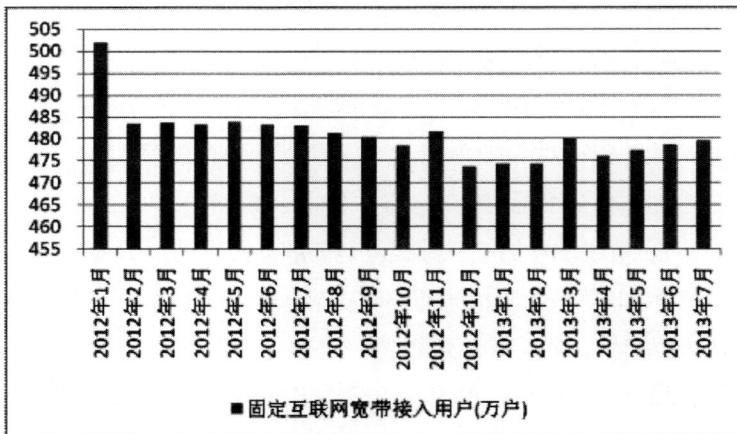

图 4—8 北京市固定互联网宽带接入用户情况

数据来源：北京市通信管理局

与此同时，北京市还将加快无线城市建设。目前，北京全市无线接入点近 17 万个，以 3G 移动通信系统为主、无线局域网为补充的信息城市，已在北京初具规模。根据新的计划，2013 年北京市将推动市级行政服务大厅、交通枢纽、重点旅游景区等领域的 WLAN 覆盖，预计新增无线接入点 3 万个；搭建 4G 移动通信系统规模试验网，建成 1400 个 4G 基站。预计到 2015 年，全市无线接入点将超过 25 万个，完成主要城区的 4G 覆盖。

3. 北京互联网接入提供商云集

北京互联网接入市场竞争激烈。中国电信、中国联通和中国移动三家基础电信运营商，是北京市场互联网接入的主要提供商。在宽带北京计划的推动下，北京地区的居民用户在享用互联网接入速度提高的同时，互联网的接入资费却呈现下降趋势。北京地区互联网资源有限，而企业用户众多，随着互联网需求量的不断提高，互联网的接入费用在近几年连年提高，一些互联网企业用户为降低费用将其服务器放在其他费用较低的区域。

北京地区除中国电信、中国联通和中国移动三家基础电信运营商外，还云集多家互联网接入提供商，例如，中国有线电视网络有限公司、歌华有线、长城宽带、北京宽带通电信技术有限公司、方正宽带网络服务股份有限公司、北京国研网络数据科技有限公司、北京京宽网络科技有限公司、赛尔网络有限公司、中电华通通信有限公司、北京诚亿时代网络技术工程有限公司等多家互联网接入提供商。这些互联网接入提供商有一部分是利用广电网提供互联网服务，一部分是利用驻地网络提供服务，还有一部分是租用中国电信、中国联通的互联网资源为互联网企业和互联网用户提供服务。

北京电信通主营光纤专线接入业务，已经占领了北京企业光纤接入市场 70% 的市场份额，发展成为北京市场最大的专线接入服务提供商。北京电信通 IP 地址资源居全国第五位，数量是 1,135,616 个，仅次于中国电信、中国联通、中国移动和中国教育网。北京电信通与中国联通（北方）有 40G、与中国电信（南方）有 40G、与教育网有 2G、与中国铁通有 2G 的 INTERNET 带宽出口，并运行动态路由协议。北京电信通互联网接入业务包括：（1）光纤专线接入业务：根据用户的个性化需求提供从 2 兆到千兆的独享带宽光纤接入服务，对于光纤资源不能达到的用户还可以提供微波接入和 VPN 等替代解决方案。（2）驻地网业务：凭借北京电信通公司丰富的网络节点资源，专为北京地区企业用户量身定制的宽带接入服务。根据不同用户业务需求，提供从共享宽带到千兆独享带宽等一系列的接入产品。（3）点对点业务：传输网点对点、裸光纤点对点、IP 点对点。北京电信通主要的客户是外交部、文化部、北大第一医院、北京青年报、北京证券、银河证券、北京出版集团、北京财富中心、王府井大酒店等。

中国有线电视网络有限公司拥有 4 万多公里的国家广播电视光缆干线网（国干网），在此基础上，建成了节目传输交换平台、SDH/DWDM 传输平台、IP 数据服务平台（宽带骨干网）。它利用不同的平台，为电视台 / 电台、有线电视网络公司、政府、企业 / 事业单位等提供广播电视节目传输业务、电路传输业务和宽带数据业务。宽带 IP 数据平台骨干网络带宽为 2.5G，它连接了北京、上海、广州在内的 30 个省会城市，每个骨干节点均采用"双归"连接，具有高带宽、安全可靠的双路由保护等特点。为集团企业 / 事业单位、内容提供商、运营商等提供虚拟专网、Internet 接入、带宽出租、IDC 等服务。虚拟专网（VPN）：宽带 IP 数据平台的设备完全支持 MPLS 技术，可以全面提供基于 Layer2 和 Layer3 的 MPLS VPN，全面地满足用户在带宽、安全等方面的要求。高速互联网接入：宽带 IP 数据平台拥有北京、上海、广州和武汉四个互联核心节点，与电信、网通等运营商的骨干核心路由有千兆以上的直连，与国内各主要 Internet 运营商、大型 ISP 和 ICP 连接，并互联了江苏、广东、山西、云南、福建、江西、四川、吉林、辽宁等十几个省、市、自治区。带宽出租：拥有连接全国 30 个省市（西藏除外）的国内长途网络和巨大带宽资源，数据干线网可以为运营商、集团企事业单位等提供光纤、2M—2.5G 带宽各种形式的资源租用服务。主要客户：广电总局系统内各直属单位，各省、地市网络公司，中央人民广播电台，央视国际网络有限公司，体彩中心，世纪互联、赛尔网络等。

二 上海：互联网基础建设加快，有线电视网络接入成为其主要特色

1. 上海市政府重视信息化基础设施建设

为落实工业和信息化部"宽带中国 2013 专项行动"部署，上海电信行

业遵循上海"智慧城市"建设顶层设计，优化宽带发展环境，加快网络升级演进，坚持有线无线并重的原则，积极推动应用普及深化，改善用户上网体验。"宽带中国2013专项行动"在上海落地的具体目标是：网络覆盖能力持续增强；普及规模不断扩大；宽带接入水平有效提升；城市宽带发展初显成效。积极推动宽带城市建设，为达到宽带城市水平奠定坚实基础。为确保国家宽带战略在上海市得到充分贯彻，实现"宽带中国2013专项行动"在上海落地，上海市积极部署城市宽带提速计划、应用创新推广计划等五大计划，严格落实包括加强组织领导等营造发展环境等四大保障措施。

上海市积极创新信息化基础设施建设模式，修订了《住宅建筑通信配套工程技术规范》，发布《关于进一步加强本市新建住宅建筑通信配套工程建设和设施维护工作的通知》，组织编制《上海市公用移动通信基站站址布局专项规划（2010—2020）》，印发《关于本市"十二五"期间加快推进光纤到户建设的意见》，推进光纤到户建设，成立国内首家新建住宅通信配套第三方专业维护公司——上海市建筑通信网络有限公司。开展"公众无线局域网（WLAN）布局规划和实施策略"研究等。

2. 上海互联网接入基础设施水平不断提升

2012年，上海互联网国际出口带宽约占全国1/3，省际出口带宽为国内城市最高；完成全市有线电视网络"一城一网"整合工作，下一代广播电视网（NGB）为国内最大规模的NGB示范网；光纤到户和NGB覆盖区域基本达到"百兆进户、千兆进楼"的网络覆盖能力；基本实现3G网络全市域覆盖，进一步拓展了在交通枢纽、商业中心、公共活动中心、大专院校、商务楼宇、星级宾馆等场所的无线局域网覆盖；成为全国最大的IPTV应用城市。功能性服务设施进一步发展，上海超级计算中心经过三期近十年的发展，计算能力达到了200万亿次每秒；互联网数据中心累计建设机架数超过15000个。

上海市固定互联网宽带接入用户、移动互联网宽带接入用户量情况如表4—7和图4—9所示，整体而言，在2012年3月—2013年6月期间，移动互联网用户接入用户量明显高于同时期固定互联网用户接入用户量。在2012年3月—2013年6月期间，移动互联网用户接入用户量呈现增长趋势，由 2012 年 3 月的 1883.5 万户，增长到 2013 年 7 月的 2343.8 万户。但固定互联网宽带接入用户量变化不大。

表4—7　　　　　上海市固定互联网宽带接入用户、移动互联网宽带接入用户量

时间	固定互联网宽带接入用户（万户）	移动互联网用户（万户）
2012年3月	500.4	1883.5
2012年4月	501.1	1883.3
2012年5月	504.4	1938.1
2012年6月		
2012年7月	508.6	2029.0
2012年8月		
2012年9月		
2012年10月	521.4	2141.1
2012年11月	524.8	2125.2
2012年12月	541.0	2161.7
2013年1月	541.5	2155.5
2013年2月	545.1	2125.6
2013年3月		
2013年4月	505.3	2229.2
2013年5月	499.8	2271.9
2013年6月	502.0	2294.7
2013年7月	499.0	2343.8

数据来源：上海市通信管理局

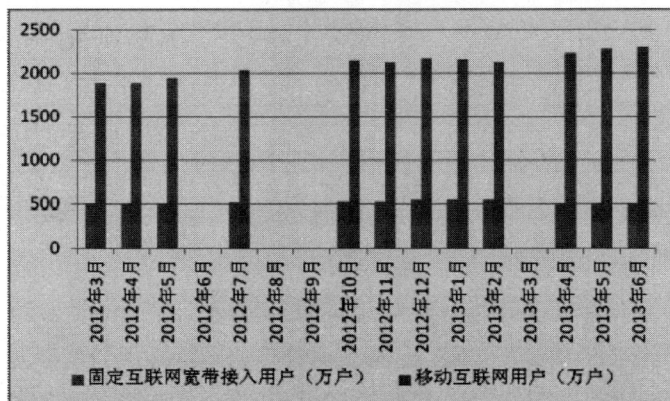

图4—9　上海市固定互联网宽带接入用户、移动互联网宽带接入用户量

数据来源：上海市通信管理局

上海市在宽带城市建设方面，截止2013年8月，全市光纤到户（FTTH）覆盖总量达730万户，城镇化地区覆盖比率接近100%，实际使用用户达到320万。全市家庭宽带普及率超过60%，用户平均互联网接入带宽已超过10M，光纤接入用户平均接入带宽超过16M。在无线城市建设方面，3G网络实现全市域覆盖，手机用户达到3113万户，其中3G用户约910万户，同比增长62.5%，用户普及率达到38%。上海市累计建成WLAN接入场点1.8万余处，AP数达14.1万个，增长40%，实现重要公共区域热点全覆盖，接入场所数和AP规模在国内城市名列前茅。

3. 有线电视网络接入成为上海市互联网接入的主要特色

中国电信、中国联通和中国移动仍是上海互联网接入的主要方式，同时，驻地业务长城宽带在上海市建立了近80个营业网点，并已拥有近480万的上海地区用户，2013年3月，上海长城宽带正式开通50M、100M互联网宽带接入服务，成为国内首家推出百兆宽带业务的民营宽带运营商。

随着三网融合进一步发展，有线电视网络接入成为上海市互联网接入的主要特色。例如，东方有线网络有限公司经营着全球最大的有线电视城域网——整个上海市的有线电视网络资源，拥有带宽、用户资源、光纤资源和规模运营的优势，同时是全国有线电视系统唯一"三网融合"试点。因此，东方有线网络有限公司借助自身优势和"三网融合"的契机不断发展壮大。东方有线高速宽带接入业务包括"有线通"、"E家通"、"光视通"、"宽视通"等。"有线通"是专为家庭用户提供的基于双向有线网络的宽带接入服务，无需拨号，开机上网。东方有线还与上海移动等运营商合作，进行有线和移动业务捆绑，联合推出"E家通"等业务。"E家通"集移动通信业务、东方有线宽带、东方有线互动电视点播回看节目包等多重产品于一身。"光视通"是东方有线专为用户提供的基于NGB网络的宽带和高清交互电视捆绑服务，带宽可达50M。"宽视通"是通过下一代广电网络（NGB）技术，为家庭用户提供百兆的独享接入带宽。用户除了能通过宽视通产品进行高速上网之外，还能享受到精彩互动的高清数字电视服务。

三 江苏：互联网基础设施水平显著提升，三网融合进程加快

1. 政府加快"无线江苏"的建设

"十二五"时期，江苏通信业将着重围绕"宽带江苏"、"无线江苏"两大工程，全面推进全省通信基础设施建设，争取到"十二五"末，建成"宽带、融合、泛在、安全"的"江苏信息高速公路"，率先实现信息通信基础设施现代化。"宽带江苏"计划：到"十二五"末，全省城市全面实现光纤化，商务楼最高接入带宽达到 1000Mbps 以上，城市家庭普遍具备100Mbps 带宽提供能力，乡镇地区普遍具备 20Mbps 带宽提供能力，农村地区普遍具备 12Mbps 带宽提供能力；"无线江苏"计划在全国率先实现江苏3G 移动通信网络的全面覆盖和 WLAN 在城市重点和热点地区的全面覆盖，统筹协调 2G 与 3G 以及未来网络演进的关系，保障网络的平滑升级；建设以 3G/LTE 等新一代宽带无线通信技术为主、以 WLAN 为补充的速率达到上行 50Mbps 下行 100Mbps 的无线高速宽带网。

江苏省在《关于实施宽带普及提速工程的意见》的指导下，结合《江苏省信息通信基础设施"十二五"建设发展专项规划》和《省政府关于加快推进信息通信基础设施建设的意见》，通过加强组织领导、监测监督和示范引领的方式，建设"宽带江苏"、"无线江苏"，积极有效地推动了江苏省宽带建设。在江苏省范围内，落实《江苏省住宅小区光纤到户通信配套设施建设标准》和《江苏省通信用户驻地网维护管理办法》。江苏省大力推动宽带应用发展，智慧城市建设等应用业务得到进一步推广。

江苏省通信管理局加强正面引导，发布了《江苏省互联网发展状况调查报告》、《江苏省青少年互联网使用状况调查报告》、《江苏省互联网网络安全报告》，指导省互联网协会召开"江苏互联网大会"，成立了保障工作领导小组，制定了应急通信保障工作方案和网络信息安全保障工作方案。

2. 江苏互联网基础设施水平有效提升

据江苏省通信管理局统计数据显示，2012 年全省互联网宽带接入用户数达 1406.4 万户，较上一年累计净增 235.5 万户，全省网民数达到 3952 万人。固定互联网宽带接入时长达 23973.4 亿分钟，同比增长 40%。江苏信息

通信基础设施水平有效提升，2012 年中国电信、移动、联通三大电信集团在江苏省完成建设投资达到 343.3 亿元，完成采购 483 亿元；4M 及以上宽带接入用户达 942 万户，占全省总宽带接入用户总数的 70%，较上一年增加 12 万个 WLAN 接入点，2012 年底达到 28 万个 WLAN 接入点。

江苏省宽带接入用户累计数、移动互联网用户累计数情况如表 4—8 和图 4—10 所示。整体而言，在 2012 年 1 月—2013 年 7 月期间，移动互联网用户接入用户量明显高于同时期固定互联网用户接入用户量。宽带接入用户累计数由 2012 年 1 月的 1190.7 万户增长到 2013 年 6 月的 1420.6 万户，移动互联网用户累计数从 2012 年 1 月的 4336.5 万户增长到 2013 年 6 月的 5989.77 万户。在 2012 年 1 月—2013 年 6 月期间，移动互联网用户累计数呈现增长趋势，宽带接入用户累计数增长较慢。

表4—8　2012年1月—2013年7月江苏省宽带接入用户数、移动互联网用户数

	宽带接入用户数（万户）	移动互联网用户数（万户）
2012年1月	1190.7	4336.5
2012年2月	1210.7	4448.0
2012年3月	1227.3	4533.9
2012年4月	1238.9	4562.3
2012年5月	1251.6	4538.1
2012年6月	1269.7	4748.1
2012年7月	1288.4	4909.0
2012年8月	1303.0	5209.6
2012年9月	1314.4	5235.8
2012年10月	1331.7	5289.6
2012年11月	1341.4	5239.2
2012年12月	1350.7	5329.1
2013年1月	1370.4	5591.3
2013年2月	1381.8	5767.6
2013年3月	1396.9	5962.5
2013年4月	1384.7	5958.9
2013年5月	1393.9	5952.0
2013年6月	1406.7	5909.7
2013年7月	1420.6	5989.8

数据来源：江苏省通信管理局

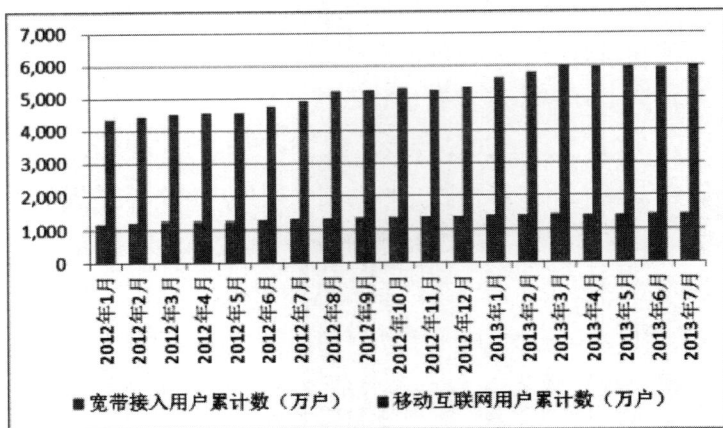

图4—10　2012年1月—2013年7月江苏省宽带接入用户数、移动互联网用户数

数据来源：江苏省通信管理局

根据《2012江苏省互联网发展状况报告》显示，2012年底，江苏省网民数达到3952万人，较2011年增长7.2%，互联网普及率达50%，互联网普及率持续提升。其中，苏南地区网民数量为1940.61万人，苏中地区网民数量为808.06万人，苏北地区网民数量为1203.33万人，苏南、苏中和苏北地区的互联网普及率分别为59.1%、49.3%和40.4%。2012年年底，江苏省网民的城乡分布比例为74.9：25.1，而全国网民的城乡比例为72.4：27.6，说明江苏省城镇网民的比例高于全国网民。2012年，江苏农村常住人口中的互联网普及增速小幅超越城镇，城乡互联网普及差距稍有缓和，江苏省农村互联网普及工作已收到一定成效。2012年，城镇网民用户规模达到2960.05万，比2011年增加193.05万人，城镇网民占总体网民的74.9%，比2011年下降2%；农村网民用户规模达到991.95万，比2011年增加73.95万人，农村网民占江苏总体网民的25.1%。2012年，江苏省移动互联网用户规模持续增长，截至2012年年底，江苏省移动互联网用户达到2967.95万人，比2011年增长13.1%，移动互联网用户占总体互联网用户的75.1%。

3. 江苏三网融合迅速发展

在三网融合方面，江苏省统一领导、积极推动第二批三网融合试点城市开展试点工作。IPTV业务是江苏省三网融合试点工作的热点和重点，由于历史原因，它也是江苏三网融合试点工作的焦点和难点。自三网融合试点工作启动以来，江苏省积极稳妥推进三网融合，各项试点工作均表现良好，尤其是IPTV试点初步实现了平稳融合、快速发展。

江苏省通信管理局积极参与全省三网融合工作协调小组的协调工作，立足江苏省IPTV业务发展现状，推动江苏电信与省广电总台间的沟通协商。江苏省电信公司与省广电总台签署IPTV业务全面合作协议，并启动省级IPTV新平台放装用户工作。到2012年年底，全省IPTV用户总数达到了416万户，手机电视业务用户总数超过230万户。江苏省通信管理局于2013年5月7日启动了省级IPTV新平台放装用户工作，截至2013年7月底，新平台上线运营近三个月，累计发展用户突破47万，全省IPTV用户数超过361万，IPTV用户总规模和每月新发展用户数稳居全国第一，全省IPTV用户总规模占全国的1/5强。此后，江苏电信与省广电总台密切协作、合力开拓，开展了"IPTV带您进入三网融合新视界"主题宣传等一系列营销活动，还与近50家合作伙伴建立了合作关系，推出了涉及教育培训、便民资讯、三屏融合等十余项IPTV增值业务新产品，进一步丰富了IPTV业务内容。

四 浙江：以"宽带浙江"政策为指导，无线城市建设初见成效

1. 政府积极引导"宽带浙江"的建设

浙江省以转变经济发展方式为主线，积极推进信息化与工业化深度融合，加快信息技术对传统产业的改造升级，大力推进农村和城市低收入人群的信息化普及应用，促进信息技术成果惠及广大人民群众。为进一步加快浙江省信息基础设施建设，推动宽带应用发展，支撑智慧城市建设，促进"四化"同步发展，浙江省经信委、浙江省发改委、浙江省广播电影电视局、浙江省通信管理局共同编制发布了《"宽带浙江"发展规划（2012—2015）》，该规划是规划期内指导浙江省信息基础设施建设的重要依据。规划提出到2015年，全省宽带、融合、安全、泛在的下一代信息基础设施基本形成并保持全国领先水平，并明确了基础设施能力、业务和应用以及产业拉动方面具体的量化目标。

2. 互联网接入用户数量不断增加

根据浙江省通信管理局统计数据显示，浙江省固定互联网宽带接入用户量情况，整体而言，在 2012 年 1 月—2013 年 7 月期间固定互联网宽带接入用户由 1033 万户增长到 1204 万户，互联网接入用户量呈快速增长趋势，但固定互联网宽带接入用户量同比增长速度放缓，由 2012 年 1 月同比增长 16.6% 下滑到 2013 年 7 月同比增长 7.2%。浙江省移动互联网宽带接入用户量情况如表 4—9 和图 4—11 所示。整体而言，移动互联网用户量远远超过了固定互联网用户量，在 2012 年 1 月—2013 年 7 月期间固定互联网宽带接入用户由 3907 万户增长到 4928 万户，增长 26%；互联网接入用户量呈快速增长趋势，但移动互联网宽带接入用户量同比增长速度放缓，由 2012 年 1 月同比增长 24% 下滑到 2013 年 7 月同比增长 5%。

表4—9　　2012年1月—2013年8月固定网宽带接入、移动互联网用户数

时间	固定网宽带接入用户数（万户）	移动互联网用户数（万户）
2012年1月	1033	3907
2012年2月	1046	3980
2012年3月	1059	4073
2012年4月	1070	4453
2012年5月		
2012年6月	1099	4510
2012年7月	1114	4590
2012年8月	1123	4674
2012年9月	1132	4636
2012年10月	1141	4650
2012年11月	1141	4622
2012年12月	1153	4698
2013年1月	1162	4811
2013年2月	1171	4833
2013年3月	1194	4987
2013年4月	1176	5019
2013年5月	1184	5015
2013年6月	1194	4852
2013年7月	1201	4898
2013年8月	1204	4928

数据来源：浙江省通信管理局

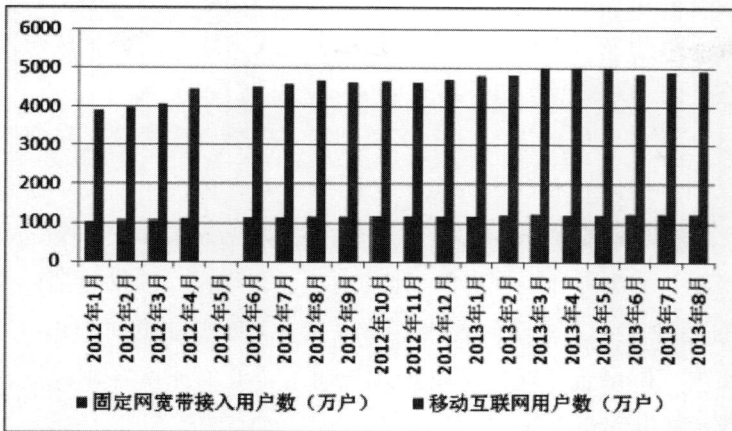

图4—11　2012年1月—2013年8月固定网宽带接入、移动互联网用户数

数据来源：浙江省通信管理局

3. 世界之最的杭州宽带网建设

华数集团是浙江全省"一省一网"建设数字电视的运营主体。华数网通信息港有限公司，致力于推动打造杭州有线、无线宽带城域网协同发展的城市信息化主平台。作为杭州城市信息化基础设施建设项目，杭州市信息化建设的一号工程，杭州宽带城域网络建设覆盖杭州市的主干网络、汇聚网络、接入网的建设，创造了全球宽带网络建设的速度之最，将杭州的宽带网建成为世界上第一张也是最大一张 IP 方式的 FttbLan 宽带城域网络，实现了千兆到小区、百兆到楼幢、十兆进家庭的网络传输能力。宽带城域网络覆盖杭州市区 60 万居民用户、郊县城关镇 15 万居民用户、所有写字楼宇，并连通杭州郊区七县市的骨干网络，光纤网络延伸到郊区所有行政村。华数网通信息港率先在全国实现省会城市宽带"全程全网"。建成了宽带互联网络、VPN 传输专网、MSTP 传输专网、SDH 传输网络、语音传输网络。与中国网通、移动、联通、铁通、电信实现了互联互通，具有大容量的数据出口路由，并在全国率先成功建成交互数字电视传输网络。华数网通信息港已发展个人宽带用户达 20 万，建成语音通讯网络，同时形成了政府办公网络、公安网络、工商网络、税务网络、医保社保网络、各大银行网络、

治安监控网络等约 500 多张数据传输专网，占有 60% 以上的数据通信市场，从而实现了杭州城市信息化主平台的地位，成为建设"数字杭州，天堂硅谷"的数字化主力军。

2013 年 4 月，华数集团与浙江联通签署战略合作协议，结合华数容量巨大的视频点播内容和联通的宽带光网络，率先在杭州、金华、嘉兴和湖州推出智慧家庭套餐服务，启动了"3G ＋互动电视"的合作，完成电脑屏、平板电脑屏、手机屏和电视屏的"四屏合一"，为用户提供包括视频点播服务在内的多种交互式服务，从 WCDMA 的 3G 制式过渡到 FDD–LTE 的 4G 制式，实现三网融合，通过广电企业与通信企业的深度合作，整合要素资源为消费者提供创新服务。

五 广东：政府重视互联网基础设施建设，形成全国最大的无线城市群

1. 广东注重互联网基础设施建设的发展

广东省坚持政府引导、市场运作，统筹协调、集中管理，自主创新、广东优势，共同参与、多方共赢，开放合作、一体发展，统一标准、保障安全的原则，制定了《广东省无线城市发展"十二五"规划》，通过加强基础设施建设、形成立体网络信息合力等方式，并实施电子政务无线延伸工程、电子商务无线普及工程、公众无线信息化工程、数字城市管理和应急联动无线应用工程、信息网络服务业务融合工程等一批重点工程，将广东建成覆盖全省的智能化、高带宽、高可靠性的无线城市群。

广东省提出《"宽带中国 2013 专项行动"广东省实施方案》。指导思想是：科学发展观为指导，深入贯彻国家建设下一代信息基础设施要求，全面落实工业和信息化部关于"宽带中国 2013 专项行动"工作会议部署，加强省相关部门间的合作，充分发挥政府引导作用和企业主体作用，激发企业积极性，优化宽带发展环境，加快网络升级演进，统筹有线无线发展，提高网络能力，推动应用普及深化，强化产业协同并进，构建网络信息安全保障体系，改善用户上网体验，继续提升珠三角地区宽带应用水平，加快粤东、西、北地区宽带建设步伐，进一步缩小区域差距，不断增强宽带支

撑经济社会发展的关键作用。发展目标：力争新增固定宽带接入用户增长290万户（其中光纤接入用户200万户），累计超过2190万户，普及率达到21%；新增光纤覆盖用户能力500万户，累计达到1200万户；力争公共热点区域无线局域网覆盖新增3.5万个接入点，累计超过37万个；新增3G移动通信基站2万个，累计达到9.4万个；新增3G移动电话用户1500万户，累计超过4200万户；使用4M以上宽带接入产品用户超过85%，并进一步提升使用8M、20M以上宽带产品用户比率。主要任务有：城市宽带提速计划，农村宽带普及计划，农村校通宽带计划，应用创新推广计划，宽带体验提升计划，宽带产品研发计划。保障措施包括：强化组织领导，加大扶持力度，加强行业监管，扩大宣传引导。

其中，在广州市全面实施"智慧广州"战略。"智慧广州"将以"五个一"工程（"一页、一卡、一台、一库、一城"）为动力，着力打造"五个新"，即建设一批智慧新设施，推进一批智慧新应用，发展一批智慧新产业，开发一批智慧新技术，创造一个智慧新生活。至2015年基本构成"智慧城"框架，2020年实现建设目标体系。根据建设目标，广州将在五年内建成智慧城市的基本框架：至2015年，广州互联网普及率达到80%以上，企业平均接入带宽达到100Mb/s，家庭平均接入带宽达到30Mb/s，无线局域网接入点突破30万个，90%以上的市民将通过网络享受工作、生活、学习等服务；开展电子商务的企业超过90%，重点企业网上采购额超过采购总量的80%，网络商都基本建成；广州市（包括电子信息产品、信息服务业、物联网相关产业）新一代信息技术产业营业收入将超过6500亿元，到2020年，智慧广州体系基本形成。

2. 广东基础设施发展迅速

截至2013年5月，广州已建成3700个4G基站，成为全国4G站址规模最大的城市；深圳建成3100个4G基站，建成全国承载业务量最多的一张4G网络。2013年2月份在广州、深圳两地同步启动了最大规模4G体验。依靠TD-LTE这一无线宽带技术，广东将实现国际领先水平的无线宽带覆盖，成为移动互联网、物联网、电子商务等众多新技术领域创新突破的重要基础。广东移动还借助其移动通信用户规模、智能终端普及率和现代通信网络规模和技术全国第一的既有优势，不断为广东汇聚新兴产业、直接带动数以百亿的直接投资，更将汇聚千亿级的产业链价值，催化新的高价值的产业生态，为打造具有国际竞争能力的智慧产业集群夯实了基础。

根据广东省通信管理局统计数据显示，广东省固定互联网宽带接入用户量情况，整体而言，在2012年1月—2013年7月期间固定互联网宽带接入用户由1661.1万户增长到2005.4万户，用户接入用户量呈现平稳的增长趋势，但固定互联网宽带接入用户量同比增长速度放缓，由2012年1月同比增长17%下滑到2013年7月同比增长7%，下降幅度较大，如表4—10和图4—12所示。

表4—10 2012年1月—2013年8月固定宽带用户数

	固定宽带用户数（万户）
2012年1月	1661.1
2012年2月	1694.4
2012年3月	1732.9
2012年4月	1752.1
2012年5月	1778.4
2012年6月	1806.6
2012年7月	1829.8
2012年8月	1849.4
2012年9月	1877.0
2012年10月	1894.7
2012年11月	1904.5
2012年12月	1903.6
2013年1月	1912.1
2013年2月	1919.3
2013年3月	1956.9
2013年4月	1930.2
2013年5月	1980.4
2013年6月	1961.3
2013年7月	1981.3
2013年8月	2005.4

数据来源：广东省通信管理局

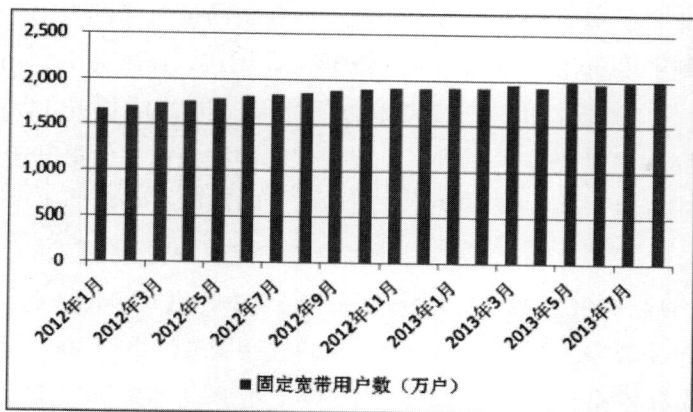

图4—12 2012年1月—2013年8月固定宽带用户数

数据来源：广东省通信管理局

3. 广东以无线城市群为特色

广东在全国范围内率先提出了"无线城市群"的概念，广东无线城市群已经成为全国规模最大、影响面最广、创新意识最强、管理理念最新的建设典型。无线城市群平台可以满足各种各样的民生"智慧"需求，广东移动已推出智慧生活、智慧交通、智慧教育、智慧求职、智慧医疗等五大"智慧服务"。在智慧生活方面，用户超过2000万；在智慧交通方面，网络覆盖全省73条高速路况、80多个服务区；在智慧教育方面，开发远程教育和便民考试服务；在智慧求职方面，累计访问量超20万人次；在智慧医疗方面，已有200多家大型医院实现预约挂号。广东移动还积极打造"三大信息化支撑体系"：电子政务支撑体系、政务公开支撑体系、数字民生支撑体系。

第五节 我国互联网接入服务存在问题分析

一 互联网接入速度与国际先进水平仍有较大差距

据全球知名的云平台公司 Akamai Technologies 2012 年 4 月发布的《2011年第四季度互联网状况报告》和 2013 年 4 月发布的《2012 年第四季度互

联网状况报告》显示：2011 年年底，中国互联网接入速度为 1.4 Mbps，国际排名降到了第 90 位。2012 年底，中国互联网接入速度为 1.6 Mbps，世界排名第 94 位。数据显示，2012 年我国平均网速比 2011 提升 14%，在全球平均网速同比提速 25% 的背景下，我国互联网接入速率的提升速度相对滞后，且在国际排名中有所下降。我国平均上网速度在全球处于中等偏下的水平，低于全球平均值，无法满足高清视频等互联网服务需求。另据 Speed Test 2013 年 4 月初测试结果，全球宽带接入速率为 13.34Mbps（指用户下载速率，在过去 30 天里平均输出速率，客户端距服务器小于 300 英里），中国为 9.34Mbps。

我国宽带普及率和国际先进水平仍有较大差距。我国每百人拥有宽带用户数，在 2011 年为 11.6，在 2012 年大约为 13，这与美国、日本、英国在 2003 年前后的水平大体相当。

尽管我国互联网接入资费有所下降，但仍远高于国际先进水平。据世界银行近日报告，发达国家网民互联网费用支出不到其收入的 1%，而在中国这一比例超过 10%，是发达国家的 10 倍，也高于东亚及太平洋地区平均约 8% 的水平。据统计，2012 年我国单位带宽平均资费水平同比下降超过 30%，但是，平均每兆 / 秒的接入费用却是发达国家平均水平的 3—4 倍。

二 互联网接入服务垄断情况严重

中国电信、中国联通在互联网接入服务市场处于垄断地位。据统计，中国互联网接入市场中，60% 的宽带接入用户、65% 的内容资源、62% 的国际出口带宽都集中在中国电信，网间互联总流量中有 83% 流经中国电信网络；中国联通的宽带接入用户、内容资源、国际出口带宽（33%）大约是中国电信的一半；其他运营商的宽带接入用户、内容资源、国际出口带宽的总和不足 10%。

不同网络之间存在宽带瓶颈。例如，中国电信和中国联通直连宽带为 261.5G，仅占两公司拥有国际出口宽带 1078G 的 24.3%。从互联质量看，两公司 2011 年 1—9 月互联时延为 87.7—131.3ms，丢包率为 0.2—1.9%，均不符合原信息产业部《互联网骨干网间互联服务暂行规定》时延不得高于

85ms、丢包率不得超过 1% 的要求。互联互通的阻碍造成下游网站用户的使用成本增大，也会严重制约互联网接入市场的长期可持续发展。目前其他弱势互联网接入服务提供商的互联成本已经很高，这样不利于互联网接入产业的健康发展。尽管我国互联网接入资费有所下降，但由于互联网接入市场垄断，导致它仍远高于国际先进水平，平均每兆 / 秒的接入费用是发达国家平均水平的 3—4 倍。

三 互联网接入服务缺乏有效监管

由于缺乏监管，我国互联网接入服务存在以下问题：

"黑接入"严重影响互联网接入服务市场秩序。网络"黑接入"指未取得通信管理部门许可接入服务资质的单位或个人，利用违规渠道获取的公用带宽资源，向普通用户提供上网接入业务，从而获得经济收益的非法经营行为。"黑接入"不登记实名身份信息，地址可作假。普通居民使用此类宽带虽然便宜，但服务质量低，容易断网，更重要的是居民信息容易泄露，存在严重的网络安全和治安隐患。"黑接入"违反国家关于互联网接入实名登记的相关规定，脱离监管，盗用国家宽带资源，严重影响接入市场秩序。

非法网络广告推送干扰用户正常使用互联网。部分互联网接入服务商通过对用户上网行为的分析，在用户上线时或上网的过程中，频繁向用户推送广告宣传信息，并根据用户当前浏览的网站类型或在搜索引擎中搜索的关键字，匹配对应的行业广告。这种非法推送在移动互联网中尤为泛滥，严重侵犯了公民的通信自由和通信秘密，同时也严重侵犯了相关网站的版权。

无线接入中的实名登记形同虚设。目前，我国对 3G 上网卡的管理还不够完善，用户往往不需要实名登记就能买到 3G 上网卡；同样，大多数无线 WiFi 接入服务也不需要实名登记，用户可以凭借用户名密码与 WiFi 热点连接后接入互联网。无线接入成为互联网实名登记的盲区，不利于互联网监管工作的开展。

缺乏对互联网接入服务质量的有效监测手段。上网高峰期用户实际拥有的带宽还不到所购买宽带带宽的百分之五。用户享受的网速等接入服务质量远远达不到服务提供商宣传的水平，虚报带宽的现象十分普遍。

四　互联网接入管理协调机制不够完善

我国互联网接入管理部门之间缺乏协调机制。目前我国互联网接入业务主要归口工业和信息化部管理，但工商、税务、公安等部门也对互联网接入服务相关企业具有业务管辖权，广电部门对有线电视网络具有管理权。这些部门之间缺乏协调机制。

以"三网融合"为例，自1998年"三网融合"概念提出以来，我国"三网融合"工作进展始终未能达到预期。部门间利益纠葛和缺乏协调是其发展缓慢的重要原因。电信业、互联网业和有线电视业分属工信部（电信网、互联网）和广电总局（广播电视网）。从现实情况来看，三网融合涉及到广电运营商与电信运营商的利益冲突。在三网融合的过程中，基于整合资源所消耗的管理成本、维系成本以及安全运营成本等的提高，部门之间因为利益之争，互不相让、难以协调，这成为三网融合最大的障碍。

即便在工信部内部，也有多个部门对互联网接入具有监管职责。这些部门有的偏向业务管理，有的偏向可用性管理，有的偏向安全保障管理。这些部门之间缺乏有效的协调机制，在具体工作中，不可避免地出现了管理目标不统一、管理措施不一致等情况。

五　城乡、区域的互联网接入服务发展不平衡

我国城乡宽带接入用户发展呈现不平衡态势。截至2013年第一季度末，我国城市宽带接入用户达到1.37亿户，在总宽带接入用户中的比例为75.7%，农村宽带接入用户占24.3%。而从人口比例来看，城乡人口分别占总人口的51.3%和48.7%。另一方面，对农村互联网接入基础设施缺乏资金投入，进一步加剧互联网接入服务发展的城乡不平衡状况，不利于推动中国城镇化建设。

经济发达地区和欠发达地区之间互联网用户数量差距悬殊。一方面，在我国不发达地区互联网宽带的普及率较低，互联网接入的服务普遍较差，使得甘肃、海南、宁夏、青海、西藏的用户量均不足全国总用户的1%；另

一方面，我国宽带的升级在这些欠发达地区没有进行到位，有待进一步提升带宽。

六 "最后一公里"接入服务垄断现象严重

我国在宽带建设过程中面临的"最后一公里"问题，究其根源是由于缺乏国家战略、统一部署，使得各方利益纠缠其中。基础运营商之间、广电和基础运营商之间、央企和地方政府之间、军队和地方政府之间，甚至地方垄断部门之间都在宽带产业建设大潮中进行着利益博弈，这导致了我国面临数据传输、互联的"一公里"问题。在固定宽带的建设过程中，共建共享只能在三家基础运营商内部进行协调推进，而参与有线网络建设的还有广电、军队、电力等单位，这些单位分属不同部门，它们之间在管理体制上无法去统筹规划和协调。这种管理体制上的条块分割，很大程度上阻碍了宽带产业建设。

还有法律方面存在不严格执行的问题。尽管我国《电信条例》明文规定，"电信用户有权自主选择使用依法开办的各类电信业务"，不得"以任何方式限制电信用户选择其他电信业务经营者依法开办的电信服务"，然而在入户问题上，宽带运营商面临物业公司、机场等多方阻挠。物业公司和开发商不按规定配套，电信驻地网资源则采用"独家垄断"，或收取高额费用，这些问题成为最大障碍。部分地区宽带接入服务提供商与社区开发商、物业公司违规合作，排斥其他宽带运营商进入，形成社区宽带接入的事实垄断，剥夺业主自由选择权的现象仍然存在。

除此之外，光纤宽带建设中，由于涉及入户施工改造等问题，因此许多地方存在跨部门协调难、进小区入场难、进家庭入户难等问题。

第五章 国内外重点互联网接入企业分析

第一节 美国

一 American Telephone and Telegraph Company

1. 概述

American Telephone and Telegraph Company（美国电话电报公司，以下简称"AT&T"），是一家美国电信公司，创建于1877年，总部位于美国得克萨斯州达拉斯。AT&T曾长期垄断美国长途和本地电话市场，但在最近的20年中，经过多次分拆和重组，失去了垄断地位。目前，AT&T是美国最大的本地和长途电话公司。AT&T是纽约证券交易所上市公司，截至2013年8月，其市值约1790亿美元。2013年第一季度，AT&T实现营业收入313.6亿美元，利润37亿美元；第二季度，实现营业收入320.8亿美元，利润38.2亿美元。

AT&T在泰国、德国、新加坡等地设有工厂，在意大利、韩国、日本等国设有子公司或者合资公司。1995年9月，该公司解体为三个独立的公司：通讯服务公司、通讯设备公司、电脑信息服务公司。1996年，AT&T又将通讯设备制造部门和贝尔实验室分离出去，成立了朗讯技术公司。2000年10月25日AT&T公布了随后两年内一分为四的改组计划，根据它所经营的业务，成立的4家新公司分别是AT&T商业服务公司、AT&T消费者服务公司、AT&T无线通信服务公司和经营有线电视业务及因特网接入服务的AT&T宽带公司。

AT&T有8个主要部门或下属公司：贝尔实验室、商业市场集团、数据系统公司、通用市场集团、网络运营集团、网络系统集团、技术系统集团、公司国际集团。主要业务包括四个方面，一是为国内国际提供电话服务，利用海底电缆、海底光缆、通信卫星可联系 250 个国家和地区，147 个国家和地区可直接拨号；二是提供商业机器、数据类产品和消费类产品；三是提供电信网络系统；四是各种服务及租赁业务。

2. 互联网接入业务介绍

AT&T 在电信和宽带业务上具有十分强大的实力。AT&T 维护着全球最先进、最繁忙的主干网之一，截至 2013 年 6 月的统计显示，每天通过该主干网流向全球各大洲的网络流量超过 33PB，在如此巨大的流量下，AT&T 使其保持了 99.999% 的可靠性。AT&T 的主干网承载了基于 IP 的全业务服务，包括无线数据、商业视频、数据和语音服务、专线以及超过 1640 万户的互联网固定宽带接入服务。为了应对在线视频、照片、音乐以及商业应用等对互联网带宽不断增加的需求，AT&T 将公司网络迁移到了美国首个采用新一代路由技术的 IP/MPLS 网络上，该网络承载带宽达 40Gbps，AT&T 主干网 75% 的流量由这个网络负载。AT&T 主干网络主要包括：覆盖 182 个国家的 3800 个服务节点，这些节点基于 MPLS 的服务；分布全球的 38 个互联网数据中心；全球范围内超过 150 万公里的光纤线路。

AT&T 拥有美国最大的 4G 移动通讯网络，可覆盖美国 80% 以上的人口，为数以千万计的用户提供服务。AT&T 移动通讯网络具有广泛的覆盖能力，使其用户可以在全球范围内无缝漫游。截至 2013 年 6 月，AT&T 的语音服务覆盖全球超过 225 个国家，数据漫游服务覆盖全球 205 个国家，移动宽带服务覆盖全球 145 个国家。

AT&T 还管理着美国最大的 WiFi 网络，该网络拥有超过 32000 个 AT&T 的 WiFi 热点，遍布于全美热门的餐馆、旅馆、书店和零售商店。通过漫游协议，AT&T 的用户还可以访问全球范围内的超过 40 万个 WiFi 热点。

在商业网络市场，AT&T 是世界最大的基于 IP 的商业安全网络服务提供商之一，提供虚拟专用网（VPN）、IP 电话（VoIP）及相关的网络安全和客户支持服务。

在互联网接入业务上，AT&T 提供的服务主要分为三种：高速互联网接入（有线宽带）、WiFi 和移动宽带。截至 2013 年 6 月，AT&T 的互联网接入服务用户数达到 1780 万户，接入方式除了传统的有线方式（DSL）外，还包括无线移动宽带、卫星接入等方式。AT&T 提供多种价格和配置的接入套餐，以满足不同用户的需要，提供最高达 24Mbps 下行速度的高速互联网接入服务。AT&T 还为其互联网接入用户提供其他附加服务，包括具有无限存储容量的电子邮件账号、互联网安全套装、家长控制服务、互联网门户等。

3. 发展策略

AT&T 的发展策略主要包括：一是依靠优质的基础设施吸引用户，AT&T 作为老牌电信公司，基础设施十分完善，管理基础设施的经验丰富。完善而覆盖广泛的基础设施是提供高质量服务的基础，尤其对商业用户具有较高吸引力。二是大力发展 4G LTE 无线网络，形成全球性的语音和数据网络。4G 是未来趋势和当前热点，AT&T 也依靠大力发展 4G 技术抢占市场先机。三是提供多样化的互联网接入方式，除了有线接入，还包括无线WiFi 热点和家庭无线网络，为用户提供便利。

二　Comcast Corporation

1. 概述

美国 Comcast 电信公司（中文名康卡斯特电信公司，以下简称"康卡斯特"）是美国领先的有线电视、娱乐和通信提供商，也是美国最大的有线电视运营商，总部位于宾夕法尼亚州的费城，主要提供有线电视、VOD 及高清电视、宽频网络及 IP 电话等服务，在美国 41 个州拥有业务网点。截至 2012 年年底，康卡斯特职员人数达 10 万人，拥有 2460 万有线电视用户，1440 万宽带网络用户及 560 万 IP 电话用户，是美国最大的有线电视公司，亦是美国第二大互联网服务供应商。康卡斯特是纳斯达克上市公司，市值超过 1100 亿美元。2013 年第一季度，康卡斯特实现营收 153 亿美元，利润16.5 亿美元；第二季度，实现营收 163 亿美元，利润 17.3 亿美元。

康卡斯特业务主要包括有线电视、电话、高速互联网接入。

2010 年 2 月，康卡斯特正式启动新品牌营销战略，将旗下互动媒体公司数字宽带、高速网络及数字电话服务品牌统一更名为"XFINITY"。更名后，将使用 XFINITY TV、XFINITY Voice、XFINITY Internet 和 XFINITY

Home 新服务名称。康卡斯特 XFINITY 品牌战略，体现了公司业务融合的发展理念，将该公司的有线电视、IP 电视、电话、宽带接入、家庭安保等业务整合到一起，并采用灵活的打包方式提供给终端用户。

2. 互联网接入业务介绍

XFINITY Internet 是康卡斯特面向家庭用户推出的无线宽带接入业务，其最高下行速度可高达 100Mbps。通过 XFINITY Internet 无线宽带接入，整个家庭所有房间的所有设备都可以接入康卡斯特无线高速网络。康卡斯特的套餐还包括持续的安全保护、IP 电视等附加服务。

康卡斯特面向企业用户的宽带接入服务主要包括商业宽带接入以及面向在多地具有分支机构的大企业的虚拟专用网。商业宽带接入提供从 16Mbps 到 100Mbps 的下行接入速度，价格从 69.95 美元 / 月到 199.95 美元 / 月，并提供一些面向企业的附加服务，如 Norton 网络安全软件、企业邮箱、微软 SharePoint 协同工作与文档分享工具、网站主机、移动设备同步工具等。虚拟专用网可以将企业在各地的局域网通过康卡斯特的高速光纤网络连接起来，并虚拟成一个以太网。康卡斯特的高速光纤网络具有很高的可靠性和安全性，可提供最高达 1Gbps 的接入速度。康卡斯特的虚拟专用网还提供域名服务、边界网关协议支持、统计报告等附加服务，为企业打造一个安全、高效、可靠的网络环境。

3. 发展策略

康卡斯特的发展策略主要包括：一方面是品牌整合，形成统一商业形象，康卡斯特将以前繁杂的业务品牌整合成统一的 XFINITY 品牌，提高了用户辨识度，便于公司业务的推广，同时也是公司业务融合发展的体现。另一方面是业务的融合发展，在统一的 XFINITY 品牌下，将基于数据业务的有线电视、IP 电视、电话、宽带接入、家庭安保等多种业务融合，提供丰富的选项供用户选择。

三　Sprint Corporation

1. 概述

美国 Sprint 公司成立于 1938 年，前身是 1899 年创办的 Brown 电话公司，当时是堪萨斯州的一家小型地方电话公司。目前，Sprint 公司已成为全球性的通信公司，并且在美国诸多运营商中名列三甲。截至 2013 年 6 月，Sprint 公司在全球约有 39000 名员工，客户超过 6430 万，年营业额达到 353 亿美元。

2012 年 10 月 15 日，Sprint 公司在东京宣布，该公司已经被软银（SoftBank）以 201 亿美元收购。

Sprint 主要提供长途、本地通信业务和移动通信业务，并拥有美国的第一个全国性、全数字化光纤网络，以及历史悠久的 Tier 1 IP 网。Sprint 公司在全美国 50 个州提供本地的语音和数据通信服务，并拥有美国规模最大的100% 数字化、全国性 PCS 个人无线通信网络。公司拥有最多样的网络制式，提供全面多层次的有线和无线通信服务，带给消费者、商户、政府充分的移动性能。

2. 互联网接入业务介绍

作为运营商，Sprint 当前主要运营 3G 和 4G 业务。Sprint 的 3G 业务使用 CDMA 制式，是美国最大的 CDMA 网络运营商。Sprint 的 4G 网络基于其收购的 Clearwire 公司的 WiMAX 网络，Sprint 抓住 WiMAX 业务部署比 LTE 早两年的市场机会，在美国率先提供更高速率的无线宽带网络，将 WiMAX 与其已有的 3G EV-DO 网络集成捆绑，推出 CDMA/WiMAX 双模业务，依靠较高的移动网络速度增加用户在网粘性。

由于手机、平板电脑等移动终端 WiFi 功能的普及，Sprint 推出基于其 WiMAX 网络的 3G/4G 无线路由器产品，使得多个终端设备可以共享无线宽带网络。在可以使用 4G 网络的情况下，用户通过具备 WiFi 功能的终端设备接入移动宽带网络，获得最高 10Mbps 的下载速度；当 4G 网络不能使用时，路由器自动切换到 3GEV-DO 网络，峰值下载速率为 3.1Mbps。Sprint 无线路由器还支持多个用户共享上网。

Sprint 无线宽带接入的竞争策略，除上述 3G/4G 混合模式提供的高带宽外，还以低于竞争对手的套餐价格取胜。如 2011 年 11 月，Sprint 推出的个人用户套餐包括：每月 49.99 美元 6GB 3G+4G 流量或 79.99 美元 12GB 3G+4G 流量。此外，还推出了针对平板电脑和专用移动热点终端的移动宽带套餐：每月 34.99 美元 3GB 3G+4G 流量，以及针对平板电脑和智能手机的新套餐：每月 19.99 美元 1GB 3G+4G 流量。这些套餐相较于其竞争对手 Verizon 和 AT&T 的套餐，每 GB 流量的费用是最低的。另外，Sprint 还推出了不限流量的套餐，如 2013 年底，就有每月 50 美元的基本不限流量套餐和每月 60 美元的针对智能手机的不限流量套餐。

在推广其 WiMAX 网络的同时，Sprint 还积极准备进化到 4G LTE 技术。2011 年底，Sprint 推出了"网络愿景"计划，这项计划包括部署多模基站、重整频谱、扩大 CDMA 覆盖和部署 LTE 网络等，该计划预计于 2013 年底或 2014 年初完成，计划完成后，Sprint 的 LTE 网络将覆盖 2 亿用户。Sprint 被日本软银收购后，在资金上获得了强力的支持。2013 年 7 月，软银宣布将投资 50 亿美元，帮助 Sprint 加快 4G LTE 无线宽带部署。

3. 发展策略

Sprint 的发展策略主要包括：一是在 4G 网络建设上抢占先机，Sprint 凭借 WiMax 网络，率先在美国提供 4G 网络体验，并和其 3G 网络结合，提供高速无线数据服务。二是以低价取胜，Sprint 一直保持其无线数据套餐低于竞争对手如 Verizon、T-Mobile 等，以较低的价格争取用户。三是积极进行基础建设，虽然 Sprint 通过 WiMax 网络取得了 4G 市场的先机，但在 4G LTE 建设上没有跟上，其推出的"网络愿景"计划，主要内容就是优化网络、建设 4G LTE 基础设施，跟上 4G 大潮的脚步。

四　Verizon Communications Inc.

1. 概述

Verizon Communications Inc.（以下简称"Verizon"）是美国最大的无线通信提供商和本地电话交换公司。Verizon 是由美国两家原地区贝尔运营公司——大西洋贝尔和 Nynex 合并建立 BellAtlantic 后，又在 2000 年 6 月 30 日与独立电话公司 GTE 合并而成的。公司正式合并后，Verizon 一举成为美国最大的本地电话公司、最大的无线通信公司，全世界最大的印刷黄页和在线黄页信息提供商。公司在纽约证券交易所上市，市值 1354 亿美元。2013 年第一季度，实现营收 294 亿美元，利润 19.5 亿美元；第二季度，实现营收 298 亿美元，利润 22.5 亿美元。

Verizon 在美国、欧洲、亚洲、太平洋等全球 45 个国家经营电信及无线业务。Verizon 提供业务主要分为：电信业务、移动通信、话音业务、数据业务以及黄页等。Verizon 非常重视用户服务质量，尤其是用户申诉的解决，公司设有用户服务中心，负责有效和快速解决所有用户申诉问题。

2. 互联网接入业务介绍

在基础设施方面，Verizon 拥有的高速全球主干网可以应对当前日益增长的网络数据需求。Verizon 的主干网拥有 130 万公里的高速电缆，遍布全球 150 个国家。Verizon 的全球网络安全可靠，并且速度极高，最高可达 100Gbps，可以满足政府机构和商业公司的要求，全球前 1000 家最大的商业公司有 98% 使用了 Verizon 的网络服务。

Verizon 的互联网接入业务主要分成无线和有线两大部分。

在无线接入业务方面，Verizon 拥有全球最大的 4G LTE 用户群体。截至 2013 年 8 月，Verizon 的 LTE 人口覆盖超过 3.01 亿人，LTE 终端数已超过 2800 万部，LTE 用户已占全部用户的 1/3。截至二季度末，Verizon 拥有 3500 万后付费用户，其中超过 1165 万 LTE 后付费用户。在无线业务方面，Verizon 还在继续加大投入进行完善和拓展，2013 年 Verizon 资本支出预计为 164 亿—166 亿美元，其中 2013 年上半年，支出为 76 亿美元，其中 43 亿美元用于无线业务。

Verizon 依托其覆盖广泛的 LTE 网络，面向家庭用户推出了无线互联网服务。目前 Verizon 提供了 3 种家庭无线互联网服务。第一种称为 HomeFusion 宽带，是一种驻地网服务，通过 Verizon 4G LTE 网络提供高速和可靠的互联网接入，其特点包括：一是较高的互联网访问速度，下行可达 5—12Mbps，上行可达 2—5Mbps；二是可以接入多个联网设备，可以接入最多 20 个无线 WiFi 设备和 4 个有线设备；三是提供了 5 个免费的电子邮箱账号。第二种家庭无线互联网服务称为 Verizon 4G LTE 宽带路由器，该服务向家庭用户提供一个无线宽带路由器，家庭联网设备可以通过宽带路由器接入 Verizon 的 4G LTE 网络，从而接入互联网。这种服务具有 HomeFusion 服务的全部优点，除此之外，还具有可移动性。用户可将无线宽带路由器携带旅行，在任何 Verizon 4GLTE 网络覆盖的地方都可使用。第三种家庭无线互联网服务称为带语音服务的 Verizon 4G LTE 宽带路由器，相较第二种服务增加了语音功能，用户可将电话接入无线宽带路由器，即可通过 Verizon 4G LTE 网络使用语音服务。

在有线接入业务方面，Verizon 面向个人和家庭用户提供光纤高速互联网接入、DSL 互联网接入、基于高速网络的 IP 电视业务等，接入速度最高可达 100Mbps，IP 电视提供超过 450 个频道。截至 2012 年年底，Verizon 家庭互联网用户超过 500 万户。针对商业用户，Verizon 提供光纤高速互联网接入、企业专网服务等业务。

Verizon 基于光纤的有线接入服务品牌为 FiOS。FiOS 采用 100% 全光纤接入，提供了很高的互联网接入速度，可以支持高清电视、数字语音等业务。目前 FiOS 互联网接入服务套餐分成了基本和高档两级，基本级的套餐接入速率从 15Mbps 到 75Mbps，月服务费用从 49.99 美元到 69.99 美元，高档级的套餐接入速率从 150Mbps 到 500Mbps，月服务费用从 129.99 美元到 299.99 美元。这些套餐都可以绑定额外的附加服务，如高清网络电视、数字电影、数字语音等。

3. 发展策略

Verizon 的发展策略主要包括：一方面是大力发展 4G 业务，Verizon 在 4G LTE 建设上不遗余力，拥有全球最大的 4G 覆盖面积和最多的用户群体，在市场占据了有利地位。另一方面是斥巨资进行业务扩张，Verizon 计划斥资 1300 亿美元收购其与英国电信巨头 Vodafone 合资的 Verizon 无线公司，以期在美国无线通信市场进一步扩张。

第二节 欧盟

一 Telekom Deutschland GmbH

1. 概述

Telekom Deutschland GmbH，中文名称为德国电信，是欧洲最大、世界第三大电信运营者，于 1995 年 1 月 1 日从国有企业改组成为股份公司。德国电信是全球领先的管理和电信、信息技术咨询公司。公司的总部设在德国波恩。

德国电信在 29 个国家和地区拥有 71 个分公司、子公司、联盟公司和合资公司，截止 2007 年底拥有 3100 万固定用户、1300 万宽带用户和 1.2 亿移动客户，是全球最具影响力的电信运营集团之一。2013 年德国电信实现收入 586 亿欧元。

德国电信的业务主要分为四个业务范围，每一部分都有自己独立的董事会和经营自主权：

T-Com，固定电话业务，除了通过数字电话网提供基本通话服务之外，还有数字服务 T-DSL（DSL）和 DTAG-IPnet（基于光纤的高性能骨干互联网）。

T-Mobile，移动电话业务，提供移动电话语音和数据服务。

T-Online，互联网业务，提供互联网接入服务。

T-Systems，提供系统集成服务。T-Systems 主要面向大用户和集团企业用户和大型项目实施。

2. 互联网接入业务介绍

德国电信旗下的 T-Mobile 是全球最大的跨国无线运营商之一，运营了基于 GSM、UMTS、LTE 等多种不同制式的移动网络，其业务遍及欧洲和北美，其全球用户总数大约为 1 亿 5000 万。在美国，T-Mobile 运营着美国第四大和第五大的无线网络，覆盖了美国 96% 的面积。T-Mobile 提供无线语音、信息以及数据服务。截至 2010 年年底，T-Mobile 在美国拥有 4400 万用户，年营收达到 214 亿美元。在欧洲，T-Mobile 在德国、英国、奥地利、捷克等 11 个国家提供服务，包括无线语音、3G 和 4G 数据服务等。2013 年 9 月，德国电信宣布推出新的 LTE-Advanced（或称 LTE+）服务，这一网络的理论速度最大为 150Mbps。德国电信将在德国超过 100 个城镇同时推出该服务。

德国电信的 T-Online 互联网接入业务，主要集中在德国、英国、法国等国。在德国，T-Online 是最大的互联网接入服务提供商。2013 年 9 月，德国电信宣布，将在 2015 年前在德国投资 120 亿欧元扩建光纤电缆网络，以大幅提高宽带上网速度。德国电信说，光纤电缆将能大幅提高宽带上网速度至 100 兆 / 秒，此项投资将帮助德国做好准备进入千兆网络社会。德国电信表示，新的投资计划将不仅涉及德国大城市的网络建设，同时将覆盖小城市及农村地区。在德国，该公司目前已能为约 1200 万户家庭提供光纤网络服务，预计 2016 年这一数字还将翻一番。

3. 发展策略

德国电信的发展策略主要包括：一方面是在全球范围内进行业务扩张，德国电信在除德国之外的其他国家和地区如美国、英国、法国开展业务，其旗下的 T-Mobile 是美国第三大无线运营商，德国电信在欧洲的业务范围也十分广泛，涉及多个国家。另一方面是大力进行基础设施建设，在无线和有线网络建设上，投入巨资，极大提高带宽和服务能力，为未来丰富的业务应用打好基础，提升公司竞争力。

二 Vodafone Group Plc.

1. 概述

Vodafone Group Plc. 中文名称为沃达丰集团公司（以下简称"沃达丰"）是跨国性的移动电话运营商。总部设在英国伯克郡的纽布利及德国的杜塞尔多夫。是全球最大的移动通信运营商之一，其网络直接覆盖 30 个国家，并在另外 40 个国家与其合作伙伴一起提供网络服务。沃达丰在全球拥有超过 10 万员工。2013 年，沃达丰营业收入达到 526 亿欧元，为全球第七大电信运营商，拥有超过 5 亿用户。沃达丰分别于伦敦证券交易所（代号 VOD. L）及纽约证券交易所（代号 VOD）上市。

沃达丰的主要业务是运营移动通信网络，其服务遍及欧洲、南北美洲、亚洲、非洲等许多国家。其他业务主要是于 2007 年建立沃达丰全球企业部门，主要向大企业提供电信和信息技术服务，其业务包括云计算、统一通信、语音和数据、移动宽带、移动支付等，截至 2012 年初，已在 65 个国家开展业务。

2. 互联网接入业务介绍

作为移动通信运营商，沃达丰的互联网接入业务也是基于其移动通信网络，在全球多个国家都有业务，包括主营或与当地运营商合作运营的无线网络。在非洲和中东地区，沃达丰在埃及、科威特、南非、卡塔尔、加纳、利比亚等国运营无线通信网络；在美洲，沃达丰主要与美国最大的无线运营商 Verizon 合作运营无线网络，在 2013 年秋，Verizon 以 1300 亿美元收购了沃达丰在美国的无线业务，创下了近年来电信业的收购价格纪录；在亚太地区，沃达丰在澳大利亚、新西兰、印度、马来西亚等国都有业务；在台湾地区，沃达丰于 2009 年与台湾中华电信达成合作；在智利，沃达丰于 2008 年 5 月，与智利本地运营商达成合作，进入拥有 1500 万用户的智利市场；在巴西，沃达丰 2013 年 8 月获得了巴西的虚拟运营商资格。在欧洲，沃达丰在英国、法国、德国、奥地利等国都有较强的实力，并已将其业务延伸至东欧国家。2013 年初，沃达丰还与中国移动共同竞争缅甸的移动运营商牌照。

沃达丰业务开展情况根据所在地区发展情况有所不同。例如在英国，沃达丰以 4G LTE 推广为主，截至 2013 年底，沃达丰已经在英国伦敦、伯明翰、曼彻斯特等 15 个城市和地区部署了 4G 网络，向个人和企业提供高速 4G 网络服务。另外，沃达丰还提供无线 WiFi 热点接入互联网的服务，尤其在伦敦地区，在 100 多个地铁站中都可以使用。当前无线 WiFi 上网套餐的服务费用从每月 1GB 的 8.33 英镑到每月 10GB 的 25 英镑不等。在印度，由于电信业发展相对落后，沃达丰仍以提供语音和短信服务为主；在移动互联网接入上，提供比较基础的 2G 和 3G 上网服务，网络速度较慢，资费相对较高。例如德里地区，沃达丰 3G 上网套餐分成低中高三档，低档套餐有 8 卢比 30M 流量和 65 卢比 200M 流量两种，中档套餐从 255 卢比 1GB 流量到 455 卢比 2GB 流量不等，高档套餐从 655 卢比 3GB 流量到 1255 卢比 10GB 流量不等。

3. 发展策略

沃达丰的发展策略主要包括：一方面是积极进行全球化发展。沃达丰在欧洲、北美、南美、非洲、亚洲等都积极开展业务，通过建立合资公司、收购等方式参与当地无线运营业务，是世界最大的无线运营商之一。另一方面是大力推广 4G LTE 网络，抢占未来市场。沃达丰在澳大利亚、新西兰、西班牙、荷兰、英国以及东欧多个国家已经商用了 4G LTE 服务，在 4G LTE

的推广上十分成功。

三 BT Group Plc.

1. 概述

BT Group Plc. 中文名称为英国电信集团（以下简称"英国电信"），原为英国国营电信公用事业，由英国邮政总局管理，1981 年 10 月 1 日脱离英国皇家邮政，变成独立的国营事业。1984 年向市场出售 50% 公股，成为民营公司。英国电信是世界领先的通信服务公司之一，在全球 170 个国家设有营业点或办事处。英国电信 2013 年营业收入达 213 亿欧元。

英国电信业务主要分为四个部分：零售、全球服务、批发和 Openreach 基础服务。零售业务包括面向个人和企业的手机及互联网接入服务销售，也是其他业务和服务的管道；全球服务面向全球企业提供可管理网络服务；批发业务主要是向其他通信公司提供网络服务和解决方案，英国电信是欧洲最大的通信服务批发商；Openreach 服务，主要在英国提供最后一公里的网络接入和光纤宽带服务。

2. 互联网接入业务介绍

英国电信面向家庭用户的互联网接入业务提供了最快达 300Mbps 的光纤接入，除了向用户提供高速的互联网接入外，其特点是还捆绑了多种附加服务。附加的服务包括：一是免费的体育频道，英国电信宽带用户可以免费通过 IP 电视收看包括英超联赛在内的体育节目；二是免费访问世界最大的 WiFi 网络，英国电信用户可以使用移动终端访问其庞大的 WiFi 网络，获得便利的移动性，英国电信的 WiFi 网络在英国拥有超过 500 万个网络热点，覆盖率很高；三是家庭无线路由器，可以允许一家的多台设备通过无线网络连接到互联网；四是云存储服务，用户可以与云端同步自己的文档、照片等；五是基于 McAfee 技术和产品的安全服务；六是无限容量的快速、安全的电子邮箱；七是 7×24 小时的专家级售后咨询和服务。

英国电信针对企业用户需求，推出了多种形式的互联网接入方案，包括标准宽带接入服务、套餐式接入服务、BTnet 专线租用、超高速宽带等。标准宽带接入服务是一种单一的企业互联网接入服务，接入速度最高可达

17Mbps，月服务费用从 11 英镑到 45 英镑不等。套餐式接入服务在宽带接入服务上还捆绑了固话、移动电话及无线互联网接入服务，接入速度最高可达 76Mbps，月服务费从 28 英镑到 45 英镑不等。BTnet 专线租用针对要求高可用性互联网接入的企业用户，提供非常可靠的接入质量和 100% 的可用性保证，但费用也比较高，单个线路的月服务费为 312 英镑，接入速度为 4Mbps。超高速宽带接入采用光纤线路，提供较高的接入速度，38Mbps 接入服务的月服务费为 30 英镑，76Mbps 接入服务的月服务费为 35 英镑。另外，超高速宽带接入服务还提供全英国 500 万个 WiFi 热点的无限制接入。

3. 发展策略

英国电信的发展策略主要包括：一是提供优质的网络服务，英国电信为其客户提供高达 300Mbps 的网络接入，企业用户也可以根据需要选择多种宽带套餐，在网络速度、网络质量上都具有较强竞争力。二是提供丰富的附加服务，如对个人用户提供免费的网络电视和体育频道，可以免费观看英超比赛，十分具有吸引力。三是提供数量庞大的无线热点接入，英国电信的无线热点覆盖英国全境，其用户几乎可以在任何地点轻松无线接入，这是英国电信争取用户的一大优势。

四　Telefónica UK Limited

1. 概述

Telefónica UK Limited，又称 O2（以下简称 "O2"），是一家英国通信公司，专门提供移动通信和宽带接入服务。公司原为英国电信集团成员之一，后被西班牙电信集团收购。O2 在英国全国各地设有销售及服务网点。

O2 业务主要是非语音的通信服务，包括文字短信、多媒体短信、游戏、音乐和视频、数据服务（基于 GPRS、HSDPA、3G、WLAN）等。除英国外，O2 在爱尔兰、德国、捷克、斯洛文尼亚等国也都有业务。2013 年 O2 营业收入达 623 亿，为全球第五大电信运营商。

2. 互联网接入业务介绍

O2 主要提供固定宽带和移动宽带业务。2013 年 5 月，O2 将其固定电话和固定宽带业务出售给了英国天空广播公司，现在剩余的只有移动宽带业务。O2 移动宽带除了其基于 GPRS、HSDPA、3G 等提供的移动数据服务外，还包括了免费的 WiFi 热点接入，截至 2013 年 6 月，O2 总共建设了 8000 个 WiFi 热点。

3. 发展策略

O2 的发展策略主要包括：一方面是积极和其他公司合作，O2 和 Vodafone、英国电信等在无线运营、宽带接入上都展开合作，如和 Vodafone 合作在英国推广 4G LTE 业务，和英国电信在 WiFi 无线热点接入上进行合作等。另一方面是推广多种服务，如在无线业务上，提供 GPRS、HSDPA、3G 等多种数据服务，4G LTE 业务也在积极推进，O2 还积极推广基于数据业务的应用服务，如移动医疗、智能电表等。

第三节　日本

一　KDDI株式会社

1. 概述

KDDI 株式会社（以下简称"KDDI"）是一家在日本市场经营时间较长的电信运营商，其前身是成立于 1953 年的 KDD 公司，经过多年来不断的兼并与重组，尤其是先后与 DDI、IDO 两家公司的合并，使 KDD 不断成长壮大，最终于 2001 年 4 月正式改名并组建成为 KDDI。KDDI 是东京证券交易所上市公司，市值达 3.67 万亿日元。KDDI 在 2012 年财富世界 500 强排行榜中位于第 220 位。2013 年，KDDI 营业收入达 303 亿欧元。

KDDI 为其全业务体系建立了"Au"、"TU–KA"、"Telephone"、"For Business"和"DION"五大服务品牌。"Au"是基于 CDMA 网络的移动业务品牌，提供基于 2G/2.5G/3G 网络的各种移动通信服务；"TU–KA"是基于 PDC 网络的移动业务品牌，只提供 2G 服务；"Telephone"是固定电话业务品牌，KDDI 在这一领域主要提供国际长话服务；"For Business"是针对企业用户的业务品牌，主要提供 VPN 与 Data Center 等针对企业客户的解决方案；"DION"是互联网服务品牌，主要提供 ADSL、FTTH 等互联网接入服务。

2. 互联网接入业务介绍

2003 年年底，KDDI 约有 1597.7 万用户，其中 3G 的用户占了 73.6%，也就是有 1176.4 万 3G 用户，市场占有率约 20%。2007 年 3 月，KDDI 约有 2731.6 万用户，其中 3G 的用户占 97.8%，也就是有 2671.9 万 3G 用户，市场占有率约 28%。在日本电信业中，排名第二，仅次于 NTT DoCoMo。

2008 年，KDDI 提出 FMBC(固定移动广播融合)战略。FMBC 与 FMC(固定网络与移动网络融合)的区别在于广播，广播与通信的融合也成为 KDDI 融合战略的特色所在。

在基础设施方面，FMBC 通过构筑集无线通信网络和固定通信网络于一体的"Ultra3"计划来实现固定与移动的融合。根据该计划，固定通信的多种实现方式（包括 FTTH、CATV、全 IP 等）和移动通信的多种实现方式（包括 CDMA2000、广播网等）将被整合，从而无缝地提供各种通信服务。在"Ultra3"计划下，无线宽带、有线上网、无线 LAN、3G 数字播放等各种上网方式将被整合成一个统一的数据包基础连接网，用户可在任何网络上享受统一的业务。除"Ultra 3"以外，KDDI 还推动核心网络的 IP 化，以降低成本，强化业务竞争力，为 FMBC 做准备。为充分发挥 IP 网络的技术优势，KDDI 还引入服务质量控制机制，为不同的服务设定不同的质量标准，从而有效利用网络资源。

将广播与固定和移动通信相结合，KDDI 做了很多努力。例如，KDDI 研究所不仅开发了数字手机电视终端，而且开发了数字广播手机终端，现在这些终端不仅可以用来看电视，而且可以用来下载动画。KDDI 还在数字广播上加载了互联网的数据，将互联网上无改动的媒体内容和应用程序通过数字广播发布，不仅可以有效利用频率波段，还可以提供全方位的业务。此外，KDDI 在手机电视上提供区域播放服务，通过在特定区域、商店街、设施内进行小功率 One-Seg 的播放，播发与该地区紧密相关的节目。

在 FMBC 战略之下，KDDI 已经推出了一些融合业务，为用户带来了极大的便利。KDDI 的融合业务包括：一是无缝整合业务，使用户可以在保持原来通信服务不间断的条件下，将服务切换到不同的介质，如视频、移动电视等。二是 lismo 音乐下载业务，该业务以"无论何时何地，轻松享受音乐"为理念，允许用户将手机下载的业务复制到 PC 上听，也可以利用 PC 把网络上下载的音乐以及 CD 上的歌曲转换到手机上听。三是手机搜索业务，KDDI 与 Google 合作提供手机搜索业务"EZSearch"，使 KDDI 的用户能在手机上使用 Google 的网络搜索引擎。四是手机广告业务。五是手机与电脑的一体化门户网站"auone"，通过该网站，用户无论通过手机还是 PC，无论何时何地，都可以统一获取信息。

2011 年，KDDI 公司大力发展无线路由器和 WiFi 业务。KDDI 公司提出的以"新自由"为口号的 3M 战略，其核心就是以 WiFi 为纽带，让智能终端通过智能路径在 KDDI 的各种网络和合作伙伴的固定网中自由切换，并把用户家庭作为 WiFi 的另一个重要阵地，以有线、无线业务捆绑方式实现。

3. 发展策略

KDDI 的发展策略主要包括：一方面是大力推进固网、移动网与广播的融合，在融合的基础上推出多种创新服务，丰富业务种类，为用户提供无缝切换的网络服务和多种多样的应用服务。另一方面是推广其 3M 商业战略，即 Multi-Use（多种内容及服务）、Multi-Network（任何时间任何地点用最好的网络）、Multi-Device（任意智能设备），目标是创造一个在任何时间任何地点，用最好的网络，使用喜欢的设备享受多种内容及服务，战略核心是在用户普及率已经饱和的情况下，通过业务创新提高公司盈利。

二 NTT DoCoMo Inc.

1. 概述

NTT DoCoMo 公司是日本电报电话公司的手机公司，是目前世界上最大的移动通信公司之一，拥有超过 6000 万的签约用户，也是最早推出 3G 商用服务的运营商，在全日本范围内提供 3G 网络服务，并早在 2010 年就已提供 LTE 商用网络服务。

NTT DoCoMo 的业务主要集中在移动通信领域。截至 2011 年年底，NTT DoCoMo 在日本共有约 5919 万用户，在日本国内市场的市场占有率为 48%，是日本最大的移动通信企业。其 3G 手机用户数量约有 5860 万，LTE 服务

"Xi"约有65万用户，总用户中，3G手机普及率达99.0%。NTT DoCoMo还提供WCDMA方式、HSDPA方式3G和3.5G移动通信服务"FOMA"和PDC方式的2G手机服务"mova"。

2. 互联网接入业务介绍

NTT DoCoMo在1999年投放市场的i-mode是全球最受欢迎的移动互联网络服务，为超过4500万用户提供电子邮件和互联网访问功能。随后，于2001年推出的FOMA（自由移动的多媒体接入）是世界上第一款基于WCDMA的3G移动服务。2010年10月，NTT DoCoMo推出了基于3G业务的新FOMA计划，该项服务基于WCDMA网络，支持最高速度可达384Kbps的数据通讯。

NTT DoCoMo于2013年8月宣布，其LTE移动服务用户数已在2013年7月30日突破1500万。预计将于2013年10月在东京、大阪和名古屋部分地区商用150Mbps的LTE服务。

3. 发展策略

NTT DoCoMo的发展策略主要包括：一方面是大力发展新一代无线通讯业务，NTT DoCoMo不仅在4G LTE建设上不遗余力，而且已经规划5G网络的建设，并积极进行相关研究，NTT DoCoMo计划在2020年东京奥运会上提供5G网络服务。另一方面是大力发展多种服务，除提供基本数据服务外，还积极发展基于数据服务的应用服务，如内容服务、导航、电子商务、手机保险、广播等。

第四节 韩国

一 SK电讯

1. 概述

SK电讯是韩国最大的移动通讯运营商，前身是成立于1984年的韩国移动通信（KMT）。1994年,SK集团开始参与KMT的经营，并成为最大的股东，1997年，KMT正式改名为SK Telecom（SK电讯）。2013年，SK电讯营业收入达 115 亿欧元。

SK 集团是韩国第三大跨国企业，主要以能源化工、信息通信为两大支柱产业，旗下有两家公司进入全球五百强行列。20 世纪 80 年代中期，SK 本着将目光投向未来 10 年的方针，开始涉足于信息通信领域，牢固的奠定了综合信息通信事业的基础。

SK 电讯最初只有一个品牌，即 SPEED 011。为了针对不同年龄的用户群体提供个性化服务，SK 电讯在此基础上推出了多个细分的服务子品牌：针对儿童的 i-kids、针对 13 岁到 18 岁青少年的 TTL-Ting、针对 20 多岁青年人的 TTL、针对 25 岁到 35 岁高端用户的 UTO 和针对已婚女性的 CARA 等。在 SK 电讯推出的品牌中，还有根据移动终端设备来划分的 JUNE 和 NATE 两个子品牌。其中 NATE 让用户可以接入有线和无线互联网，而 JUNE 则是一种基于 CDMA2000 1x EV-DO 的多媒体服务。

2. 互联网接入业务介绍

SK 电讯是世界上第一个对码分多址（CDMA）技术进行商业化开发的公司；是韩国第一家提供无线网络服务的公司；在 2001 年的 CDMA 发展集团获得了"国际领先奖"，还将业务拓展到电信服务的其他领域，如 NETSGO（一种在线服务）、Nemo（一种在线金融服务）、NATE（一种无线有线集成的因特网端口服务）以及一种国际呼叫服务。SK 电讯同时还是世界上首家同时采用 WCDMA 和 CDMA 2000 两种第三代网络标准和首家利用卫星提供移动数字多媒体广播服务（DMB）的运营商。

SK 电讯很重视建设高品质的网络，并通过每次网络升级，带动业务发展，尤其是推动数据业务的创新。SK 电讯在每一次网络升级进程中，都先于对手占据了技术领先地位。1996 年 1 月，SK 电讯在全球首次实现 CDMA 技术的商用化，完成了第二代移动通信的开创工作；2002 年 1 月，第三代多媒体移动通信 CDMA2000 1x EVDO 投入使用；2002 年 11 月，推出第三代移动多媒体业务；2003 年 6 月，在世界上首次实现同步方式可视电话服务商用化，实现了真正的 3G 服务，为其在世界上树立 3G 服务的领导地位奠定了基础。

SK 电讯一直重视海外市场的发展，相继在蒙古和越南开通了移动通讯商用服务，并于 2005 年 1 月进入美国虚拟移动运营市场。在中国，SK 电讯致力于加强与本地运营商的合作，于 2004 年 3 月与中国联通成立 CDMA 增值电信业务合资企业——中国联通时科公司，面向中国用户提供具有韩国时尚的移动增值服务——U 族部落。

2005 年 SK 电讯拥有 1900 万用户，占韩国移动通信市场的 51%，当年营业收入约 101 亿美元，净利润为 18.7 亿美元。2005 年 SK 电讯在无线互联网领域的销售也创下历史新高，比上一年增加 34.9%，无线互联网业务收入占到了移动业务销售额的 26.6%，比上一年的 20.6% 增加了 6%。

3. 发展策略

SK 电讯的发展策略主要包括：一方面是大力推动无线网络建设，韩国是全球无线通讯业最发达的国家之一，SK 电讯作为韩国第一大运营商，4G LTE 业务已十分普遍，2013 年 4 月，其 4G 用户已突破 1000 万。SK 还积极进行更加高速的 LTE-Advanced 网络建设，截至 2013 年 7 月，SK 电讯的 LTE-Advanced 服务范围已经扩大至韩国 84 个城市，用户超过 15 万。二是提供有竞争力的业务资费，争取用户，如向其 3G 和 LTE 用户推出"T&T 共享"计划，为用户提供网内无限语音通话，以及网内和网间无限短信。

二 韩国电信公司

1. 概述

韩国电信公司（Korea Telecom，以下简称"韩国电信"）成立于 1981 年 12 月 10 日，是韩国第一大电信运营商。韩国电信是拥有服务全国的主干通讯网络和 2000 多万名用户的电话企业，通过不断的技术开发和经营革新，已发展成为跨国互联网企业。

韩国电信 2013 年第三季度总收入为 5.734 万亿韩元 (51.6 亿美元)，其中无线服务收入为 1.713 万亿韩元，固网收入 1.462 万亿韩元。韩国电信的无线用户数为 1632.5 万，4G 用户占据该运营商无线用户总数的 41.8%。智能手机用户为 1100 万，占据总用户的 67.7%。

作为韩国最大的电信公司，韩国电信以电话通信、高速网络等有线及无线通信服务业为主要业务，另外还包括手机等终端设备销售、UCloud 品牌的云存储服务等。

2. 互联网接入业务介绍

1994年，韩国电信在亚洲首次连接了全世界的互联网和卫星通讯网络，使韩国率先进入了先进信息通讯国家的行列，1997年转换为政府出资机构后，又进行了大规模事业结构重组，把以电话为主的有线通讯事业改变为以无线和互联网为中心的未来高科技发展事业。同时还引进 ADSL 服务、建立宽带国家网络等，为建立宽带互联网企业奠定了基础。另外，为扩大无线通讯服务市场，韩国电信于2000年接受 HANSOLM.COM，通过与集团子公司 KTF 的结合，打造无线通讯事业基础，成为包括有线、无线通讯的通讯企业。韩国电信作为宽带互联网市场的后进企业，开展该项事业一年后，2000年6月就稳坐韩国宽带互联网市场第一的位置，2000年9月，韩国电信在韩国宽带互联网用户首次突破100万，2002年3月在该行业用户突破400万，2003年1月达到500万用户，2005年达到600万用户。

3. 发展策略

韩国电信的发展策略主要包括：一方面是大力发展高速无线业务，面对竞争激烈的韩国电信市场，韩国电信积极发展高速无线业务，计划在2013年9月商用 LTE-Advanced 服务，提供4G LTE 两倍的数据传输速度，韩国电信的 LTE-Advanced 服务最初将覆盖首尔及其周边地区，计划2014年3月扩大到韩国主要城市。另一方面是积极开展国际合作，由于韩国国内市场有限且接近饱和，韩国电信积极与国外企业合作，如与中国移动合作测试4G网络漫游，在波兰、突尼斯等地开展并购，发展业务等。

第五节　中国

一　中国移动通信集团公司

1. 概述

中国移动通信集团公司（以下简称"中国移动"）于2000年4月20日成立，注册资本3000亿元人民币，资产规模超过万亿元人民币，拥有全球第一的网络和客户规模。

中国移动全资拥有中国移动（香港）集团有限公司，由其控股的中国移动有限公司在国内 31 个省（自治区、直辖市）和香港特别行政区设立全资子公司，并在香港和纽约上市。中国移动位列 2012 年《财富》杂志世界 500 强 81 位，品牌价值位列全球电信品牌前列。截至 2013 年 8 月，中国移动市值达到 1.66 万亿人民币。2013 年上半年，实现营业额 3031 亿元，净利润 631 亿元。

中国移动主要经营移动语音、数据、IP 电话和多媒体业务，并具有计算机互联网国际联网单位经营权和国际出入口局业务经营权。除提供基本话音业务外，还提供传真、数据、IP 电话等多种增值业务，拥有"全球通"、"神州行"、"动感地带"等著名客户品牌。

截止 2013 年年底，中国移动的 3G 基站总数超过 45 万个，客户总数超过 7.67 亿户。中国移动连续 8 年在国资委考核中获得最高级别——A 级。上市公司连续五年入选道琼斯可持续发展指数，是中国内地唯一入选的企业。

2. 互联网接入业务介绍

中国移动铁通宽带业务是中国移动和其子公司铁通合作推出的家庭上网服务，客户可以通过中国移动沟通 100 服务厅进行业务办理。在加强铁通对 TD 无线座机发展的同时，铁通宽带获得 150 亿建设资金，用于宽带建设，并建议发展两个宽带品牌，一个是高端的集团用户，可以采用光纤接入，提供高质量服务；一个是低端的集团用户，主要是家庭用户，中移动借力铁通宽带全力抢登家庭市场。

在以固话、宽带业务为主的基础上，大力发展数据业务和智能业务，进一步深化和推广 MPLS VPN 业务、全视通业务、成长 e 站、呼叫中心 10050 业务等。

移动依托铁通发展自己的有线宽带的同时，发展移动有线通，这是移动在 2008 年电信业重组之后与广电合作推出的一种有线宽带上网业务。移动为了和电信、联通进行有线宽带服务的竞争，推出了这个业务。移动有线通是针对家庭用户或企业提供的基于双向有线网络的宽带接入服务。

对于广电来说，与中国移动合作不仅可以弥补广电网络的单一业务缺陷，同时也可借助中国移动的市场渠道和覆盖力度，很好地推销"移动有线通"业务。另一方面，固网宽带资源匮乏一直是中国移动发展全业务的重要瓶颈，通过合作，中国移动利用广电现有宽带资源，低价推进固网移动业务捆绑，进而抢夺宽带用户市场。合作双方优势互补、各取所需，也是三网融合的初步尝试。

当前，"移动有线通"业务还面临覆盖范围不广、带宽不够、网络质量差等诸多问题。需要广电和中国移动共同努力，一方面加强广电有线网双向改造、网络基础设施建设和网络优化，增加覆盖率和网络带宽，另一方面也要做好宣传、做好售前和售后服务，通过高质量的服务赢得用户信任。

3. 发展策略

中国移动的发展策略主要包括：一方面是积极发展宽带接入业务，中国移动的宽带接入服务基础相对薄弱，所以一方面积极进行网络建设，一方面加强市场营销和行业合作，以价格和服务赢得用户。另一方面是大力发展基于中国标准的 3G TD SCDMA 服务和 4G TD-LTE 服务，通过加强基站等基础设施建设、与手机终端厂商合作、加强市场推广等方式推广国产标准。

二　中国电信集团公司

1. 概述

中国电信集团公司（以下简称"中国电信"）成立于 2002 年，是我国特大型国有通信企业，连续多年入选"世界 500 强企业"，注册资本 1580 亿元人民币。主要经营固定电话、移动通信、卫星通信、互联网接入及应用等综合信息服务。

中国电信在全国 31 个省（区、市）和美洲、欧洲以及中国香港和澳门等地设有分支机构，拥有覆盖全国城乡、通达世界各地的通信信息服务网络，建成了全球规模最大、国内商用最早、覆盖最广的 CDMA 3G 网络，旗下拥有"天翼"、"天翼飞 Young"、"天翼 e 家"、"天翼领航"、"号码百事通"、"互联星空"等知名品牌，具备电信全业务、多产品融合的服务能力和渠道体系。公司下属"中国电信股份有限公司"和"中国通信服务股份有限公司"两大控股上市公司，形成了主业和辅业双股份的运营架构，中国电信股份有限公司于 2002 年在香港、纽约上市，中国通信服务股份有限公司于 2006 年在香港上市。截至 2013 年 8 月，中国电信市值达到 3205 亿人民币。2013 年上半年，实现营业额 1575 亿元，净利润 102 亿元。

2008 年 10 月 1 日原中国联通 CDMA 的经营主体正式变更为中国电信。同年 12 月，在原中国联通 133、153 号段的基础上，中国电信新号段 189 正式启用。2011 年 1 月 1 日，中国电信天翼 3G 180 号段正式放号。2011 年 1 月 20 日，继中国移动 182 号段放号后，中国电信已在各地营业厅启动了 180 号段的放号。2011 年 3 月 30 日，中国电信移动 CDMA 用户数突破 1.17 亿户，中国电信成为全球最大的 CDMA 运营商。电信 181 号段于 2012 年 9 月 20 日开始启用。截至 2013 年 10 月，中国电信移动用户数达到 1.81 亿，其中 3G 用户数 9648 万，固网宽带用户数达到 9804 万。

中国电信大力开发和推广信息化应用，以全新的多业务、多网络、多终端融合及价值链延伸，努力使信息化成果惠及社会各行业和广大人民群众。先后为 20 多个行业和广大企业提供针对性的信息化解决方案，在江苏无锡成立物联网应用和推广中心、物联网技术重点实验室；认真履行电信普遍服务义务，积极服务"三农"，持续推进"村村通电话"工程和"千乡万村"信息化示范工程。

2. 互联网接入业务介绍

中国电信建有陆地光缆系统 18 个，国际海光缆系统 4 个，覆盖全球各个方向，全球各个方向的国际传输网络出口能力达到 625G。拥有两个海缆登陆站：崇明站和汕头站，亚太区的三条主要海缆 SEA-ME-WE3、中美光缆、亚太 2 号海底光缆均在这两个站登陆，而 2008 年投产的 TPE 海缆在崇明站登陆。

2008 年进一步加强国际网络能力建设，由中国电信牵头发起跨太平洋直达光缆系统（TPE）建成投产，首批中美间直达 12.5G 电路顺利开通，使中国电信北美方向传输带宽从现有的 150G 增加到 235G；欧洲方向上中俄 2 号光缆 30G 系统 2008 年底顺利投产；2008 年完成越南与 VTI、VIETTEL、EVN 的系统扩容工程，并开始进行与老挝 ETL 系统扩容以及与 LTC 第二光缆路由建设项目；2006—2008 年陆续完成与蒙古移动（Mobicom）和蒙古铁通（Railcom）的光缆对接，至蒙古系统容量达到 15G，网络规模远领先国内其他运营商；与和记合作的穗深港西部通道传输工程于 8 月投产，内地香港间新增西部通道第三路由，目前仅中国电信拥有此路由。

中国电信还与接壤的周边国家和地区的运营商广泛开展合作，建成了新中俄光缆（TEA）、中越光缆、中缅光缆、中老光缆、中哈光缆、中俄、中蒙、中印光缆、内地—香港、内地—澳门、连接欧亚大陆的 TAE 光缆和连接东南亚地区的 CSC 光缆等一批跨境陆地光缆系统。中国电信积极响应政府号召，参与"湄公河信息高速公路"和"上海合作组织信息高速公路"的建设，大力拓展转接业务，巩固亚太地区通信转接中心的地位。目前中国电信已经成为世界各国运营商与中国周边国家和地区运营商互联互通的门户，并成为连接欧洲、亚洲、大洋洲等五大洲的桥梁。国际及港澳台业务出口总带宽 411G，对外互联带宽 339G，CN2 国际出口传输带宽达到 21G。

中国电信始终高度重视建设宽带网络和发展宽带业务，在"十一五"期间宽带发展取得巨大成就的基础上，提出了"十二五"宽带发展规划，并在"十二五"开局之年（2011 年 2 月 16 日）正式启动"宽带中国·光网城市"工程。预计 ChinaNet 骨干互联网带宽达到 20T，国际出口带宽达到 440G，为用户打造一个"无处不在的高速网络、丰富多彩的信息生活"。按照工程战略构想，"十二五"期间中国电信将着力于接入层宽带建设，改变目前接入层主要采用铜缆＋非对称数字用户环路（ADSL）接入方式，使得骨干网带宽优势得以充分体现，形成一个骨干网与接入网相匹配的大规模、高速率的整体宽带网络。

按照工程目标，中国电信宽带用户的接入带宽将在 3—5 年内跃升 10 倍以上，并将持续快速提升；资费在 3 年左右迎来"跳变期"，并将持续下降。南方城市将全面实现光纤化，核心城区全部实现光纤接入，最高接入带宽达到 100M，城市家庭接入带宽普遍达到 20M 以上。形成一个包括卫星通信、光纤宽带、移动网络，覆盖大江南北、惠及全中国的优质信息网络。用户通过中国电信统一账号可以登录中国电信有线宽带、天翼 3G 网络以及 WiFi 网络，便捷享受全地域、无缝隙的宽带接入服务和丰富的互联网应用。

3. 发展策略

中国电信的发展策略主要包括：一方面是大力发展宽带业务，中国电信的宽带业务具有良好的基础，在国内三大运营商中拥有最多用户，中国电信通过继续增加出口带宽、增强国际合作、提高网络质量等方式进一步加强其宽带业务的优势。另一方面是积极发展3G、4G移动业务。在3G业务上，中国电信推出3G上网卡、3G无线上网套餐等无线上网产品，并积极和手机厂商合作推广3G终端产品。在4G业务上，中国电信进行积极布局，已展开相关产品招标。

三　中国联合网络通信集团有限公司

1. 概述

中国联合网络通信集团有限公司（以下简称"中国联通"）于2009年1月6日在原中国网通和原中国联通的基础上合并组建而成，在国内31个省（自治区、直辖市）和境外多个国家和地区设有分支机构，是中国唯一一家在纽约、香港、上海三地同时上市的电信运营企业，连续多年入选"世界500强企业"。截至2013年8月，中国联通市值达到680.4亿人民币。2013年上半年，实现营业额1486亿元，净利润52.6亿元。

中国联合网络通信集团有限公司主要经营固定通信业务、移动通信业务、国内和国际通信设施服务业务，卫星国际专线业务、数据通信业务、网络接入业务和各类电信增值业务，与通信信息业务相关的系统集成业务等。中国联通于2009年4月28日推出全新的全业务品牌"沃"，承载了联通始终如一坚持创新的服务理念，为个人客户、家庭客户、集团客户提供全面支持。

中国联通拥有覆盖全国、通达世界的通信网络，积极推进固定网络和移动网络的宽带化，为广大用户提供全方位、高品质信息通信服务。2009年1月，中国联通获得了当今世界上技术最为成熟、应用最为广泛、产业链最为完善的WCDMA制式的3G牌照。在短短几个月的时间里，中国联通便建成了全球规模最大的WCDMA网络。3G网络已经覆盖了全国县级及以上城市。在2011年《福布斯》全球2000强上市公司榜中，中国联通列第207位，在全球电信运营商中排名第7位。2013财富世界500强公司中，排258位。

2013年7月，中国联通发布6月份运营数据，6月份移动用户累计达

2.62 亿户，月净增长 380.6 万户。当中，3G 用户累计达 1.0003 亿户，月净增长 413.3 万户。固网业务方面，宽带用户累计达 6，257.5 万户，按月净增长 60.3 万户；本地电话用户累计达 8，969.5 万户，按月净减少 44.5 万户。

2. 互联网接入业务介绍

中国联通在综合分析国内外电信行业发展趋势，中国国内电信市场竞争环境的基础上，提出在未来几年，着力实施"3G 领先和一体化创新战略"。

实现"3G 领先"，是公司改变市场竞争格局，提升行业地位的唯一出路和必然选择；是公司加快经营模式转型、改善用户结构，实现增长方式转变的战略突破口。中国联通将集中资源加快 3G 发展，建设领先的无线宽带网络，以高速数据体验和内容应用创新带动公司移动非话业务收入快速增长，将 3G 打造成为公司收入增长的第一驱动力。

"一体化运营管理"，是国际全业务运营商面向融合发展的大趋势，更是公司全面整合全业务资源，形成经营合力，实现快速增长，提升运营效率的基础保障。中国联通将通过持续的管理体制和机制创新，全面整合公司的全业务资源。在企业内部运营管理层面，实现跨业务、跨平台、跨网络、跨职能的高效协同与配合，提升运营管理效率，强化客户导向经营，打造面向融合服务的经营合力；在客户层面，打造客户导向的一站式营销与服务能力；在员工和组织层面，打造"真正融合"的文化氛围和卓越运营团队。

中国联通 2012 年在全国范围启动"光网世界·沃宽天下"宽带提速工作，在北京、天津等重点城市及区域率先开展宽带光纤提速工程。中国联通计划利用三年左右的时间在城市区域逐步普及 10M—20M，部分区域和用户可达 100M。中国联通始终高度重视宽带业务发展和用户体验的改善，从 2009 年起开始大力实施升级提速工程，宽带网络能力大幅提升。

2012 年，中国联通为落实工业和信息化部"宽带提速工程"工作，全面启动光纤到户工程，加快建设宽带网络，为落实国家宽带战略，改善广大网民上网体验、推动三网融合作出贡献。"光网世界·沃宽天下"宽带提速工作主要包括两个方面：一是大力推进光纤宽带网络建设，提升接入网能力。新建商业楼宇采用光纤到办公室（FTTO）技术，实现企业按需提供带宽。新建住宅楼直接采用光纤到户（FTTH）技术方式，现有住宅根据需求和资源状况采用光纤到户（FTTH）或光纤到楼（FTTB）方式进行改造，扩大光纤接入覆盖范围，新建住宅和完成光纤化改造的既有住宅具备 20M 接入带宽提供能力。

3. 发展策略

中国联通的发展策略主要包括：一方面是大力发展 3G 业务，中国联通的 3G 制式 WCDMA 是全球应用最广泛的制式，具有大量的终端支持，中国联通积极发展 3G 无线数据业务，截至 2013 年 7 月，中国联通 3G 基站达 33.1 万个，全网开通 HSPA+ 网络，HSPA+ 为 3.9G 技术，带宽达 21Mbps，接近 4G 网络速度，在当前十分具有竞争力。另一方面是积极布局 4G 业务，在当前中国 4G 牌照即将发放之际，中国联通也积极应对，布局 4G 业务，2013 年 10 月，中国联通开始规划 4G 招标，预计规模约 5.2 万个基站，其中 TD-LTE 基站 1 万个，FDD-LTE 基站 3.4 万个，FDD-LTE 室内站 8000 个。

四　北京歌华有线电视网络股份有限公司

1. 概述

北京歌华有线电视网络股份有限公司（以下简称"歌华有线"）是 1999 年 9 月经北京市人民政府批准成立，授权负责北京地区有线广播电视网络的建设开发、经营、管理和维护，从事广播电视节目收转传送和广播电视网络信息服务，经北京市科学技术委员会核定的高新技术企业。经国家原信息产业部和国家广播电影电视总局批准、中国证监会核准，2001 年在上海证券交易所上市。2013 年第一季度，公司实现营收 4.7 亿元，利润 4000 万元。

歌华有线是唯一一家负责北京地区有线广播电视网络建设开发、经营、管理和维护的网络运营商。公司主要业务除互联网接入服务外，还包括广播电视网络的建设开发、广播电视节目收转传送和广播电视网络信息服务、承办外省市卫星电视节目落地频道在北京有线电视台发布的广告业务、有线电视站、共用天线设计、安装等。

2. 互联网接入业务介绍

歌华有线在北京市委、市政府和有关部门的支持与配合下，先后完成了近、远郊区县有线电视网络的并购统一。2002 年 2 月，歌华有线实现了"一市一网"，现已形成覆盖全市 18 个区县、敷设光缆线路 1 万余公里、电缆线路 10 万余公里、接入 365 万户的超大型有线电视光缆网络。2004 年 9 月，公司收购了河北省涿州市的全部有线网络资产，标志着歌华有线的跨区域经营迈出了突破性的一步。

作为宽带信息传输网络，北京有线广播电视网络可支持高速数据传输、互联网接入等广播电视拓展业务和增值业务。歌华有线按照广电总局有线电视数字化的整体转换要求，已完成 163 万有线数字电视试点推广工作。同时，在有线广播电视光缆物理网络基础上，建设了全市有线广播电视模拟与数字传输网络系统；搭建了用于综合数据传输及交换的骨干网；建设了用于综合数字信息传输的基于同步数据体系（SDH）的 SDH 网；在城区机房配置了电缆调制解调端机系统（CMTS）。上述网络系统可向全市有线电视用户传输稳定、可控、丰富的模拟和数字广播电视节目，还可向用户提供高速互联网接入服务，同时可针对不同集团用户的需求，提供综合数据、信息传输及交换的网络服务。

歌华有线为 2008 年北京奥运会建设了奥运有线数字电视专网，实现了奥运电视传输史上的"三个第一"：第一次对全网广播的电视节目通过数字电视的方式来提供服务；第一次在专网中提供高清晰数字电视服务；第一次对奥组委指定的区域和用户提供比赛视频点播（GVOD）服务，成为"科技奥运"的亮点之一，也成为歌华有线的骄傲。

3. 发展策略

歌华有线的发展策略主要包括：一方面是积极推进三网融合，歌华有线经国家新闻出版广电总局批准，建立了下一代广播电视网融合业务平台实验室。实验室在歌华有线已取得的高清交互数字电视平台、宽带业务平台和语言业务平台等成果基础上，积极开展下一代广播电视网融合新业务创新研究。另一方面是加快跨地域发展步伐，走出北京，进军国内其他省市广阔市场。2013 年 4 月，歌华有线斥资约 1.4 亿元收购贵州省广播电视信息网络股份有限公司 4.8% 股权，是公司有线电视网络业务跨地域发展的重要举措。

五　长城宽带网络服务有限公司

1.概述

长城宽带网络服务有限公司（以下简称"长城宽带"），成立于2000年4月，是由长城科技股份有限公司、中国长城计算机深圳股份有限公司、深圳长城开发科技股份有限公司联合投资设立的高科技网络公司。2002年5月，中国中信集团公司注资，成为长城宽带最大股东。公司注册资本达到9亿元人民币。2010年8月，中信全资控股长城宽带。

长城宽带总部设于北京，并在全国30个大中城市设有分支机构。自成立以来，长城宽带以新世纪高科技发展为契机，以新一代以太网技术为基础的宽带网络建设，为用户提供从接入到骨干、从天空到地面的端到端宽带解决方案，并逐步发展了基于多媒体技术的宽带产品和各种增值服务。在3G大潮的策动下，致力于网络运营的长城宽带不惜重金拓展研发领域。

长城宽带的业务包括专线接入、局域网服务、无线局域网服务、虚拟专用网、互联网数据中心等。

专线接入：客户通过专线方式接入互联网，具有多种速率、多种计费模式可以选择，可实现局域网上网，通过六网互联，保证客户实时在线、时时畅通。

局域网服务（LAN）：采用光纤传输、IP高速交换、多媒体等技术，为客户提供高速接入互联网和宽带多媒体应用等服务。

无线局域网服务（WLAN）：运用先进的Wireless LAN无线局域网技术，是对有线宽带接入的延伸和补充。客户只需在个人电脑上加插一块无线网卡，再安装相关配备软件，即可在覆盖范围内实现移动宽带上网。

虚拟专用网服务（MPLS-VPN）：凭依"奔腾一号"全国骨干网资源和丰富的城域网资源，提供MPLS-VPN虚拟专网服务，满足客户不同城市分支机构间安全、快速、可靠的通信需求，并能够支持数据、语音、图像等高质量、高可靠性多媒体服务。

互联网数据中心（IDC/DC）：是以电信级的机房、网络资源和技术支撑能力为依托，采用全自动路由的六网互联带宽数据中心，拥有完美的互联互通性能和高 QOS、高可靠性保障。基于以上，提供大规模、高质量、安全可靠的服务器托管、机房租用、设备代理、网站设置等服务。

2. 互联网接入业务介绍

长城宽带网络服务有限公司作为国内颇具影响力且发展潜力巨大的驻地网运营商，2008 年 4 月，随着中信网络服务有限公司和长城科技股份有限公司的注资，长城宽带的发展得到更加雄厚的资金和资源支持，并带动了服务功能的进一步增强和服务范围的扩大。率先在上海、深圳、武汉、北京四地采用 EPON（以太网＋无源光网络）接入方式的长城宽带，将辐射到全国的长城宽带用户。

经过 10 年的发展，长城宽带已经成为全国最大的驻地网运营商。截至 2010 年 6 月，网络覆盖用户数近千万，资产规模约 30 亿元。在网用户规模正在以 7 万户 / 月的速度递增。

长城宽带在运营、技术、服务上的优势包括：一是多运营商互联优势，长城宽带拥有独立的自治域，并与国内多家运营商——中国电信、中国联通、中国移动、中国教育网和中国科技网等实现多条线路互联。二是城域骨干组网优势，长城宽带的接入网与城域骨干网均采用光纤线路，全光以太网络的 Internet 解决方案组合了光纤技术的可靠性、广泛覆盖范围和以太网的简便性。宽带的灵活性实现了用户 1Mbps 增至 1000Mbps、10Gbps 等业务需要，双线路或多线路的保护与光纤的可靠性保证了客户网络的稳定性。具备高 QOS 保障的网络，可以对客户的特殊业务实现安全隔离，确保电信级业务与 Internet 业务的隔离，保证电信级业务的安全。三是专业化的技术服务优势，长城宽带秉承"精诚服务、全网关怀"的经营理念，根据企业集团客户的需要，订制个性化解决方案。对客户的各种问题指派专门客服人员进行协调，直至问题彻底解决。同时为客户提供网络监控预警服务与解决建议，使客户可以更加安全、可靠地得到长城宽带的互联网接入服务。

3. 发展策略

长城宽带的发展策略主要包括：一方面是积极推广百兆级宽带接入服务，2013 年以来，长城宽带积极响应国家推广宽带政策，依靠其基础设施和技术优势，率先在全国多个城市提供最高达 100Mbps 的家庭宽带接入服务，并且不断降低服务资费，推广普及50Mbps、100Mbps的宽带接入服务。另一方面是积极进行基础设施建设，针对百兆进小区的业务发展规划，进行大规模网络改造，铺设光纤入户线路，打通最后一公里。在网络带宽上，积极和一级运营商合作，扩大出口带宽，为网络提速打好基础。

六　世纪互联数据中心有限公司

1. 概述

世纪互联数据中心有限公司（以下简称"世纪互联"）创立于1996年，是中国最早的ISP/IDC服务商之一，是目前中国规模最大的电信中立互联网基础设施服务提供商。世纪互联总部设在北京，在上海、广州、成都、东京、美国硅谷等地设有分支机构。

世纪互联的主营业务包括互联网数据中心服务（IDC）、互联网内容分发/加速服务（CDN）、以及全方位的增值服务和完整的行业解决方案。世纪互联拥有多样化的忠实客户群。截至2010年12月31日，拥有1300家客户，包括许多领先的中国公司和跨国公司的中国业务，范围遍及多个行业领域。公司的客户包括互联网公司、政府部门、蓝筹企业以及中小企业。

世纪互联在业内率先通过了ISO9002、美国RAB和英国UKAS双重认证，在国内推行国际标准的服务品质协议（SLA），对客户承诺99.9%网络联通及99.99%电力持续供应。世纪互联有严谨的专业服务标准，提供7×24小时客户响应热线，每一客户均配有"全程责任"客户服务代表。

2. 互联网接入业务介绍

世纪互联在国内已经部署了10个以上独立机房，全网处理能力超过200Gbps，拥有按需部署、伸缩自如的弹性CDN网络体系，在北京拥有超过10000平米的电信级数据中心，在华南、华东及全国其他城市拥有超过50000平米的大型电信级数据中心。这些机房都具备高等级的网络、电力、空调、消防、安全等专业设施，配备了具有多年服务经验的专业团队，为客户获得高标准承诺与高质量服务提供了可靠的保障。

世纪互联业务包括，为客户托管服务器和网络设施并提供相互连接，以提升其互联网基础设施的性能、可用性和安全性。公司还提供网络管理服务，使得客户能够通过公司广泛的数据传输网络和专有的 BroadEx 智能路由技术，以更快、更可靠的方式向整个互联网传递数据。

世纪互联的基础设施包括高质量的数据中心和广泛的数据传输网络。公司在国内的 33 个城市运营着 47 个数据中心，包括全部的重要互联网枢纽，拥有超过 5700 个机柜，管理着超过 3.9 万台服务器。公司的数据传输网络包括 260 个汇集点（POP）。一个汇集点指的是从一个地方访问互联网其他地方的接入点。公司的多数数据中心和所有的汇集点都通过遍布中国的私有光纤网络连接。

作为一家电信中立的互联网基础设施服务提供商，世纪互联的基础设施与中国所有电信运营商、主要非运营商和本地化互联网服务提供商（ISP）的网络相互连接。这种互连使得公司的每个数据中心都可以作为客户数据流量的网络接入点，并与所有互联网接入服务提供商连接。除此之外，公司的专有 BroadEx 智能路由技术可以自动选择优化路径，以引导客户数据流量，从而确保快速、可靠的数据传输。公司相信，这种内外并存的高水平的相互连接性使得公司区别于竞争对手，并提供有效的解决方案，以解决客户因中国网络互连性不足而产生的需求。

3. 发展策略

世纪互联的发展策略主要包括：一方面是积极进行业务拓展，世纪互联除了继续扩大其 IDC、宽带接入等主营业务外，还积极进军云计算等领域，2013 年 5 月，世纪互联与微软签署协议，将在中国合作运营 Windows Azure 公有云服务。其中微软对世纪互联进行技术授权，由后者在上海浦东区建立实时数据中心，并运营 Windows Azure 服务。另一方面是深入挖掘自身潜力，提高产品竞争力，如在数据中心建设方面，世纪互联积极研究节能降耗的绿色数据中心技术，降低运营成本，提高产品的竞争力。世纪互联推出的"云立方"集装箱式数据中心能减少 27% 的能耗，配合先进的电源管理配置，二氧化碳排放可减少 30% 甚至更多。

七 北京电信通电信工程有限公司

1. 概述

北京电信通电信工程有限公司（以下简称"电信通"），是 A 股上市公司——成都鹏博士电信传媒集团股份有限公司的全资子公司。公司专营互联网综合业务，是目前国内规模最大的中立于各电信运营商的互联网服务业务提供商。

电信通与中国电信、中国联通、中国移动等国家一级运营商建立了长期、稳定的战略合作关系，积累了极为丰富的带宽资源和运营经验。在北京、天津、广州、武汉、上海、杭州、西安、青岛等骨干节点均建有长途互联电路，IP地址资源名列全国第七，仅次于几大运营商等国家级互联网络服务提供商。

电信通已经发展成为国内民营互联网服务商中，拥有雄厚网络资源实力的专线接入服务提供商。依托自身庞大的光纤城域网资源和主机托管数据中心出口需求，电信通提供大规模、高品质的互联互通网络服务和主机托管服务。

电信通在全国各主要城市设有20余个大规模电信级中立主机托管数据中心机房，180多个节点，形成密集覆盖、高稳定、高品质的互联网资源。同时发挥自身在互联互通领域丰富的市场与技术经验的优势，有效解决了各大运营商之间的互联互通问题，满足了来自不同运营商网络的访问需求。

"用户至上"是电信通的经营理念，公司建立了规模庞大的工程服务体系，以提供更好的本地化服务。同时不断完善其销售网络和技术支持服务体系，从根本上提高响应速度和服务质量，持续为客户创造最大价值。

2. 互联网接入业务介绍

1999年起，电信通成功实施了"政府上网"、"企业上网"等工程，为100多个国家部委、政府机关、民办团体和200多个国有大中型企业集团，以及近万家企业用户和超百万社区个人用户提供全面的网络接入和网络技术服务。服务对象遍及政府、高校、医院、媒体、商业、制造、IT、金融、酒店等行业和领域，这其中包括国务院新闻办公室、新闻出版署、北京市委市政府、外交部、人民日报、中国人民广播电台等。

2000年起，电信通先后与北京市政府、北京市各城区管委、公安部门等相关部门，以及中国电信、原中国网通等电信运营商，签订战略合作协议。配合相关部门及电信运营商，全面启动"数字CBD"、"数字海淀"、

"北京市政交通一卡通系统"、"网吧专网"、"平安北京"、"平安奥运"等项目工程，建立了一套全面覆盖北京的网络系统，提供完备的网络服务。

电信通面向家庭用户的互联网接入服务品牌是"宽带通"。"宽带通"采用一套先进、完整、可靠的网路系统，将社区内分散的计算机连接起来，有力支持各种业务的发展，为用户提供多种信息的需求，并且保证整个网络的扩展升级，以适应未来先进系统的应用。

"宽带通"互联网接入服务的特点：一是速度快，社区内主干网络可以支持高达万兆的带宽，千兆入楼，百兆入户，充分满足了当前及未来的"数字化"需要，极大提高上网速度，让用户真正体会宽带网络冲浪的畅快感觉。二是适用性，"宽带通"从提供综合服务这一基本功能出发，满足用户需求，并且能够适应未来网络通讯技术的发展需求，能够支持各种数据通信、多媒体技术以及信息管理系统等，并且能适应现代和未来技术的发展。三是安全性，整个网络选用安全稳定的网络设备，通过采用先进的带宽管理技术，端口隔离技术，流量监控技术等。方便地监控网络运行情况，及时对网络进行优化，对出现的问题及时解决。四是灵活性，"宽带通"以国际标准为依据，满足楼内各种通信设备的功能要求，在不同楼层里搭建特定的通讯子网；在社区任意的信息点上能够连接不同类型的设备，如计算机，路由器，交换机，终端机等。即提供统一的线路接口，适应不同类型的设备。五是可扩展性，为了适应业务迅速增长的需要，"宽带通"布线系统为可扩展的，以便能适应未来网络发展的需要，如千兆入户，视频服务，媒体播放等。

"宽带通"形成较为优质的服务体系。"宽带通"为用户提供 7×24 小时全天候的服务。在北京市分布建设了一百多个社区服务中心，为客户提供面对面的咨询、安装、维护等一系列服务。"宽带通"保证技术维护中心的技术人员及时到达报障地点进行处理。

电信通面向企业提供企业专线服务，其客户包括外交部、文化部、公安局、劳动保障局、北大第一医院、中日友好医院、中央人民广播电台、北京青年报、北京证券、银河证券、北京出版集团、农科院、北京财富中心、南银大厦、北京国际、嘉华大厦、京城大厦、王府井大酒店、如家连锁酒店等。

电信通提供的光纤专线接入解决方案以高可靠、大容量的光纤骨干网和覆盖广泛的宽带城域网为基础，成为企业上网的最佳选择。针对用户不同的网络需求，公司提供独享带宽接入、点对点、传输网等业务；针对部分网络需求较高的客户，还有优选国际带宽、备份链路、优化路由等 VIP 服务。

电信通的专用网业务由专网事业部负责，包括专网销售、建设、运维的专业团队，为客户提供专业通信解决方案和服务，在通信专网的网络规划、应用方案设计、系统建设、网络优化、在线监测、网络管理方面具有丰富的建设和运维经验。

为了向政府、集团、连锁企业提供专业的点对点、点对多点组网服务，满足客户对数据、语音、视频等组网传输的要求，电信通向客户提供从 2M 到 10G 的全光透明通道。同时，根据客户具体应用环境提供光接口、大速率电接口、小速率电接口、大幅降低客户组网成本。

电信通的专用网成功案例包括第二十九届奥运会安保信息网络、北京市智能交通系统中的信号系统控制系统、对外信息发布系统、视频监控系统、公交优先系统等。

3. 发展策略

电信通的发展策略主要包括：一方面是发展多种业务，电信通业务包括互联网接入服务、IDC 服务器托管服务、国际专线服务、点对点服务、语音专线服务、网络建设服务、酒店数字客房建设服务以及多种互联网增值服务等，通过业务多样化减小经营风险，提高盈利能力。另一方面是提供优质服务，电信通在其网站提供智能交流平台，可以为用户提供及时专业的在线服务。电信通的环球快线服务采用 Internet 边缘路由技术，对客户访问的目标地址所在的运营商选择最佳的出口，从而实现以更快、更直接的方式访问。电信通还为超过 50000 家企业提供网络服务，包括技术巡检、备机服务、网络安全、流量分析等，凭借超过 10 年的网络运营经验，为企业正常运营保驾护航。

八　东方有线网络有限公司

1. 概述

东方有线网络有限公司（以下简称"东方有线"）成立于1998年底，其前身是上海有线电视台网络部，是上海市委、市政府为了加快上海信息化发展的步伐，采用网台分离，以股份制的方式组建而成的。东方有线经营着上海市的有线电视网络资源，拥有带宽、用户资源、光纤资源和规模运营的优势，拥有多年的网络运作经验和高素质的员工队伍，已发展成为集有线电视、家庭宽带、互动电视、企业数据等于一体的全业务运营商，并通过"数字家庭综合信息服务平台"提供丰富多彩的数字媒体信息服务。东方有线下属9个分公司及3家参股子公司，2011年上海市有线电视网络"一城一网"整合，东方有线又成立了9个控股子公司。

上海市是经国务院批准的全国有线电视系统第一批"视频、语音、数据三网融合"业务试点城市。作为上海有线电视网络运营企业，东方有线早在2001年就基本完成中心城区有线电视网络的双向改造。在科技部、国家广电总局和上海市政府的支持下，下一代广播电视网建设取得了重大进展。到2015年，下一代广播电视网将基本覆盖全市约600多万户居民，为上海智慧城市的建设奠定扎实的网络基础。下一代广播电视网网络承载能力达到T级骨干、千兆到楼、百兆到户。

在基本实现三网融合的基础上，东方有线的业务种类也非常丰富，除基本的有线电视和宽带互联网接入外，还包括多种形式的增值服务，如互动电视、宽带接入、宽带增值服务、数字生活服务、政务网络等。

东方有线的互动电视是为家庭用户提供的基于有线电视的各类增值服务，高清频道、视频点播、3D频道、电视银行、便民支付、电视彩票、电视证券、优化教育等服务已经面向市场，智能家居、家庭安防、电视医疗、3D体感游戏等智能服务也在运营准备中。

东方有线高速宽带接入业务包括"有线通"、"光视通"、"E家通"等。"有线通"是专为家庭用户提供的基于双向有线网络的宽带接入服务，无需拨号，开机上网。"光视通"是东方有线专为用户提供的基于下一代广播电视网网络宽带和高清交互电视捆绑服务，带宽可达 50M。"E 家通"是东方有线与上海移动等运营商合作推出的有线和移动业务捆绑模式业务。

东方有线的宽带增值服务主要是"东方星天地"门户网站，为用户提供免费的杀毒、VOD 点播、网络直播电视、下载、在线教育等网络服务内容。东方有线还和多家视频网站进行合作，引入土豆网、PPS、PPTV、爱奇艺、优酷、乐视、搜狐视频、腾讯视频等主流视频内容服务商，为宽带用户提供更加稳定、更加流畅的视频体验。

在数字生活服务方面，东方有线与各区政府积极合作，开展数字生活服务应用示范，建设智慧社区、智慧政务、智慧文娱、智慧交通、智慧医疗、智慧金融、智慧商贸等内容。智慧社区平台涵盖了居民衣食住行各方面，包括社区信息、天气、物价、教育、便民付费、数字城市生活、预约挂号等等。通过电视这一终端，公共服务信息能直接送到居民家中。

东方有线还成功搭建了市、区两级公务网、政务外网，以及其他专业机构数据网络等百余专用网络，并率先获得了互联网数据中心（IDC）运营资质，为大批政府、金融等领域的客户提供专业的企业数据服务。

2. 互联网接入业务介绍

东方有线经营着全球最大的有线电视城域网——上海有线电视网络，经过十多年的高速发展，东方有线已从单纯传输有线电视业务，发展为综合承载有线电视、数据传输、系统集成的综合信息服务提供商。

1999—2002 年，东方有线承担的混合光纤同轴电缆网（HFC）双向网改造工程列入上海市政府一号工程，并连年列入市政府重大工程，为市信息港工程提供了理想的高速宽带平台。

2000 年 12 月，东方有线推出宽带"有线通"业务，带动上海大众宽带市场成为全国较为成熟的市场之一。

2001 年，东方有线贯彻实施市政府实事工程——"千村通"工程，860 兆宽带网覆盖扩大至上海远郊的村庄与乡镇。

2002 年，东方有线在全国率先推出数字电视服务，建设上海市全部骨干网光纤线路。

2003 年，东方有线开始全面发展企业数据业务。

2005 年，东方有线已建成了 IP 城域骨干网、SDH/MSTP 城域传输网、MPLS VPN 网等三大业务综合网以及为各个提供业务支持的管理系统，为政府、金融等行业建设了近百个专用信息网络，并提供组网服务；为有线通用户提供宽带接入服务；为数字付费电视用户提供服务，网络覆盖上海近 500 座商业楼宇及所有三星级以上酒店。

2007—2013 年，东方有线完成市中心城区整体转换和下一代广播电视网示范网建设；完成了全市的网络整合，全面推进郊区县的整体转换工作。

东方有线当前互联网接入服务主要包括个人宽带、互动家庭和企业数据三类。

个人宽带是主要面向个人和家庭的基本互联网接入服务，该项服务下有"有线通"、"光视通"、"E 家通"、"宽视通"几个子品牌。"有线通"是东方有线为用户提供的基于双向有线网络的宽带接入服务，无需电话线和任何的拨号装置，只需具备计算机和电缆调制解调器（Cable Modem），便可接入互联网。当前"有线通"提供 2Mbps、10Mbps 两种不同上网速率套餐，年服务费分别为 500 元和 700 元。"光视通"基于东方有线下一代广播电视网网络，相比"有线通"具有更快的接入速率，但只能在完成下一代广播电视网改造的区域范围内推广。"光视通"的特点是光网入户、高速上网，并且无需改变家庭内部网络结构，无需穿墙打洞敷设入户明线，利用已有有线电视电缆，即插即用。当前"光视通"上网套餐有 10Mbps、20Mbps、30Mbps、50Mbps、100Mbps 等多种档次，年服务费从 780 元到 1880 元不等。"E 家通"是东方有线与上海移动公司深度合作，打造的首个三网融合家庭产品，集移动通信业务、东方有线宽带、东方有线互动电视点播回看节目包等多重产品于一身，为客户提供高速宽带、移动通信和丰富的内容服务。"E 家通"只能在完成下一代广播电视网网络建设的区域提供服务。"宽视通"是东方有线携手上海联通联合推出的宽带业务品牌，通过下一代广播电视网技术，为家庭用户提供高速独享接入带宽。另外，用户除了能通过"宽视通"产品进行高速上网之外，还能享受到移动通信和高清数字电视服务。当前"宽视通"提供 10Mbps、20Mbps、30Mbps 几种不同速率的宽带套餐，同时还有额外的移动通信、内容服务包，年服务费从 1536 元到 3096 元不等。

互动家庭是东方有线推出的集合个人宽带互联网接入服务和互动电视内容服务于一体的家庭套餐。东方有线互动电视业务共提供高清点播、高清回看等六种不同的互动电视服务包，结合个人宽带从 2Mbps 到 100Mbps 不等的互联网接入服务，形成内容丰富的家庭联网和娱乐套餐，年服务费从 580 元到 1880 元不等。

企业数据是东方有线利用自身的资源优势、技术优势、服务优势、打造面向企业的专业网络服务。现有企业数据业务产品分为专网类产品、专线类产品及 IDC 三大业务体系。数据专网业务是客户多网点互联业务的总称。物理上的连接分别建立在东方有线的三张采用不同核心技术构建的骨干网之上，其功能能够满足用户两个及以上的接入点组网的定制需求。互联网专线业务是所有面向企业的互联网接入业务的总称。物理上的连接建立在东方有线 IP 交换网骨干传输平台之上，并可根据用户的需要提供动态多出口服务。IDC 即互联网数据中心业务，东方有线可向客户提供主机托管、机架出租、VIP 机房出租、IP 地址出租、电力出租、专线接入等服务以及系统集成、数据储存备份、主机代维等定制服务。

3. 发展策略

东方有线的发展策略主要包括：一是基于有线通电信网、有线电视网、计算机通信网三网融合优势，打造全业务综合服务平台。东方有线作为区域性的有线电视和互联网接入运营商，得到了上海市政府的大力支持，尤其是具备广电运营的基础，具有数量庞大的客户群体。随着下一代广播电视网的不断建设完善，东方有线有效提升了网络接入能力和网络质量，为有线网络扩大接入范围、推行更深入的宽带内容应用服务打下了坚实的技术基础。基于三网融合的优势，不断进行业务整合和渗透，形成全业务综合服务平台，使东方有线可以为用户提供更加丰富和个性化的服务。二是不断完善服务网络和服务质量。首先是加速下一代广播电视网的整合和部署速度，在未来一至两年之内达到对上海市全范围的覆盖，为用户提供更加高速的互联网接入服务和更加丰富的数字内容服务。其次是加强服务队伍建设，尤其是远郊区县的服务网点建设，形成较全面的服务覆盖网络，并加强服务质量管理，为用户提供良好的售后服务，提高公司整体服务水平。

九 电讯盈科有限公司

1. 概述

电讯盈科有限公司（以下简称"电讯盈科"）成立于 2000 年，是由李泽楷创立的盈科数码动力有限公司与香港电讯有限公司于 2000 年 8 月合并而成。电讯盈科是香港最大的通信服务供应商，也是亚洲主要综合通信服务公司。电讯盈科所提供的通信服务非常丰富，有固定电话服务、互联网宽带接入服务、移动通信、互联网电视、电子商业解决方案等。

合并后的电讯盈科，已由一家以技术为主的电信公司，转型为一家以服务为主的综合通信服务供应商。截至 2013 年底，电讯盈科在全球各地员工数超过 21500 人，除香港总部外，电讯盈科业务分支机构遍及欧洲、中东、非洲、美洲、中国大陆及亚洲其他国家和地区。电讯盈科在香港联合交易所上市，并在纽约证券交易所以美国预托证券形式上市。2013 年前两个季度，电讯盈科实现营收 133.14 亿港币，净利润 8.56 亿港币。

电讯盈科率先为香港带来"四网合一"的新体验，提供一系列跨越固定电话网、宽带互联网、有线电视网及移动通信四个平台的创新媒体内容及服务，如电讯盈科的互联网电视 IPTV 服务及 NOW TV 服务在香港广受欢迎。

2. 互联网接入业务介绍

电讯盈科是香港电信服务市场的领先者，其数字宽带网络覆盖范围最广，接通了香港大部分家庭。电讯盈科基于数字宽带提供包括本地电话、本地数据、国际电信、呼叫中心、业务咨询及客户器材销售等不同种类的服务。电讯盈科具有较高网络接入质量和较好的服务水平，网络可靠率高达 99.999%。凭借全面的网络覆盖和优质的服务，电讯盈科专注于通过其宽带网络，为全香港的企业及家庭用户提供增值语音及数据服务，网络覆盖全香港 95% 的家庭及各大商业区。

电讯盈科的互联网接入相关业务可以分为面向个人用户及商业用户两大类。面向个人用户的服务主要是基于四网合一的"网上行"宽带互联网服务以及 now 门户网站、智能家居服务、e 体健、now TV 高清互动电视等增值服务。"网上行"宽带互联网服务综合了高速光纤入户的有线接入、

"Home Wireless"家庭无线互联网接入、uHub 云存储服务、F-Secure Safe Anywhere 网络安全防护服务等。电讯盈科的 PCCW-HKT WiFi 无线互联网接入服务在香港拥有超过 12000 个热点，遍布香港各个角落，包括主要地铁站、机场、便利店、咖啡店、餐厅、购物商场、电话亭、大学等。电讯盈科率先将光纤接至 PCCW-HKT WiFi 热点，使得无线热点可以提供很高的上网速度。

电讯盈科面向商业用户主要提供"商业网上行"互联网接入服务，针对不同商业用户特点提供了多种形式的服务。如面向中小型企业的 @Work 宽带接入服务，提供 30Mbps 的光纤接入以及免费建站、电子邮箱等基本服务，可满足中小企业一般需求，同时以低廉的价格吸引客户，其月服务费最低仅 298 港币。电讯盈科向具有较高网络可用性要求的商业客户提供商业专线互联网接入服务，接入速率最高达 2Mbps，提供 7×24 小时的网络监控及技术支持服务。

3. 发展策略

电讯盈科的发展策略主要包括：一是注重提供全业务服务，实现四网合一的综合业务模式。电讯盈科是当前全香港唯一能够为客户提供真正"四网合一"服务体验的电信运营商，使同一项资讯娱乐内容及服务，能根据不同需要跨越固定电话网、宽带互联网、有线电视网及移动通信四个平台，以最有效的方式传送。客户可通过 PCCW-HKT 移动通信服务、now TV 宽带电视服务、"网上行"宽带互联网接入服务以及 eye 多媒体服务，欣赏电视、音乐等丰富的数字内容服务以及使用多种应用软件服务。二是注重拓展国际市场。除香港地区外，电讯盈科积极拓展国际市场，在亚太地区、欧洲、中东及非洲地区以及美洲都设有分支机构。在亚太地区，电讯盈科在中国大陆的北京、上海、广州、西安等地设有分公司或办事处，另外，在日本、韩国、新加坡、马来西亚等地设有分公司。在欧洲，电讯盈科在英国、法国、比利时、德国、希腊、瑞士等国设有分支机构。在中东及非洲地区，电讯盈科在南非、阿联酋、莫桑比克等国设有分支机构。在美洲，电讯盈科在美国的加利福尼亚州、弗吉尼亚州和纽约市设有分公司。

第六章　我国互联网接入重点政策解析

第一节　《宽带网络基础设施"十二五"规划》

一　出台背景

宽带网络作为实现信息化的重要载体，是经济社会发展的关键基础设施，已经成为衡量一个国家综合实力的重要标志。世界许多国家已经将宽带发展作为国家战略的重要组成部分，并将其作为刺激国内经济发展的主要推动力。"十二五"是我国经济结构战略性调整的重要时期，信息应用将深化普及，下一代互联网、物联网、云计算等网络设施将加速构建。加快宽带网络基础设施建设，全面提升宽带网络的覆盖水平和接入带宽能力，是提升通信网络整体承载能力，推动我国信息化发展，服务好经济社会的重要保障。

"十一五"期间，我国宽带网络规模和用户规模已居世界首位，但接入用户普及率和接入带宽两个关键指标普遍较低，远低于经合组织（OECD）国家的平均水平。而且当前世界许多国家都在通过各种政策措施保障宽带加速发展，我国基本上是靠市场机制推动宽带发展，因此我国和发达国家宽带发展水平的差距有被进一步拉大的危险。此外，我国宽带网络发展还面临4个方面较深层次的问题：一是对宽带在经济社会发展中的作用和战略意义认识不到位，与全球多数国家通过政策支持推进宽带超常规发展相比，我国由于认识不统一，难以凝聚全社会力量，只能完全依托市场机制推进宽带建设，未来与发达国家的差距有可能进一步拉大；二是高成本地区宽带发展缺乏市场动力，急需宽带普遍服务的长效保障机制，目前城市宽带及光纤接入建设已基本具备市场自我循环的能力，但农村等地区成本仍居高不下，企业缺乏投资动力，宽带数字鸿沟有可能在"十二五"时期持续拉大；三是宽带业务不够丰富，高速宽带发展的市场需求还受到抑制，长远将影响可持续发展；四是宽带发展建设中面临一系列制约问题，如电信企业在CPN建设中，面临进入难、协调难度大、存在潜在不可预知成本等问题。

针对以上存在的问题，在《国民经济和社会发展第十二个五年规划纲要》、《国务院关于加快培育和发展战略性新兴产业的决定》和《通信业"十二五"发展规划》基础上，工业和信息化部编制了《宽带网络基础设施"十二五"规划》（以下简称《规划》）。该规划是《通信业"十二五"发展规划》的子规划，是"十二五"期间我国宽带网络基础设施发展的指导性文件，是提升经济社会信息化水平、引导市场主体行为、配置政府公共资源的重要依据。2012年5月4日，工业和信息化部正式发布该子规划。

二 主要内容

《规划》回顾了"十一五"宽带网络基础设施的发展情况、分析了"十二五"面临的形势，明确了"十二五"的发展思路和目标，确定了六项重点任务及五项重大工程，并提出了相关保障措施。

"十一五"期间，我国的宽带网络建设和用户发展取得了长足的进步，网络和宽带接入用户规模均跃升为世界第一位。与"十五"期末相比，（固定）互联网宽带接入用户增长237%，达到1.26亿户，其中光纤入户用户和WLAN用户分别达到100万户和200万户，3G用户达到4705万户。宽带接入能力持续提升，骨干网络综合承载能力进一步增强，应用基础设施支撑能力不断提高，配套设施共建共享有序推进。特别是宽带接入能力得到持续提升。光纤覆盖范围不断扩大，本地网光缆线路长度增长170%，达到914万公里。互联网宽带接入端口增长290%，达到1.88亿个，光纤到楼和光纤入户的宽带端口总数超过6300万，WLAN公共运营热点达到30万个。乡镇通宽带比例达到99%，行政村通宽带比例达到80%。3G网络覆盖全部地市、县城以及部分重点乡镇。3G基站达到62万个。

"十二五"时期是我国宽带网络快速发展的关键时期，基础设施建设面临着诸多机遇和挑战。一是，世界发展格局正面临深刻变革，各国纷纷加快宽带网络覆盖和提速，宽带网络基础设施成为提升国家竞争力的关键要素；二是，"十二五"是我国全面建设小康社会的关键时期，是深化改革开放、加快转变经济发展方式的攻坚时期，为宽带网络发展带来新机遇；三是，互联网应用向更深交融、更广交互、更高智能的方向发展，成为推动宽带网络发展的主要动力；四是，IPv6、3G网络、无线局域网、宽带卫星通信系统、光传输网等下一代互联网技术加速演进，为宽带网络的快速发展提供了技术保证；五是，随着全球信息化持续发展，宽带应用的普及推广对网络安全提出更高要求。

"十二五"期间，宽带网络基础设施应坚持统筹部署、协调发展，应用驱动、重点推进，政企合力、加强协作，强化管理、安全可靠的指导原则，以网络能力全面提升为主线，以加快建设光纤宽带网络、无线移动宽带网络和下一代互联网为着力点，强化网络安全保障，构建宽带、融合、泛在、安全、绿色的下一代国家信息基础设施，推动新一代信息技术产业各领域协调发展，推进信息化与工业化深度融合，打造支撑国民经济和社会发展需要的关键基础设施。到"十二五"期末，初步建成宽带、融合、泛在、安全、绿色的宽带网络基础设施。基本实现"城市光纤到楼入户，农村宽带进乡入村"，宽带新技术广泛应用，承载能力大幅提升，应用基础设施协调发展。宽带网络基础设施在支撑国家信息化水平全面提升和经济社会发展中的关键作用更加突出。宽带发展水平与发达国家差距明显缩小，东部发达城市达到发达国家平均水平。

从互联网接入方面看，到"十二五"期末，互联网接入能力将大大提升，接入用户持续增加。光纤接入网络覆盖商务楼宇及新建小区，城市新建住宅光纤入户率达到60%以上，城市和农村互联网接入带宽能力基本达到20Mbps和4Mbps以上，部分发达城市接入带宽能力达到100Mbps，用户实际使用带宽水平显著提升。3G网络基本覆盖城乡，实现无线宽带数据业务热点区域连续覆盖，LTE商用。互联网网民超过8亿人，互联网普及率超过57%。（固定）互联网宽带接入用户超过2.5亿户，光纤入户用户超过4000万户；3G用户超过4.5亿户，占移动电话用户总数的比例超过36%，行政村通宽带比例达到95%，为医疗、教育等公益机构提供宽带网络接入条件。

"十二五"期间，在宽带网络基础设施方面要着力做好六项重点任务：一是提升宽带接入能力和覆盖范围；二是优化城域网和骨干网；三是发展宽带应用基础设施；四是提升宽带网络安全保障能力；五是推动宽带网络基础设施绿色发展；六是加强宽带业务引领和基础产业支撑。同时要实施五大工程：一是光纤宽带网络推进工程；二是无线移动宽带网络推进工程；三是数据中心优化工程；四是下一代互联网推进工程；五是国际通信网络优化工程。

为确保完成"十二五"期间宽带网络基础设施发展目标，文件中提出了四项保障措施：一是加强国家战略引导；二是加大财税金融政策支持；三是优化宽带市场发展环境；四是规范驻地网建设。

三　政策评析

《规划》基于我国国情，在充分分析我国宽带网络发展面临的问题和形势基础上，提出了"以网络能力全面提升为主线，构建宽带、融合、泛在、安全、绿色的下一代国家信息基础设施"的指导思想，并提出了"统筹部署，协调发展；应用驱动，有序推进；政企合力，加强协作；强化管理，安全可控"的发展原则。同时，《规划》深化了宽带网络基础设施的内涵，明确了各项发展指标，并在此基础上，提出了"十二五"期间的发展目标、主要任务、重点工程和保障措施。

首先，《规划》中明确了宽带网络基础设施的内涵，为形成科学的发展体系打下基础。宽带网络基础设施这个被广泛应用的名词实际上并没有一个非常明确的概念，其具体包含范围也没有统一的说法。通常来讲，宽带基础设施主要包括两个方面：一是网络设施，由宽带业务处理设备、宽带业务传输设备、传输线路等组成；二是配套设施，主要指为敷设宽带网络线路和设置宽带网络设备所必需的管道、杆路、机房，以及为发射无线信号所必需的基站铁塔、天线等。但随着互联网的发展，叠加在宽带网络基础之上的数据中心、业务平台等设施的作用和地位更加突出，规划宽带的发展不能不提这些设施的发展，因此《规划》特别将这些应用设施也纳入宽带网络基础设施的规划范围。

其次，《规划》制定了各项发展指标，为设置发展目标打下基础。《规划》提出到"十二五"期末，初步建成宽带、融合、泛在、安全、绿色的宽带网络基础设施的总体目标，在细化各项发展指标时，主要考虑了以下几个方面的因素：一是要能够全面反映宽带网络基础设施发展的各个方面；二是要综合考虑我国经济发展水平和信息化发展的需求；三是要争取缩小我国与发达国家之间的宽带发展差距。《规划》围绕网络能力全面提升的发展主线，提出了服务水平、网络规模、接入网能力、骨干网络能力、国际通信网络能力、宽带应用基础设施、节能减排、网络安全保障能力8个方面的发展目标。

最后，制定了科学的任务和推进工程，为完成发展目标设定良好的实施方案。在主要任务方面，按照指导思想、发展目标以及宽带网络基础设施的发展定位，《规划》从接入网络、骨干网络、应用设施、网络安全、节能减排等方面确定了五大任务。这些任务基本涵盖了宽带网络基础设施建设和发展所涉及的方方面面，力求在光纤宽带和无线宽带两个方面全面提升接入能力，考虑宽带网络的全程全网特性，城域网、骨干网、国际通信网都要进行相应的扩容、升级、改造，打造一个畅通无瓶颈、接入能力大幅提升的宽带网络；在重点工程方面，重点工程是主要任务的落实和细化，是对网络发展的具体引导，同时也是其他更高层级规划中宽带有关工程的具体落实，《规划》聚焦当前宽带网络发展的关键问题提出了五项具体推进工程：光纤宽带网络推进工程、无线宽带网络推进工程、数据中心优化工程、下一代互联网推进工程、国际通信网络优化工程。

第二节 《互联网行业"十二五"发展规划》

一 出台背景

作为20世纪人类最伟大的发明之一，互联网正逐步成为信息时代人类社会发展的战略性基础设施，推动着生产和生活方式的深刻变革，进而不断重塑经济社会的发展模式，成为构建信息社会的重要基石。"十二五"时期是我国全面建设小康社会的关键时期，抓住技术业务变革的历史机遇，全面提升我国互联网的创新和科学发展能力，加快应用深化和普及，将有力推进信息化和工业化深度融合，形成推动经济发展方式加快转变、社会不断繁荣进步和人民生活持续改善的强大动力。

然而，在我国互联网行业发展和管理取得显著成就的同时，问题和矛盾也不断凸显。一是应用深度和广度有待提高，区域和城乡差异显著。二是人均带宽与国际先进水平差距大，国内互联瓶颈仍突出。三是互联网技术创新能力和产业实力偏弱，操作系统、核心芯片等关键技术瓶颈仍未根本突破。四是市场行为亟需规范，市场规则、诚信体系和行业自律仍需完善，用户权益和隐私保护有待加强。五是网络与信息安全问题突出，维护安全可信公共网络环境的制度和手段需进一步健全。六是法律法规有所滞后，基础管理仍需加强，跨部门跨区域管理机制的协同性与高效性亟需提升，行业管理力量亟需增强。

为贯彻党中央和国务院有关互联网发展和管理的要求，解决上述问题，根据《国民经济和社会发展第十二个五年规划纲要》和《国务院关于加快培育和发展战略性新兴产业的决定》，工业和信息化部组织编写了《互联网行业"十二五"发展规划》，用于指导未来五年我国互联网的行业发展和管理。2012年5月4日，工业和信息化部正式发布该规划。

二　主要内容

《互联网行业"十二五"发展规划》回顾了"十一五"期间我国互联网的发展情况，分析了"十二五"期间的发展形势，明确了"十二五"的发展思路和目标，确定了九项重点任务，并提出了相关保障措施。

"十一五"期间，我国互联网得到全面发展。互联网应用得到迅猛发展，移动互联网、互动媒体、网络娱乐、电子商务等成为"十一五"期间发展最快、影响最广的领域。互联网基础设施能力持续提升，我国已建成超大规模的互联网基础设施，网络通达所有城市和乡镇，形成了多个高性能骨干网互联互通、多种宽带接入的网络设施。互联网技术创新能力不断增强，我国主导完成或署名的 RFC 数量增加到 46 个，涵盖互联网路由、网际互联、安全等核心技术领域，国际影响力明显增强。初步形成具有国际影响力的互联网产业，我国互联网服务已形成千亿元级市场，2010 年，全行业收入规模超过 2000 亿元。互联网行业管理体系基本建立，初步形成"分工负责、齐抓共管"的管理格局，基本建立了行业管理体系，形成了多个管理部门协同配合的工作机制。互联网成为经济社会发展的重要引擎和基础平台，工业领域，多个工业企业不同程度地通过互联网开展生产经营活动，推动了工业转型升级。

"十二五"时期，是我国互联网行业快速发展的关键时期，将面临着诸多机遇和挑战。一是，互联网的战略性基础设施地位更加突出，互联网仍将是全球经济发展中最有活力的领域之一，在推动产业升级、促进经济运行和交易方式变革等方面起到重要作用，同时，围绕互联网的全球战略布局加快，网络空间已经成为世界各国的战略重点；二是，互联网应用不断开创发展新愿景，互联网的移动化、融合化、平台化等趋势将开辟更深交融、更广交互、更高智能的发展新阶段；三是，互联网技术变革和网络演进加速推进，网络形态发生深刻变化，以 CDN、IDC 等为代表的互联网应用平台形成了新的应用基础设施，下一代互联网的演进和技术前沿布局加快，各国加速向以 IPv6 为基础的下一代互联网演进过渡；四是，网络与信息安全挑战更趋严峻，互联网上信息来源海量化，信息传播和聚合能力空前增强，信息内容形态和交互模式日益复杂，对不良信息的管理面临严峻挑战；五是，全球互联网管理力度不断加大，应对互联网的快速创新及与现实世界管理的不断交融，国际社会积极探索适应本国的管理方式，同时不断加强互联网管理的国际协同，通过国际多边和双边机制，加快探索网络空间国际规则的形成，以应对日益复杂的网络空间挑战；六是，我国互联网处在创新提升的重要关口，全球互联网正处在快速变革的时期，各国在下一代互联网、物联网、云计算、移动互联网、三网融合等技术业务变革中面临的机遇和挑战类似，发展起步的差距不大，这为我国在新时期互联网发展和国际竞争中加快创新、不断迈进提供了难得的历史机遇。

"十二五"期间，互联网行业应坚持深化普及应用牵引、创新发展全面提升、科学管理优化环境、保障网络与信息安全的原则，紧紧围绕加快经济发展方式转变、全面建设小康社会的要求，以支撑经济社会发展为出发点，以提升自主发展能力为主攻方向，以保障网络与信息安全、维护消费者权益为基本要求，以实施科学管理、优化发展环境为根本保障，着力夯实基础网络，着力推进技术、业务、商业模式和管理机制创新，扩大普及、深化应用，不断提升互联网发展水平，服务信息化与工业化深度融合，为建设下一代国家信息基础设施和全面提高信息化水平奠定坚实基础。

到"十二五"期末，我国将建成宽带高速、广泛普及、安全可靠、可信可管、绿色健康的网络环境，形成公平竞争、诚信守则、创新活跃的市场环境，实现从应用创新、网络演进到技术突破、产业升级的全面提升，在转变经济发展方式、服务社会民生中的作用更加显著。

"十二五"期间，我国互联网行业应着力做好以下九项任务：一是创新应用体系，培育发展互联网新兴业态，全面推进互联网应用创新、移动互联网整体突破、云计算服务商业化发展、物联网与互联网的融合集成应用和电子商务加快发展；二是服务两化融合，全面支撑经济社会发展，推进互联网在工农业领域的广泛应用与综合集成，全面应用互联网推进服务业的现代化，完善互联网社会信息化服务平台，促进社会就业、创业；三是建设"宽带中国"，推进网络基础设施优化升级，加快网络接入的宽带化建设，优化调整互联网国内整体架构，完善互联网国际网络布局，加快构建互联网应用基础设施；四是推进整体布局，向下一代互联网发展演进，推进互联网向 IPv6 的平滑过渡，加快面向未来互联网技术研发前沿布局；五是突破关键技术，夯实核心基础产业，抓住机遇突破互联网相关高端软件和基础软件，支持高端服务器和核心网络设备等产业发展；六是加强顶层设计，建立先进完备的互联网标准体系，开展 IP 地址、域名资源管理、域名安全技术标准的研发，加强中文域名、地址可信、域名安全解析等领域的标准研制；七是完善监管体系，打造诚信守则的互联网市场环境，探索建立互联网业务分级分类指导的监管模式，强化市场监管体系建设，大力倡导行业自律，建立健全互联网用户权益保护机制；八是健全制度手段，强化互联网基础管理，完善互联网资源发展和管理制度，加强技术手段研究和技术平台建设；九是加强体系建设，提升网络与信息安全保障能力，加强网络与信息安全管理，加强互联网网络安全的应急管理能力，提高互联网装备安全管控水平，培育网络信息安全环境和文化。

为确保"十二五"期间互联网行业发展目标顺利完成，提出了八项保障措施：一是完善保障互联网健康发展的行业管理法律制度；二是加强互联网管理制度和管理能力建设；三是建立互联网健康发展的引导机制；四是加强互联网基础设施建设的政策支持；五是推动完善互联网发展的财税金融与知识产权政策；六是培育和扶持互联网中小企业成长；七是加强互联网专业人才体系建设；八是推动完善互联网国际治理机制。

三 政策评析

此次编制出台《互联网行业"十二五"发展规划》，是我国第一次将互联网行业纳入政府规划体系，既反映出国家对互联网的高度重视，也是行业主管部门职责的切实体现，符合我国互联网发展的现实要求，必将产生深远影响。

当前，我国互联网行业涵盖数亿网民、百万量级的网站、上万家互联网服务企业，与互联网服务直接相关的诸多软硬件企业、社会公众、行业协会、相关国际组织以及行业主管部门等相关利益方迅速成长起来，影响力不断增强，受到的社会关注越来越广泛，参与主体和利益诉求也变得复杂多元。

"十二五"期间，我国互联网的发展面临着移动互联网、物联网、云计算等新兴技术和应用引发的产业变革，要应对互联网治理、国际竞争、经济社会发展、网络与信息安全等带来的机遇和挑战，迫切需要在行业达成共识的基础上，有明确而统一的目标、有协调一致的举措，消除阻碍发展的市场缺陷和制度障碍，实现互联网行业的持续健康发展。

该规划紧扣互联网的"战略性基础设施"地位，始终将互联网的发展纳入经济社会建设的大局，强调了互联网在工业、农业、商贸服务等经济领域，以及就业、政府管理、公共服务等民生领域的重要作用，并明确作为首项发展目标和主要任务之一。

"十二五"将是信息通信技术演进换代的活跃期，也是互联网创新迈进的重要阶段，新概念、新技术、新业务、新模式层出不穷，客观上需要向社会传递较为清晰的判断：未来的互联网将是怎样，还会带来什么？该规划从应用、网络、技术等几个维度，勾画出我国互联网的未来愿景。在应用方面，移动化、融合化、平台化是未来的趋势，深交融、广交互、高智能将是主要的特点。在网络方面，构建高速接入的宽带基础设施已是各国的共识，全球已有100多个国家制定出台了宽带计划。在技术方面，重点是IPv6的商用部署和未来互联网技术研发的前沿布局，以及互联网相关高端软件和基础软件、高端服务器和核心网络设备等关键软硬件的技术突破与产业化发展。

该规划通篇强调发展、管理和安全的并重，在发展思路中明确"坚持科学管理优化环境"、"坚持保障网络与信息安全"的原则，在目标中提出"市场竞争环境诚信有序"、"发展保障能力显著增强"，任务和措施中也都有相对应的内容。强调创新的激励及保护对互联网发展的重要意义，并特别关注了互联网中小企业在创新中不可替代的作用。将竞争的促进和竞争秩序的规范作为行业管理的重要方面，强调了互联网的依法管理和多方参与治理，提出构建政府依法管理、行业有序自律、社会有效监督、技术保障有力的综合管理体系和发展环境。

该规划强调了法律和制度建设的重要性，强调市场化机制以及行业主管部门在跨部门合作、信息发布等方面服务行业的意愿，尤其是明确提出了"培育和扶持互联网中小企业"成长。各项政策中，首先强调了法律和制度建设的重要性。值得关注的是，在管理上，将各项行业管理规定制度化、明晰化，实现依法管理、按规执行是未来努力的方向；在发展引导上，突出强调了市场化的机制，以及行业主管部门在跨部门合作、信息发布等方面服务行业的意愿。其次，针对实现目标所需要的关键要素及保障，如基础设施、投融资环境、知识产权保护、中小企业、人才体系等，规划提出了相应的政策考虑或政策呼吁，尤其是明确提出"培育和扶持互联网中小企业"成长，这无疑将保护和鼓励互联网创业的意愿与行动，促进互联网行业保持应有的创新活力。此外，该规划也关注了全球互联网发展与国际竞争的影响，特别是围绕网络空间的国际动向，并提出相应的措施和考虑。

第三节 《国务院关于大力推进信息化发展和切实保障信息安全的若干意见》

一 出台背景

当前，世界各国信息化快速发展，信息技术的应用促进了全球资源的优化配置和发展模式创新，互联网对政治、经济、社会和文化的影响更加深刻。网络空间已经成为领土、领海、领空和太空之外的第五空间，是国家主权延伸的新疆域，美国等大国纷纷加强网络防御，并积极发展网络威慑能力，加紧争夺网络空间绝对权和主导权。围绕信息获取、利用和控制的国际竞争日趋激烈，保障信息安全成为各国重要议题。

当前我国信息化水平明显提高。一方面，文化、教育、医疗卫生、社会保障等重点领域信息化水平明显提高，电子政务和电子商务得到快速发展，信息化和工业化融合不断深入，下一代信息基础设施初步建成，信息产业转型升级取得突破；另一方面，国家信息安全保障体系基本形成。重要信息系统和基础信息网络安全防护能力明显增强，信息化装备的安全可控水平明显提高，信息安全等级保护等基础性工作明显加强。

然而，我国信息化建设和信息安全保障仍存在一些亟待解决的问题，宽带信息基础设施发展水平与发达国家的差距有所拉大，政务信息共享和业务协同水平不高，核心技术受制于人；信息安全工作的战略统筹和综合协调不够，重要信息系统和基础信息网络防护能力不强，移动互联网等技术应用给信息安全带来严峻挑战。必须进一步增强紧迫感，采取更加有力的政策措施，大力推进信息化发展，切实保障信息安全。为解决上述问题，2012 年 6 月 28 日，国务院发布《关于大力推进信息化发展和切实保障信息安全的若干意见》（以下简称《若干意见》）。

二 主要内容

《若干意见》以促进资源优化配置为着力点，加快建设下一代信息基础设施，推动信息化和工业化深度融合，构建现代信息技术产业体系，全面提高经济社会信息化发展水平。坚持积极利用、科学发展、依法管理、确保安全，加强统筹协调和顶层设计，健全信息安全保障体系，切实增强信息安全保障能力，维护国家信息安全，促进经济平稳较快发展和社会和谐稳定。

《若干意见》主要目标包括以下四个方面：一是重点领域信息化水平明显提高。信息化和工业化融合不断深入，农业农村信息化有力支撑现代农业发展，文化、教育、医疗卫生、社会保障等重点领域信息化水平明显提高；电子政务和电子商务快速发展，到"十二五"末，国家电子政务网络基本建成，信息共享和业务协同框架基本建立；全国电子商务交易额超过18万亿元，网络零售额占社会消费品零售总额的比重超过9%。二是下一代信息基础设施初步建成。到"十二五"末，全国固定宽带接入用户超过2.5亿户，互联网国际出口带宽达到每秒6500吉比特（Gbit），第三代移动通信技术（3G）网络覆盖城乡，国际互联网协议第6版（IPv6）实现规模商用。三是信息产业转型升级取得突破。集成电路、系统软件、关键元器件等领域取得一批重大创新成果，软件业占信息产业收入比重进一步提高。四是国家信息安全保障体系基本形成。重要信息系统和基础信息网络安全防护能力明显增强，信息化装备的安全可控水平明显提高，信息安全等级保护等基础性工作明显加强。

《若干意见》主要内容包括以下五个方面：

一是实施"宽带中国"工程，构建下一代信息基础设施。该部分主要包括三部分内容，即加快发展宽带网络、推进下一代互联网规模商用和前沿性布局以及加快推进三网融合。其核心主要是通过实施"宽带中国"工程，加快信息网络宽带化升级，提高接入带宽、网络速率和宽带普及率；通过加快部署下一代互联网，完善互联网国家顶层网络架构，推进国际互联网协议第4版（IPv4）向IPv6的网络演进、业务迁移与商业运营，推动下一代互联网产业化步伐；在确保信息和文化安全的前提下，大力推进三网融合，推动广电、电信业务双向进入，加快网络升级改造和资源共享，加强资源开发、信息技术和业务创新，大力发展融合型业务，培育壮大三网融合相关产业和市场。

二是推动信息化和工业化深度融合，提高经济发展信息化水平。该部分主要包括五部分内容，即全面提高企业信息化水平、推广节能减排信息技术、增强信息产业核心竞争力、引导电子商务健康发展、推进服务业信息化进程。其核心是加快重点行业生产装备数字化和生产过程智能化进程，引导企业业务应用向综合集成和产业链协同创新转变，提高中小企业和制造业企业信息化水平；加大主要耗能、耗材设备和工艺流程的信息化改造，提升资源能源供需双向调节水平，完善污染治理监督管理体系；加大国家科技重大专项对信息产业核心基础产品、网络共性关键技术开发的支持力度，推动电子信息产品制造企业由单纯提供产品向提供综合解决方案和信息服务转变；健全安全、信用、金融、物流和标准等支撑体系，探索有效监管模式，创新电子商务发展模式，改善电子商务发展环境；推动银行业、证券业和保险业信息共享，促进消费金融发展，提高面向小型微型企业和农业农村的金融服务水平。

三是加快社会领域信息化，推进先进网络文化建设。该部分主要包括四部分内容，即提升电子政务服务能力、提高社会管理和城市运行信息化水平、加快推进民生领域信息化、发展先进网络文化。其核心是促进政府管理创新，加强电子政务顶层设计，形成统一的国家电子政务网络，扎实推进药品、食品、住房、能源、金融、价格等重要监管信息系统建设，支持基层政府和社区开展管理和服务模式创新试点示范，鼓励业务应用向云计算模式迁移；建立全面覆盖的社会管理综合信息系统，提高人口信息动态监测和分析预测能力，改进信访工作方式，健全网上舆论动态引导管理机制，加快实施智能电网、智能交通等试点示范，引导智慧城市建设健康发展；加快学校宽带网络建设，形成教育综合信息服务体系，构建覆盖城乡居民的劳动就业和社会保障信息服务体系，推进减灾救灾、社会救助、社会福利和慈善事业等社会服务信息化；鼓励开发具有中国特色和自主知识产权的数字文化产品，构建积极健康的网络传播新秩序和网络氛围，完善公共文化信息服务体系。

四是推进农业农村信息化，实现信息强农惠农。该部分主要包含两部分内容，即提高农业生产经营信息化水平、完善农业农村综合信息服务体系。其核心是加快推进农业生产基础设施、装备与信息技术的融合，建立和完善农产品质量安全追溯体系，积极培育、示范、推广适用的农业信息化应用模式；建立全国农业综合信息服务平台，加快推进涉农信息资源开发、整合和综合利用，形成村为节点、县为基础、省为平台、全国统筹的农村综合信息服务体系。

五是健全安全防护和管理，保障重点领域信息安全。该部分主要包含四部分内容，即确保重要信息系统和基础信息网络安全、加强政府和涉密信息系统安全管理、保障工业控制系统安全、强化信息资源和个人信息保护。其核心是切实提高防攻击、防篡改、防病毒、防瘫痪、防窃密能力，加大无线电安全管理和重要信息系统无线电频率保障力度，加强互联网网站、地址、域名和接入服务单位的管理，完善信息共享机制，规范互联网服务市场秩序；严格政府信息技术服务外包的安全管理，建立政府网站开办审核、统一标识、监测和举报制度，减少政府机关的互联网连接点数量，加强安全和保密防护监测，落实涉密信息系统分级保护制度，强化涉密信息系统审查机制；加强重要领域工业控制系统，以及物联网应用、数字城市建设中的安全防护和管理，定期开展安全检查和风险评估，对重点领域使用的关键产品开展安全测评，实行安全风险和漏洞通报制度；保障信息系统互联互通和部门间信息资源共享安全，明确敏感信息保护要求，强化企业、机构在网络经济活动中保护用户数据和国家基础数据的责任，在软件服务外包、信息技术服务和电子商务等领域开展个人信息保护试点，加强个人信息保护工作。

为了保障《若干意见》的顺利实施，提出了四项保障措施：一是加强组织领导；二是加强财税政策扶持；三是加快法规制度和标准建设；四是加强宣传教育和人才培养。

三 政策评析

当前，世界各国信息化快速发展，信息技术的研发和应用正在催生新的经济增长点，以互联网为代表的信息技术在全球范围内带来了日益广泛、深刻的影响。加快推进信息化建设，建立健全信息安全保障体系，对于调整经济结构，转变发展方式，保障和改善民生，维护国家安全，具有重大意义。

《若干意见》将实施"宽带中国"工程、推动信息化和工业化深度融合、加快社会领域信息化、推进农业农村信息化、健全安全防护和管理、加快安全能力建设等作为工作重点，有助于全面提高经济社会信息化发展水平，切实增强信息安全保障能力，维护国家信息安全，促进经济平稳较快发展和社会和谐稳定。

《若干意见》将实施"宽带中国"工程，构建下一代信息基础设施作为重点工作之一。明确指出要实施"宽带中国"工程，以光纤宽带和宽带无线移动通信为重点，加快信息网络宽带化升级。推进城镇光纤到户和行政村宽带普遍服务，提高接入带宽、网络速率和宽带普及率。加强3G网络纵深覆盖，支持具有自主知识产权的3G技术TD-SCDMA及其后续演进技术TD-LTE产业链发展，科学统筹3G及其长期演进技术协调发展。这对于加快我国互联网接入服务发展有巨大的促进作用。

第四节 《国务院关于促进信息消费扩大内需的若干意见》

一 出台背景

从全球信息产业发展来看，信息消费涵盖生产消费、生活消费、管理消费等领域，覆盖信息服务，如语音通信、互联网数据及接入服务、信息内容和应用服务、软件等多种服务形态；覆盖手机、平板电脑、智能电视等多种信息产品；还包括基于信息平台的电子商务、云服务等间接拉动消费的新型信息服务模式。在当前外需对经济增长贡献率变小，房地产和汽车等消费增长趋缓的背景下，信息消费将成为实现内需驱动的有力抓手。信息消费的快速发展，不仅对当前扩内需、稳增长发挥了重要作用，也有利于国民经济持续健康发展，对促进中国消费结构升级、打造中国经济升级版具有重要意义。

2013年7月12日，国务院总理李克强主持召开国务院常务会议，研究部署加快发展节能环保产业，促进信息消费，拉动国内有效需求，推动经济转型升级。8月14日，国务院正式下发《关于促进信息消费扩大内需的若干意见》（以下简称《若干意见》），以市场导向、改革发展、需求牵引、创新发展为基本原则，要求加快促进信息消费，能够有效拉动需求，催生新的经济增长点，促进消费升级、产业转型和民生改善。

我国市场规模庞大，信息消费具有良好发展基础和巨大发展潜力。但同时，我国信息消费也面临基础设施支撑能力有待提升、产品和服务创新能力弱、市场准入门槛高、配套政策不健全等问题，亟须采取措施予以解决。为此，《若干意见》明确将信息基础设施建设作为促进信息消费发展的重要基础，提出要"加快信息基础设施演进升级"，并明确了信息基础设施建设的三项重要任务。

二　主要内容

《若干意见》中明确提出要加快信息基础设施演进升级，并将完善宽带网络基础设施、统筹推进移动通信发展、全面推进三网融合作为重要任务。在完善宽带网络基础设施方面，提出要发布实施"宽带中国"战略，加快宽带网络升级改造，推进光纤入户，统筹提高城乡宽带网络普及水平和接入能力。在统筹推进移动通信发展方面，提出要扩大第三代移动通信（3G）网络覆盖，优化网络结构，提升网络质量。在全面推进三网融合方面，提出要加快电信和广电业务双向进入，推进电信网和广播电视网基础设施共建共享。加快推动地面数字电视覆盖网建设和高清交互式电视网络设施建设，加快广播电视模数转换进程。鼓励发展交互式网络电视（IPTV）、手机电视、有线电视网宽带服务等融合性业务，带动产业链上下游企业协同发展，完善三网融合技术创新体系。

《若干意见》还把改进和完善电信服务纳入到支持政策中，明确要建立健全基础电信运营企业与互联网企业、广电企业、信息内容供应商等合作和公平竞争机制，规范企业经营行为，加强资费监管，鼓励民间资本参与宽带网络基础设施建设，完善电信、互联网监管制度和技术手段，保障企业实现平等接入，用户实现自主选择。

三　政策评析

在当前我国经济转型的大背景下，《若干意见》明确了国家将信息消费作为推动内需、稳定增长重要方向的信号，将推动信息消费的快速发展。据中国互联网络信息中心（CNNIC）公布的数据，截至到 2013 年底，我国网民数量达到 6.18 亿人，互联网普及率已经达到 45.8%。在互联网高速发展的时代，比如购买一部智能手机，从打电话、上网所产生的通讯费到下载安装各种 APP，在阅读、看视频、使用团购业务等操作行为所产生的花销都是信息消费的一环。因此，在信息消费这个领域里做一些文章，对于拉动内需，特别是对于消费结构的升级，特别是像基于互联网的信息服务业这种新的产业的发展，都有非常重要的意义。但是，我们还应该看到，目前我国信息消费还处于一个相对较低的水平上，其深远的市场潜力还未充分挖掘。正因为如此，《若干意见》提出了促进信息消费的三项基本原则，就是为信息消费的快速健康发展保驾护航。

作为信息消费发展的基础，信息基础设施也将得到全面发展。一方面，信息消费将是我国未来经济发展的主要增长点。当前中国已是一个充分信息化的社会，在消费人群、消费结构和消费观点都已与信息化高度契合的当下，实施信息消费的战略有望实现我国经济增长与转型的双重目标。《若干意见》明确提出，"到 2015 年，我国信息消费规模将超过 3.2 万亿元，年均增长 20% 以上，带动相关行业新增产出超过 1.2 万亿元，基于互联网的新型信息消费规模达 2.4 万亿元，年均增长 30% 以上。"另一方面，宽带中国是信息消费快速发展的基础。近期国务院在下发促进信息消费的文件后，随即发布"宽带中国"的实施方案，并对技术路线和时间表予以细化和明确，不难发现"宽带中国"在信息消费的先行地位。推动信息高速公路又快又好的发展，不仅事关信息消费的全局，也是保障国家促进信息消费之举能够顺利实施的基础，没有通畅、高效、安全的信息网络，信息消费将是没有根基的空中楼阁。

第五节 《"宽带中国"战略及实施方案》

一 出台背景

宽带网络是新时期我国经济社会发展的战略性公共基础设施，发展宽带网络对拉动有效投资和促进信息消费、推进发展方式转变和小康社会建设具有重要支撑作用。从全球范围看，宽带网络正推动新一轮信息化发展浪潮。众多国家纷纷将发展宽带网络作为战略部署的优先行动领域，作为抢占新时期国际经济、科技和产业竞争制高点的重要举措。近年来，我国宽带网络覆盖范围不断扩大，传输和接入能力不断增强，宽带技术创新取得显著进展，完整产业链初步形成，应用服务水平不断提升，电子商务、软件外包、云计算和物联网等新兴业态蓬勃发展，网络信息安全保障逐步加强，但我国宽带网络仍然存在公共基础设施定位不明确、区域和城乡发展不平衡、应用服务不够丰富、技术原创能力不足、发展环境不完善等问题，亟需得到解决。

"宽带中国"战略由工业和信息化部部长苗圩在 2011 年全国工业和信息化工作会议上提出，目的是为了加快我国宽带建设。2012 年经国务院批示，由国家发改委等八部委联合研究起草"宽带中国"战略及实施方案。2013 年 8 月 17 日，中国国务院发布了《"宽带中国"战略及实施方案》（以下简称《实施方案》），其中部署了未来 8 年宽带发展目标及路径。这一文件的发布意味着"宽带中国"战略从部门行动上升为国家战略，宽带首次成为国家战略性公共基础设施。

二 主要内容

《实施方案》在坚持政府引导与市场调节相结合、坚持统筹规划与分步推进相结合、坚持网络建设与应用服务相结合、坚持网络升级与产业创新相结合、坚持宽带普及与保障安全相结合的原则下，将宽带网络作为国家战略性公共基础设施，加强顶层设计和规划引导，统筹关键核心技术研发、标准制定、信息安全和应急通信保障体系建设，促进网络建设、应用普及、服务创新和产业支撑的协同，综合利用有线、无线技术推动电信网、广播电视网和互联网融合发展，加快构建宽带、融合、安全、泛在的下一代国家信息基础设施，全面支撑经济发展和服务社会民生。

《实施方案》明确了"宽带中国"战略的发展目标，其中包括截止到2015年的近期目标和截止到2020年的长期目标，并给出了包括全面提速、推广普及、优化升级等三个阶段在内的详细发展时间表。

"宽带中国"战略的实施要着力做好五项重点任务：一是推进东部地区、中西部地区和农村地区宽带网络的协调发展；二是加快宽带网络优化升级；三是提高宽带网络应用水平；四是促进宽带网络产业链不断完善；五是增强宽带网络安全保障能力。

为确保"宽带中国"战略实施目标的顺利完成，提出了七项保障措施：一是加强组织领导；二是完善制度环境；三是规范建设秩序；四是加大财税扶持；五是优化频谱规划；六是加强人才培养；七是深化国际合作。

三 政策评析

从2011年年底工信部部长苗圩透露宽带战略已经提到议事日程上，到"宽带中国"战略发布，历时一年半有余。期间，全球推出国家级宽带战略的国家数直线上升，从82个增至130个。可以说，"宽带中国"战略从酝酿到出台一直受到了前所未有的关注，伴随着始终高涨的业内外呼声。

当前，我国宽带网络规模和用户规模已居世界首位，但接入用户普及率和接入带宽两个关键指标普遍较低，远低于经合组织（OECD）国家的平均水平。而且当前世界许多国家都在通过各种政策措施保障宽带加速发展，我国基本上是靠市场机制推动宽带发展，因此我国和发达国家宽带发展水平的差距有被进一步拉大的危险。

通过发布《实施方案》，从国家层面明确了宽带与水、电、路等同等地位的公共基础设施属性，将过去的产业战略上升到国家战略，相关产业自此受惠或盘活。

战略首次将宽带明确定位为"经济社会发展的战略性公共基础设施"。这意味着宽带将成为像水、电和交通一样关乎国家命脉的基础设施。在工业社会，交通、电力对于一个国家的发展至关重要，而在信息时代，宽带则承担起了新的战略性基础设施的角色，而且宽带有别于传统基础设施的一大特性是，其本身承载着更大的创新性。目前已有约130个国家推出了国家宽带战略，这是自电信市场化改革大潮以来的首次世界级集体行动。各国认识到了宽带作为战略性基础设施的重要性，但发觉仅仅依靠市场力量去发展宽带远远不足，而宽带发展滞后的直接后果是会导致信息时代国家竞争力的下滑，失去未来。

战略将宽带纳入地方经济社会发展大局，这意味着宽带在地方政府将获得更大程度的重视。我国一直以来实行地方施政考核制度，随着"战略"的发布和实施，宽带有望成为地方政府考核的一个重要指标。国家此次振臂一呼，预计地方政府会积极呼应，在政策、资源上给予很大程度支持。这对宽带产业的影响不言而喻。

战略特别重视宽带建设环节，宽带在城乡建设中遭遇的建网、施工、维护阻力异常大。"战略"多次提到了相关的问题，在任务中明确提出"规划用地红线内的通信管道等通信设施与住宅区、住宅建筑同步建设，并预先铺设入户光纤，预留设备间，所需投资纳入相应建设项目概算"。保障措施中提出"切实执行住宅小区和住宅建筑宽带网络设施的工程设计、施工及验收规范。做好宽带网络与高速公路、铁路、机场等交通设施规划和建设的衔接"，"保障宽带网络设施建设与通行。政府机关、企事业单位和公共机构等所属公共设施，市政设施、公路、铁路、机场、地铁等公共设施应向宽带网络设施建设开放，并提供通行便利。对因征地拆迁、城乡建设等造成的光缆、管道、基站、机房等宽带网络设施迁移和毁损，严格按照有关标准予以补偿"等。这些政策的实施将大大促进宽带接入的发展。

第六节 《工业和信息化部关于鼓励和引导民间资本进一步进入电信业的实施意见》

一 出台背景

改革开放以来，我国的民间投资不断发展壮大，在全社会固定资产投资中所占比重逐年提高，成为促进国民经济发展的重要力量、国家财税收入的重要支柱和创造社会就业岗位的主要渠道。如何调控、引导和发展好民间投资，充分发挥其积极作用，是投资管理工作面临的重要课题。在此背景下，党中央、国务院已经逐步加大对非公有制经济的支持力度，在中国共产党第十八届中央委员会第三次全体会议上通过的《中共中央关于全面深化改革若干重大问题的决定》中，明确提出"公有制经济和非公有制经济都是社会主义市场经济的重要组成部分，都是我国经济社会发展的重要基础"，非公有制经济的地位得到大幅提升。

2010 年 5 月 7 日，国务院印发《国务院关于鼓励和引导民间投资健康发展的若干意见》文件，进一步拓宽民间投资的领域和范围，鼓励和引导民间资本进入基础产业和基础设施领域，明确"鼓励民间资本参与电信建设。鼓励民间资本以参股方式进入基础电信运营市场。支持民间资本开展增值电信业务。加强对电信领域垄断和不正当竞争行为的监管，促进公平竞争，推动资源共享"的要求。

2012 年 6 月 27 日，为了鼓励电信业进一步向民间资本开放，引导民间资本通过多种方式进入电信业，积极拓宽民间资本的投资渠道和参与范围。加快推进电信法制建设，坚持依法行政，为民间资本参与电信业竞争创造良好的发展环境，工业和信息化部正式发布《工业和信息化部关于鼓励和引导民间资本进一步进入电信业的实施意见》。在此基础上，2013 年 5 月 17 日，工业和信息化部发布了《关于开展移动通信转售业务试点工作的通告》，其附件包含了《移动通信转售业务试点方案》，内地移动通信转售业务试点正式落地。2013 年 12 月 26 日，工业和信息化部向 11 家民营企业发放首批移动通信转售业务试点批文。这些企业即日起获得虚拟运营商牌照，可以开展移动通信业务。这标志着民营资本正式进入电信业。

二 主要内容

该文件其实是党中央、国务院关于鼓励和促进非公有制经济发展相关政策在电信行业的延伸，是相关政策体系的完善和补充。从电信业角度看，相关政策文件主要从《国务院关于鼓励和引导民间投资健康发展的若干意见》到《工业和信息化部关于鼓励和引导民间资本进一步进入电信业的实施意见》和《移动通信转售业务试点方案》。为保证政策的完整性，这里将相关政策一并介绍。

在《国务院关于鼓励和引导民间投资健康发展的若干意见》中，进一步拓宽了民间投资的领域和范围，通过限定政府投资范围、调整国有经济布局和结构、推动医疗和教育等事业领域改革等方式，扩大民间资本的市场空间。具体而言，在基础产业和基础设施领域，提出要鼓励民间资本参与电信建设，鼓励民间资本以参股方式进入基础电信运营市场，支持民间资本开展增值电信业务，加强对电信领域垄断和不正当竞争行为的监管，促进公平竞争，推动资源共享。此外，鼓励和引导民营企业积极参与自主创新、转型升级、国际竞争等，并为民间投资创造良好环境，加强对民间投资的服务、指导和规范管理。

《工业和信息化部关于鼓励和引导民间资本进一步进入电信业的实施意见》针对上述鼓励民间资本进入电信业的要求，结合电信行业特点，提出了具体的实施意见。在指导思想方面，一是拓宽民间资本的投资渠道和参与范围，二是推进电信法制建设，创造良好发展环境。在具体实施方面，要鼓励和引导民间资本进入以下八个重点领域：1.鼓励民间资本开展移动通信转售业务试点；2.鼓励民间资本开展接入网业务试点和用户驻地网业务，促进宽带发展；3.鼓励民间资本开展网络托管业务；4.鼓励民间资本开展增值电信业务；5.鼓励符合条件的民营企业申请通信工程设计、施工、监理、信息网络系统集成、用户管线建设以及通信建设项目招标代理机构等企业资质；6.鼓励民间资本参与基站机房、通信塔等基础设施的投资、建设和运营维护；7.鼓励民间资本以参股方式进入基础电信运营市场；8.鼓励民营电信企业"走出去"，积极参与国际竞争。为推动相关工作的顺利实施，提出了五方面的保障措施：1.推动电信法制建设，完善维护国家安全、用户信息保护、网络与信息安全、规范市场竞争秩序等相关立法；2.加强对电信业的监管制度和能力建设，保护企业和用户的合法权益，培育和维护公平竞争的市场环境；3.完善对民间资本投资电信业的服务；4.加强对民营电信企业"走出去"的支持和服务；5.加强指导和监督。

《移动通信转售业务试点方案》则为民间资本进入电信业提供具体的操作规范，提出了开展移动通信转售业务试点的目标，对移动通信转售业务进行了定义，明确了试点业务的审批条件和程序。同时为保障试点顺利进行，对基础电信业务经营者和参与移动通信转售业务试点的转售企业提出了服务质量、号码资源、批发价格、长期服务保障措施、退出机制、协调仲裁等多项试点保障要求。

三 政策评析

《国务院关于鼓励和引导民间投资健康发展的若干意见》全面贯彻落实党中央、国务院关于鼓励和促进非公有制经济发展的政策措施，紧密结合当前应对国际金融危机的实际需要，在扩大市场准入、推动转型升级、参与国际竞争、创造良好环境、加强服务指导和规范管理等方面系统提出了鼓励和引导民间投资健康发展的政策措施，是改革开放以来国务院出台的第一份专门针对民间投资发展、管理和调控方面的综合性政策文件，既是应对国际金融危机、稳固经济可持续发展的基础的迫切需要，也是坚持和完善社会主义初级阶段基本经济制度、完善社会主义市场经济体制的长久之策。

从长远看，出台《国务院关于鼓励和引导民间投资健康发展的若干意见》，进一步鼓励和引导民间投资健康发展，是坚持和完善社会主义初级阶段基本经济制度、完善社会主义市场经济体制的重要战略任务。党的十六大明确提出，必须毫不动摇地巩固和发展公有制经济，必须毫不动摇地鼓励、支持和引导非公有制经济发展。鼓励和引导民间投资健康发展，有利于坚持和完善以公有制为主体、多种所有制经济共同发展的社会主义初级阶段基本经济制度，以现代产权制度为基础发展混合所有制经济，推动各种所有制经济平等竞争、共同发展。鼓励和引导民间投资健康发展，有利于完善社会主义市场经济体制，充分发挥市场配置资源的基础性作用，建立公平竞争的市场环境。

《工业和信息化部关于鼓励和引导民间资本进一步进入电信业的实施意见》明确了民营资本进入电信行业的重点领域，规范了法规制度等保障措施，为具体实施提供了基础，而《移动通信转售业务试点方案》则明确了具体的操作规程，是实施民营资本进入电信业的具体实施办法。

第七节 《宽带北京行动计划》

一 出台背景

2009—2012 年期间，北京市实施了《北京信息化基础设施提升计划》。最新数据显示，2013 年 3 月底，北京市光纤接入宽带用户已经超过 130 万户，光纤到户覆盖家庭近 500 万户，第三代移动通信系统（3G）累计建设基站约 1.6 万个，实现了全市广泛商用，北京市宽带接入能力已经取得较大提升。但北京市在宽带接入中仍存在的几个问题，主要包括当前宽带接入城乡差距问题较严重，宽带入户"最后一公里"难题等。

为深入贯彻落实党的十八大精神，进一步提升北京市信息化发展水平，加快构建下一代信息基础设施，解决上述各难题，向公众提供方便快捷、安全可靠的高速宽带网络服务，北京市政府按照国家"宽带中国"工程的相关要求，结合《北京市"十二五"时期城市信息化及重大信息基础设施建设规划》，制定了《宽带北京行动计划》（以下简称《行动计划》），确定了"十二五"时期后三年北京信息基础设施建设的整体目标、重点工作和保障措施。

二 主要内容

《行动计划》在政府引导，企业主体，集约建设，重点推进，市区联动，示范带动，以及创新发展，惠及民生的基本原则下，力争2015年年底吸引社会滚动投资800亿元，建设国内领先、国际先进，泛在、融合、智能、可信的下一代信息基础设施，使北京成为全球信息通信枢纽和互联网中心，实现信息基础设施和信息化应用相互促进、宽带信息技术和相关产业互动发展，推动信息消费成为拉动经济增长的新引擎，为推进首都经济结构战略性调整，支撑经济社会发展奠定坚实基础。

《行动计划》要实施七大重大工程：一是光网城市建设工程，要建设覆盖城乡的光纤宽带网络；二是无线城市建设工程，要完善3G+WLAN模式为主的无线城市建设；三是下一代广播电视网络建设工程，完成本市城区有线电视用户下一代广播电视网络改造，加快有线电视双向网络向远郊城镇及农村地区扩展，增加公众享受宽带服务的途径；四是物联网基础设施建设工程，要建成以政务物联数据专网和无线宽带专网为主的物联网基础设施，为本市物联网应用提供统一的数据传输和安全保障服务；五是下一代互联网工程，要加强顶层设计，使得新建信息基础设施支持国际互联网协议第6版（IPv6）；六是三网融合推进工程，要积极争取国家有关部门的支持，实现三网融合试点工作的突破；七是下一代信息基础设施综合示范工程，选择新城等重点功能区和重点产业园区作为综合示范区，率先规划建设下一代信息基础设施。

《行动计划》的实施还需要制定一批重点规划、标准和政策：一是制定信息基础设施管理制度和布局规划；二是完善居住建筑信息基础设施设计和施工验收流程；三是政务部门率先开放办公大楼资源，缓解基站建设难题；四是建立信息基础设施督办机制。

为确保《行动计划》实施目标的顺利完成，提出了六项保障措施：一是加强组织领导和统筹协调，确保各项工作顺利开展；二是争取国家有关部门支持，积极开展试点工作；三是深化双进入工作机制，协调信息基础设施建设难点问题；四是加快推进重大项目实施，做好相关服务工作；五是发挥财政资金导向作用，引导社会投资公平参与；六是加大行政执法力度，创造良好发展环境。

三 政策评析

《行动计划》的实施将进一步缩小城乡互联网接入能力差距。在《行动计划》的目标和重点工程中都对推动城乡宽带覆盖提出明确要求。目标中提出将北京建成城乡一体的光网城市，明确要加快光纤宽带网络建设，实现光纤覆盖全部城镇家庭用户，并不断向农村地区延伸，同时加快下一代广播电视网建设，有线电视双向网向远郊城镇及农村地区扩展。

《行动计划》的实施将切实解决宽带入户"最后一公里"难题。在重点标准、规划和政策中提出要完善居住建筑信息基础设施设计和施工验收流程，明确要求严格执行民用建筑通信及有线广播电视基础设施设计和施工验收的国家和地方标准，完善设计审核及验收流程，实现通信及有线广播电视等信息基础设施与居住建筑主体工程同时设计、同时施工、同时交付使用。北京市经信委相关负责人表示，针对现有的老旧小区将会进行分批改造，先由主管部门牵头制订小区光纤建设的相关要求，制定规划设计、实施建设、验收方面的标准，"小区物业必须得让相关企业进入，并且不能够收取配合费用之外的额外费用"。

此外，《行动计划》的实施还会进一步增强宽带接入对信息消费的拉动作用。《行动计划》目标中明确提出将北京建成高速便捷的宽带城市，实现宽带网络对市民生活、城市运行管理和企业经营的支撑能力显著提高，信息基础设施对信息消费的拉动作用明显增强，公众获取大容量信息更加便捷，在国内率先建成宽带城市。

第八节 《互联网接入服务规范》

一 出台背景

近年来，互联网发展迅速，新技术、新应用层出不穷，已成为生产和生活的重要组成部分。中国互联网络信息中心（CNNIC）发布的第 33 次《中国互联网络发展状况统计报告》显示，截至 2013 年 12 月，中国网民规模达 6.18 亿，互联网普及率为 45.8%，中国手机网民规模达到 5 亿，中国网络购物用户规模达 3.02 亿，使用率达到 48.9%。这说明中国网民规模已经进入平台期，互联网应用逐步深入，发展主题从量变转向质变。但与此同时，互联网新情况新问题逐渐增多，"假宽带"、"天价手机上网费"、"用户信息保护"等问题成为社会关注的焦点。

随着互联网在国家发展中的作用日益突出，互联网接入也受到国家高度重视，"宽带中国战略"、"信息化建设"、"智慧城市"等政策逐步深入人心，需要从多个层面落实上述政策。2013 年 7 月 18 日，为进一步规范互联网接入服务规范，工业和信息化部正式发布了《互联网接入服务规范》，该规范自 2013 年 9 月 1 日起实施。

二 主要内容

《互联网接入服务规范》主要规定了互联网接入服务的服务质量指标和通信质量指标，在电信业务经营者向公众用户提供相关服务时，应遵循本规范。

服务质量指标包含 11 条 19 项指标，其中业务预受理时限、业务开通和移机时限、障碍修复时限、服务变更时限等业务相关项目包含 14 项指标，客服应答时限等客服项目包含 3 项指标，互联网接入服务协议续存时限、计费原始数据保存时限等交易项目包含 2 项指标。用户信息保护、提醒服务项目，以及网络覆盖范围、终端使用手册等相关服务项目没有具体的指标。

通信质量指标包含 8 条 12 项指标，其中有线接入连接建立成功率、有线接入用户接入认证平均响应时间、有线接入速率等有线接入项目包含 4 项指标，无线接入网络可接入率、无线接入连接建立成功率、无线接入用户接入认证平均响应时间、无线接入中断率等无线接入项目包含 7 项指标，互联网接入计费差错率包含 1 项指标。

此外，本规范要求的各项指标均为国家强制执行的最低门限，鼓励企业在此基础上制定更高的企业标准。各项指标值兼顾了移动终端的静止和移动等状态，但剔除了终端质量问题、用户操作不当、自然灾害等非正常情况下可能带来的影响。本规范规定的是用户端到端的全过程质量指标要求，各项指标均在用户侧进行检测。

三 政策评析

《互联网接入服务规范》的推出，明确了互联网接入服务的各项指标，有利于推进互联网接入服务领域的依法行政。通信监管部门在处理互联网接入服务案子或接受用户投诉时，一方面有据可依，更具操作性；另一方面也可以指导企业进一步完善相关管理制度。

《互联网接入服务规范》的推出，有利于指导企业明确互联网接入服务的最低要求和准则，形成良好的经营和服务环境。例如，在接下来的网络建设和网络优化中，企业究竟要投入多少资金、达到什么水平才算达标，根据服务规范来定，避免投入不够或过度投资的问题。

《互联网接入服务规范》的推出，有利于定纷止争，保护用户的合法权益；用户可以根据服务规范衡量企业的服务质量是否达标，从而合理提出投诉请求；对于促进建立依法经营、依法维权的服务环境大有裨益。

第七章 我国互联网接入服务发展目标和主要任务

第一节 我国互联网接入服务发展目标

我国一直非常重视互联网接入工作，国家《"宽带中国"战略与实施方案》、《宽带网络基础设施"十二五"规划》、《宽带北京行动计划》等政策文件中对我国互联网接入的发展给出了较为明确的目标，下面基于相关政策文件整理出我国互联网接入服务未来一段时期的发展目标。

一 近期目标

近期目标为截止到 2015 年应达到的目标，这是我国互联网接入服务的推广普及阶段，主要目标是在继续推进宽带网络提速的同时，加快扩大宽带网络覆盖范围和规模，深化应用普及。国家《"宽带中国"战略与实施方案》中明确指出：到 2015 年，初步建成适应经济社会发展需要的下一代国家信息基础设施。基本实现城市光纤到楼入户、农村宽带进乡入村。城市和农村家庭宽带接入能力基本达到 20Mbps 和 4Mbps，部分发达城市达到100Mbps。宽带应用水平大幅提升，移动互联网广泛渗透。网络与信息安全保障能力明显增强。

在具体工作方面，城市地区加快扩大光纤到户网络覆盖范围和规模，农村地区积极采用无线技术加快宽带网络向行政村延伸，有条件的农村地区推进光纤到村。持续扩大 3G 覆盖范围和深度，推动 TD-LTE 规模商用。继续推进下一代广播电视网建设，进一步扩大下一代广播电视网覆盖范围，加速互联互通。全面优化国家骨干网络。加强光通信、宽带无线通信、下一代互联网、下一代广播电视网、云计算等重点领域新技术研发，在部分重点领域取得原始创新成果。

在具体指标方面，到 2015 年，固定宽带用户超过 2.7 亿户，城市和农村家庭固定宽带普及率分别达到 65% 和 30%。3G/LTE 用户超过 4.5 亿户，用户普及率达到 32.5%。行政村通宽带比例达到 95%。城市家庭宽带接入能力基本达到 20Mbps，部分发达城市达到 100Mbps，农村家庭宽带接入能力达到 4Mbps。3G 网络基本覆盖城乡，LTE 实现规模商用，无线局域网全面实现公共区域热点覆盖，服务质量全面提升。互联网网民规模达到 8.5 亿，应用能力和服务水平显著提高。全国有线电视网络互联互通平台覆盖有线电视网络用户比例达到 80%。互联网骨干网间互通质量、互联网服务提供商接入带宽和质量满足业务发展需求。在宽带无线通信、云计算等重点领域掌握一批拥有自主知识产权的核心关键技术。宽带技术标准体系逐步完善，国际标准话语权明显提高。

二 远期目标

远期目标为截止到 2020 年应达到的目标，这是我国互联网接入服务的优化升级阶段（2016—2020 年），主要目标是推进宽带网络优化和技术演进升级，宽带网络服务质量、应用水平和宽带产业支撑能力达到世界先进水平。国家《"宽带中国"战略与实施方案》中明确指出：到 2020 年，我国宽带网络基础设施发展水平与发达国家之间的差距大幅缩小，国民充分享受宽带带来的经济增长、服务便利和发展机遇。宽带应用深度融入生产生活，移动互联网全面普及。技术创新和产业竞争力达到国际先进水平，形成较为健全的网络与信息安全保障体系。

在具体指标方面，到 2020 年，基本建成覆盖城乡、服务便捷、高速畅通、技术先进的宽带网络基础设施。固定宽带用户达到 4 亿户，家庭普及率达到 70%，光纤网络覆盖城市家庭。3G/LTE 用户超过 12 亿户，用户普及率达到 85%。行政村通宽带比例超过 98%，并采用多种技术方式向有条件的自然村延伸。城市和农村家庭宽带接入能力分别达到 50Mbps 和 12Mbps，

50%的城市家庭用户达到100Mbps，发达城市部分家庭用户可达1Gbps，LTE基本覆盖城乡。互联网网民规模达到11亿，宽带应用服务水平和应用能力大幅提升。全国有线电视网络互联互通平台覆盖有线电视网络用户比例超过95%。全面突破制约宽带产业发展的高端基础产业瓶颈，宽带技术研发达到国际先进水平，建成结构完善、具有国际竞争力的宽带产业链，形成一批世界领先的创新型企业。中国互联网接入指标各阶段发展目标如表7—1所示。

表7—1　　　　　　　中国互联网接入指标各阶段发展目标

类别	指标	2013年	2015年	2020年
1. 宽带用户规模（亿户）	固定宽带接入用户	2.1	2.7	4.0
	其中：光纤到户（FTTH）用户	0.3	0.7	——
	其中：城市宽带用户	1.6	2.0	——
	农村宽带用户	0.5	0.7	——
	3G/LTE用户	3.3	4.5	12
2. 宽带普及水平	固定宽带家庭普及率	40%	50%	70%
	其中：城市家庭普及率	55%	65%	——
	农村家庭普及率	20%	30%	——
	3G/LTE用户普及率	25%	32.5%	85%
3. 宽带网络能力	城市宽带接入能力（Mbps）	20（80%用户）	20	50
	其中：发达城市		100（部分城市）	1000（部分用户）
	农村宽带接入能力（Mbps）	4（85%用户）	4	12
	大型企事业单位接入带宽（Mbps）		大于100	大于1000
	互联网国际出口带宽（Gbps）	2500	6500	——
	FTTH覆盖家庭（亿个）	1.3	2.0	3.0
	3G/LTE基站规模（万个）	95	120	——
	行政村通宽带比例	90%	95%	＞98%
	全国有线电视网络互联互通平台覆盖有线电视网络用户比例	60%	80%	＞95%
4. 宽带信息应用	网民数量（亿人）	7.0	8.5	11.0
	其中：农村网民	1.8	2.0	——
	互联网数据量（网页总字节，太字节）	7800	15000	——
	电子商务交易额（万亿元）	10	18	——

第二节 我国互联网接入服务发展主要任务

从互联网接入服务角度看，主要任务应分为以下五个方面：一是基础设施建设，二是接入能力建设，三是扩大覆盖范围，四是改善应用环境，五是平衡区域差距。本节综合了国家《"宽带中国"战略与实施方案》、《宽带网络基础设施"十二五"规划》等政策文件的主要工作，并将其纳入到我国互联网接入服务发展的五方面任务中。

一 完善互联网接入基础设施建设

在互联网接入基础设施建设方面，主要包括三方面工作：一是优化城域网和骨干网，逐步完善国际通信网，继续推进向下一代互联网的演进；二是加快宽带网络优化升级，从骨干网、接入网和城域网，以及应用基础设施等方面入手，实现整体优化升级；三是加强宽带业务引领和基础产业支撑，推进宽带业务融合创新，加强宽带核心技术研发。

1. 优化城域网和骨干网

优化宽带城域网。加快 IP 城域网扁平化改造，提高多业务承载能力。优化城域传输网络结构，进一步部署大容量 DWDM 系统，满足宽带业务的传输承载需求。稳步推进城域传输网的智能化升级改造，实现灵活的资源配置和调度。

改造宽带骨干网。逐步进行城域网上联骨干网的扁平化改造，增加骨干网核心节点数量，构建网状网的骨干网络。合理布局骨干直联点，推动本地直联试点，逐步改长途互联方式为本地互联，减少网络间流量绕转。优化干线传输网络建设，合理引入超大容量波分系统，逐步向网状网拓扑演进。

完善国际通信网。加强国际通信网络能力建设，优化网络布局。增加国际海缆、陆缆出口方向和容量，提升互联网国际出口带宽，加快部署海外 POP 点。加强国际通信网络安全保障，提高国际业务安全可靠性。

推进下一代互联网的演进。加快骨干网、城域网、接入网、互联网数据中心、支撑系统的 IPv6 升级改造，提升网络功能和性能。支持重点网络、网站、域名服务器改造。

2. 加快宽带网络优化升级

在骨干网方面，加快互联网骨干节点升级，推进下一代广播电视网宽带骨干网建设，提升网络流量疏通能力，全面支持 IPv6。优化互联网骨干网间互联架构，扩容网间带宽，保障连接性能。增加国际海陆缆通达方向，完善国际业务节点布局，提升国际互联带宽和流量转接能力。升级国家骨干传输网，提升业务承载能力，增强网络安全可靠性。

在接入网和城域网方面，积极利用各类社会资本，统筹有线、无线技术加快宽带接入网建设。以多种方式推进光纤向用户端延伸，加快下一代广播电视网宽带接入网络的建设，逐步建成以光纤为主、同轴电缆和双绞线等接入资源有效利用的固定宽带接入网络。加大无线宽带网络建设力度，扩大 3G 网络覆盖范围，提高覆盖质量，协调推进 TD–LTE 商用发展，加快无线局域网重要公共区域热点覆盖，加快推进地面广播电视数字化进程。推进城域网优化和扩容。加快接入网、城域网 IPv6 升级改造。规划用地红线内的通信管道等通信设施与住宅区、住宅建筑同步建设，并预先铺设入户光纤，预留设备间，所需投资纳入相应建设项目概算。探索宽带基础设施共建共享的合作新模式。

在应用基础设施方面，筹备互联网数据中心建设，利用云计算和绿色节能技术进行升级改造，提高能效和集约化水平。扩大内容分发网络容量和覆盖范围，提升服务能力和安全管理水平。增加网站接入带宽，优化空间布局，实现互联网信息源高速接入。同步推动政府、学校、企事业单位外网网站系统及商业网站系统的 IPv6 升级改造。

3. 加强宽带业务引领和基础产业支撑

推进宽带业务融合创新。结合移动互联网、物联网、三网融合、云计算等新兴领域，加快发展适应用户需求的各类宽带业务。创新宽带业务商业模式，发展壮大电子商务、数字音乐、移动支付、定位服务等应用。鼓励企业在日常工作和生产流程中的宽带应用，促进学校、社区、医疗卫生机构等领域的宽带普及。

加强宽带核心技术研发。推动芯片、器件、光纤光缆、设备等相关企业加强产品研发能力，在高端芯片、核心器件、关键技术等环节实现突破，完善光纤宽带网络、无线移动宽带网络和下一代互联网等领域产业链，提升企业的市场竞争力。积极参与国际标准制定，力争在关键领域取得重大进展。

二 加强互联网接入能力建设

在互联网接入能力建设方面，主要包括四方面工作：一是提升宽带接入能力，实现有线宽带接入提速和覆盖提升，并统筹 3G、WLAN、LTE 等无线移动宽带网络协调发展；二是加强高性能宽带技术、产品与系统研发，支撑基础产业发展；三是促进宽带网络产业链不断完善，加强关键技术研发，支持重大产品产业化和支撑平台建设；四是加强宽带设备系统的技术标准研制、产品研发与产业化。

1. 提升宽带接入能力

有线宽带接入提速和覆盖提升。以光纤尽量靠近用户为原则，加快光纤宽带接入网络部署。城市新建区域以 FTTH 模式为主建设光纤宽带接入网络，已建区域灵活选择光纤宽带接入方式加快实施接入网络"光进铜退"，支撑宽带业务和三网融合的发展需要。大力推进学校、政府机构、医疗卫生机构、科技园区、商务楼宇、宾馆酒店等公益性和商务类场所的光纤宽带接入，逐步实现光纤到楼。综合运用多种技术手段，扩大宽带网络在农村地区覆盖，大力推进光纤到行政村，提升行政村通宽带、通光缆比例。

统筹 3G、WLAN、LTE 等无线移动宽带网络协调发展。稳步推进"宽带无线城市"建设，有效提升城市信息化水平。扩大 3G 网络覆盖范围和覆盖深度，重点推进 3G 网络向乡镇、行政村延伸，提升网络质量。推进WLAN 在热点地区和公共场所覆盖，提高热点地区大流量移动数据业务的承载能力。积极开展 LTE 商用，推动移动通信网络的升级。加强宽带卫星通信系统建设，提升应急通信能力和偏远地区的宽带接入能力。

2. 加强高性能宽带技术、产品与系统研发，支撑基础产业发展

综合利用各项资金支持政策，加大对高性能宽带设备和系统的技术标

准研制、产品研发与产业化支持力度。支持企业研发生产低功耗产品，加快高耗能宽带网络设备的升级和节能化改造。支持企业研发自主品牌移动智能终端操作系统并推广应用。推动 FTTH ONU 设备接口标准的开放，降低成本，提高产业化规模。推动宽带相关产品的产业化和在国内宽带网络建设中的应用。

3. 促进宽带网络产业链不断完善

关键技术研发。推进实施新一代宽带无线移动通信网、下一代互联网等专项和 863 计划、科技支撑计划等。加强更高速光纤宽带接入、超高速大容量光传输、超大容量路由交换、数字家庭、大规模资源管理调度和数据处理、新一代万维网（Web）、新型人机交互、绿色节能、量子通信等领域关键技术研发，着力突破宽带网络关键核心技术，加速形成自主知识产权。进一步完善宽带网络标准体系，积极参与相关国际标准和规范的研究制定。

重大产品产业化。在光通信、新一代移动通信、下一代互联网、下一代广播电视网、移动互联网、云计算、数字家庭等重点领域，加大对关键设备核心芯片、高端光电子器件、操作系统等高端产品研发及产业化的支持力度。支持宽带网络核心设备研制、产业化及示范应用，着力突破产业瓶颈，提升自主发展能力。鼓励组建重点领域技术产业联盟，完善产业链上下游协作，推动产业协同创新。

智能终端研制。充分发挥无线和有线宽带网络能力，面向教育、医疗卫生、交通、家居、节能环保、公共安全等重点领域，积极发展物美价廉的移动终端、互联网电视、平板电脑等多种形态的上网终端产品。推动移动互联网操作系统、核心芯片、关键器件等的研发创新。加快 3G、TD-LTE 及其他技术制式的多模智能终端研发与推广应用。

支撑平台建设。充分整合现有资源，在宽带网络相关技术领域，推动国家工程中心、实验室等产业创新能力平台建设。研究制定宽带网络发展评测指标体系，构建覆盖全国的宽带网络信息测试与采集系统，实现宽带网络性能常态化监测。

4. 加强宽带设备系统的技术标准研制、产品研发与产业化

着力加大自主创新力度，促进科技成果转化；加快制定宽带普及提速急

需的宽带技术、设备、服务、质量等标准；支持节能高效、高性价比的宽带网络设备与系统的研发与产业化，不断提高设备与系统的性能；研发与推广适用于中小企业、学校、社区和家庭的高性能及具有融合功能的宽带接入产品。尤其要重视、支持研发与推广适用于贫困地区、弱势群体的宽带接入产品。

三　拓宽互联网接入覆盖范围

在拓宽互联网接入覆盖范围方面，主要包括四方面工作：一是加快城市光纤宽带网络发展，深化无线宽带网络覆盖；二是利用多种技术方式，拓展农村宽带网络覆盖；三是推动农村中小学宽带接入，共享宽带发展成果；四是加快农村宽带网络建设，推动农村宽带入乡进村。

1. 加快城市光纤宽带网络发展，深化无线宽带网络覆盖

全面贯彻落实《住宅区和住宅建筑内光纤到户通信设施工程设计规范》和《住宅区和住宅建筑内光纤到户通信设施工程施工及验收规范》两项光纤到户国家标准，继续加大城市老旧小区光纤网络成片改造力度，进一步提升城市宽带接入能力和城域网传输交换能力。进一步深化城市 3G 和 WLAN 网络覆盖，积极开展 TD-LTE 扩大规模试验，推进 IPv6 商用试点部署。

加速城市光纤宽带网络发展，推动光纤到楼入户。以光纤尽量靠近用户为原则，加快光纤宽带接入网络部署，全面提升宽带接入能力，同步提升骨干网传输和交换能力，提高骨干网间互联互通水平，提升网络信息安全保障能力，改善网络服务质量。推进政府机构、医疗卫生机构、科技园区、商务楼宇、宾馆酒店等单位和场所的光纤宽带接入。

2. 利用多种技术方式，拓展农村宽带网络覆盖

结合"村村通电话"工程，针对当地的具体情况，灵活选择有线、无线技术，持续推进农村地区宽带网络建设，全面提升农村地区信息基础设施水平。

3. 推动农村中小学宽带接入，共享宽带发展成果

加大信息助教力度，启动实施"宽带网络校校通"工程，全面推动中小学校宽带接入。由教育部牵头，推动各地采取与基础电信企业合作等多

种方式，为 10 万所农村中小学校接入宽带网络，提升农村地区中小学校的网络接入能力和普及水平。其中，工业和信息化部与教育部合作，重点为 5000 所贫困农村地区中小学实现宽带接入或改造提速。

4. 加快农村宽带网络建设，推动农村宽带入乡进村

重点扶持老少边穷地区宽带接入网络建设，改善贫困地区学校的宽带网络接入条件。加强涉农信息平台、扶贫信息平台建设，开发直接与农村、农民、农业发展、扶贫开发紧密契合的宽带信息服务。

四 发展互联网接入应用环境

在发展互联网接入应用环境方面，主要包括五方面工作：一是提高宽带网络应用水平，促进经济发展、社会民生、文化建设、国际建设、应用普及等方面的宽带网络应用；二是发展宽带应用基础设施，其中涵盖互联网数据中心、内容分发网络、业务平台和涉农信息平台等内容；三是推进下一代互联网规模商用和前沿性布局，具体包括 IPv6 网络和三网融合等内容；四是增强网络性能，改善用户上网体验；五是推广应用创新示范，促进宽带应用水平提升。

1. 提高宽带网络应用水平

经济发展。不断拓展和深化宽带在生产经营中的应用，加快企业宽带联网和基于网络的流程再造与业务创新，利用信息技术改造提升传统产业，实现网络化、智能化、集约化、绿色化发展，促进产业优化升级。不断创新宽带应用模式，培育新市场新业态，加快电子商务、现代物流、网络金融等现代服务业发展，壮大云计算、物联网、移动互联网、智能终端等新一代信息技术产业。行业专用通信要充分利用公众网络资源，满足宽带化发展需求，逐步减少专用通信网数量。

社会民生。着力深化宽带网络在教育、医疗、就业、社保等民生领域的应用。加快学校宽带网络覆盖，积极发展在线教育，实现优质教育资源共享。推动医疗卫生机构宽带联网，加速发展远程医疗和网络化医疗应用，促进医疗服务均等化。加快就业和社会保障信息服务体系建设，实现管理服务的全覆盖，推进社会保障卡应用，加快跨区域就业和社会保障信息互联互通。加

强对信息化基础薄弱地区和特殊群体的宽带网络覆盖和服务支撑。

文化建设。加快文化馆（站）、图书馆、博物馆等公益性文化机构和重大文化工程的宽带联网，优化公共文化信息服务体系，大力发展公共数字文化。提升宽带网络对文化事业和文化创意产业的支撑能力，促进宽带网络和文化发展融合，发展数字文化产业等新型文化业态，增强文化传播能力，提高公共文化服务效能和文化产业规模化、集约化水平，推动文化大发展大繁荣。

国防建设。依托公众网络增强军用网络设施的安全可靠、应急响应和动态恢复能力。利用关键技术研发成果，提升军用网络的技术水平和能力。为军队遂行日常战备、训练演习和非战争军事行动适当预置接入和信道资源。完善公众网络和军用网络资源共享共用、应急组织调度的领导机制和联动工作机制。

应用普及。大力推进信息技术在教育教学中的应用，推进优质教育资源普遍共享，加强网络文明与网络安全教育，引导学生形成良好的用网习惯和正确的网络世界观。设立农村公共宽带互联网服务中心，开展宽带上网及应用技能培训。面向中小企业开展宽带应用技能培训及电子商务、网上营销等指导，鼓励企业利用宽带开展业务和商业模式创新。研发推广特殊人群专用信息终端和应用工具。

2. 发展宽带应用基础设施

统筹互联网数据中心布局。综合考虑能源、地理、网络等基础条件，统筹规划、优化布局互联网数据中心，提升数据计算、存储和智能处理能力，支持建设公共云计算服务平台。

加快内容分发网络部署。按照分层、分域的原则，扩大内容分发网络覆盖范围，提升网络容量，全面提高视频等高带宽业务的服务质量。

加强业务平台建设。逐步建设成分层、开放的业务网络体系架构，形成统一门户展现、统一数据管理、提供全方位业务融合能力的业务平台，全面提升业务扩展能力和运营能力，加强移动互联网、三网融合、物联网等业务平台建设。

加强涉农信息平台建设。完善农村信息化业务平台，深度开发各类涉农信息资源，推进信息技术在农业生产经营、农民教育培训、农村管理和服务、农村社会事业等方面的应用。

3. 推进下一代互联网规模商用和前沿性布局

加快部署下一代互联网，抓紧开展 IPv6 商用试点，适时推动 IPv6 大规模部署和商用，推进国际互联网协议第 4 版（IPv4）向 IPv6 的网络演进、业务迁移与商业运营。完善互联网国家顶层网络架构，升级骨干网络，实现高速度高质量互联互通。重点研发下一代互联网关键芯片、设备、软件和系统，推动产业化步伐。加快未来网络体系架构关键理论和核心技术的研发，加强战略布局，建设面向未来互联网创新发展的示范平台。

总结试点经验，在确保信息和文化安全的前提下，大力推进三网融合，推动广电、电信业务双向进入，加快网络升级改造和资源共享，加强资源开发、信息技术和业务创新，大力发展融合型业务，培育壮大三网融合相关产业和市场。加快相关法律法规和标准体系建设，健全适应三网融合的体制机制，完善可管、可控的网络信息和文化安全保障体系。

4. 增强网络性能，改善用户上网体验

加大骨干网网间互联带宽扩容力度，优化网间互联架构，推动在西部地区增设互联点。鼓励互联网企业积极参与专项行动，采取优化网站设计、部署内容分发网络（CDN）、增加网站接入带宽等措施，提升网站和应用的服务能力。

5. 推广应用创新示范，促进宽带应用水平提升

大力推广教育、健康医疗、交通旅游、食品溯源、安全生产等领域宽带应用的普及。

鼓励互联网企业积极参与提速工程，采取优化网站设计、部署内容分发网络、增加网站接入带宽、改善互联网数据中心（IDC）网络与服务条件等措施，提升网站服务能力和水平。

积极探索建立跨行业宽带应用创新和普及的工作机制，在生产、安全、金融、社会服务、农业、医疗、教育、扶贫等领域开展行业特色宽带业务，推动商业模式创新；积极推动移动互联网、物联网、云计算、下一代互联网业务发展，认真做好"三网融合"试点工作，大力发展基于宽带的信息服

务、电子商务和文化创意产业；鼓励建立宽带应用创新示范基地。

五　优化互联网接入分布

在发展互联网接入应用环境方面，主要包括两方面工作：一是推进区域宽带网络协调发展，明确东部地区、中西部地区和农村地区的发展重点；二是改善公益机构与低收入群体的宽带接入条件，推动宽带成果的普遍惠及。

1. 推进区域宽带网络协调发展

东部地区。支持东部地区先行先试开展网络升级和应用创新。积极利用光纤和新一代移动通信技术、下一代广播电视网技术，全面提升宽带网络速度与性能，着力缩小与发达国家差距；加快部署基于IPv6的下一代互联网；鼓励东部地区结合本地经济社会发展需要，积极开展区域试点示范，创新宽带应用服务，培育发展新业务、新业态。

中西部地区。给予政策倾斜，支持中西部地区宽带网络建设，增加光缆路由，提升骨干网络容量，扩大接入网络覆盖范围，与东部地区同步部署应用新一代移动通信技术、下一代广播电视网技术和下一代互联网。加快中西部地区信息内容和网站的建设，推进具有民族特色的信息资源开发和宽带应用服务。创造有利环境，引导大型云计算数据中心落户中西部条件适宜的地区。

农村地区。将宽带纳入电信普遍服务范围，重点解决宽带村村通问题。因地制宜采用光纤、铜线、同轴电缆、3G/LTE、微波、卫星等多种技术手段加快宽带网络从乡镇向行政村、自然村延伸。在人口较为密集的农村地区，积极推动光纤等有线方式到村。在人口较为稀少、分散的农村地区，灵活采用各类无线技术实现宽带网络覆盖。加快研发和推广适合农民需求的低成本智能终端。加强各类涉农信息资源的深度开发，完善农村信息化业务平台和服务中心，提高综合网络信息服务水平。

2. 改善公益机构与低收入群体的宽带接入条件，推动宽带成果的普遍惠及

积极创造有利于公益机构、低收入群体宽带接入的建设环境和基础设施条件，大力推动中小学、图书馆、卫生服务站、社区服务站等公益机构，

以及盲聋哑残障等特殊教育机构的宽带网络接入能力，鼓励各地在保障性住房小区建设社区宽带服务中心。

第三节 我国互联网接入服务发展重点工程

本节综合了国家《"宽带中国"战略与实施方案》、《宽带网络基础设施"十二五"规划》等政策文件的重点工程，主要介绍支持我国互联网接入服务发展的重点工程，主要包括："宽带中国"工程、"城市宽带提速计划"、"农村宽带普及计划"、"农村校通宽带计划"、"应用创新推广计划"、"宽带体验提升计划"、"宽带产品研发计划"等。

一 光纤宽带网络推进工程

干线网：丰富干线光缆路由，增加西部地区光缆路由密度。有步骤进行老化光缆替换，逐步将宽带网络通信系统调整到新建光缆上。优化和完善波分复用网络，以 40Gbps DWDM 技术为主，根据技术成熟度和业务发展需要引入 100Gbps DWDM 系统，提升全国干线传输网络容量。

城域网：优化城域光缆网络，加大光缆网覆盖范围，提升网络调度灵活性，构建结构清晰、扩展性强、灵活高效的城域光纤网络。大中型城域网规模建设 10G/40Gbps OTN，并逐步向汇聚层面延伸，扩充城域传输网络容量，提升传输电路灵活调度能力和多业务承载能力。

接入网：以 FTTH 方式为主部署城市宽带网络，城市新建住宅光纤入户率达到 60% 以上，城市已建区域加快"光进铜退"，铜缆距离争取缩小到 0.5 公里以内。重点在东中部主要城市和西部省会城市推进"城市光网"工程，新建住宅小区全面实施光纤入户，重点企事业单位基本实现光纤到楼。积极引入 10Gbps PON 技术，实现城区家庭互联网平均接入带宽达到 100Mbps，商务楼宇实现千兆到楼。

根据地理和用户分布情况推进农村地区光纤宽带接入网建设，铜缆距离争取缩小到 2 公里以内。重点实施西部农村"宽带网络提升"工程，基本完成乡镇 1 公里以上、行政村和有条件的自然村 2 公里以上的铜缆网络改造。结合农村城镇化发展，推进农村地区光纤入户网络建设。

二 无线移动宽带网络推进工程

移动通信网络：加快 3G 网络在城市的深度覆盖，向所有具备条件的乡镇、行政村延伸，全面提升机场、高速公路、铁路等交通线路、旅游景点的覆盖水平。统筹推进 3G 和 LTE 协调发展，营造有利于 TD–LTE 健康发展的良好环境。

WLAN 网络：网络建设坚持室内覆盖为主、室外覆盖为辅的原则。以需求为导向，精确建网，形成 WLAN 热点规模覆盖。合理选择 WLAN 网络架构，方便用户接入，简化认证方式，促进 WLAN 用户和业务的快速发展。创新 WLAN 建设以及商业运营模式，积极推进 WLAN 共建共享。

宽带卫星通信：提升宽带卫星通信地位，加快构建经济、安全、可靠的宽带卫星通信基础设施，发挥宽带卫星通信在应急通信和偏远地区通信中的优势。

宽带无线城市：重点在东中部发达城市和西部省会城市构建"宽带无线城市"，在条件成熟的地区积极推进无线城市群的试点和建设。3G、WLAN以及 LTE 相结合，构建无所不在的宽带无线网络，实现城区高速、便捷的宽带无线接入。

三 下一代互联网推进工程

推进互联网向 IPv6 演进，在同步考虑网络与信息安全的前提下加快 IPv6 商用部署，在东部地区、中西部中心城市以及部分行业率先建成 IPv6 商用网络。加快互联网骨干网、城域网、接入网和支撑系统的 IPv6 改造进程，推动政府、学校和企事业单位网站系统及商用网站系统的 IPv6 升级改造。以移动互联网、物联网和云计算等为重点，积极开展下一代互联网在教育、农业、工业、医疗、交通、环保等重点领域的行业应用。推进现有业务逐步向 IPv6 网络迁移。积极推动固定终端和移动智能终端支持 IPv6。在网络中全面部署 IPv6 安全防护系统。

四 "宽带乡村"工程

根据农村经济发展水平和地理自然条件，灵活选择接入技术，分类分阶段推进宽带网络向行政村和有条件的自然村延伸。较发达地区在完成行政村通宽带的基础上推进光纤到行政村、宽带到自然村；欠发达地区重点解决行政村宽带覆盖。对建设成本过高的边远地区、山区以及海岛等，可以采用移动、卫星等无线宽带技术解决信息孤岛问题；对幅员宽广、居住分散的牧区，推进无线宽带覆盖；对新规划建设的成片新农村、农牧民安居工程，积极推进光纤到楼和光纤到户建设。

五 宽带网络优化提速工程

工程光纤城市建设。支持城市新建区域以光纤到户方式为主部署宽带网络，已建区域采用多种方式加快"光进铜退"改造，推进政府、学校、医疗卫生、科技园区、商务楼宇、宾馆酒店等单位的光纤宽带接入部署，提高接入速率。

无线宽带网络建设。支持城市地区以 3G/LTE 网络为主，辅以无线局域网建设无线宽带城市，持续扩大农村地区无线宽带网络的覆盖范围，加大高速公路、高速铁路的无线网络优化力度。

下一代广播电视宽带网建设。采用超高速智能光纤和同轴光缆传输技术建设下一代广播电视宽带网，通过光纤到小区、光纤到自然村、光纤到楼等方式，结合同轴电缆入户，充分利用广播电视网海量下行带宽、室内多信息点分布的优势，满足不同用户对弹性接入带宽的需要，加快实现宽带网络优化提速，促进宽带普及。

互联网骨干网优化。推进网络结构扁平化，扩展骨干链路带宽，提升承载能力。优化骨干网间直联点布局，探索交换中心发展模式，加强对网间互联质量和交换中心的监测，保障骨干网间互联质量，提高互联网服务提供商的接入速度。

骨干传输网优化。适度超前建设超高速大容量光传输系统，持续提升骨干传输网络容量。适时引入和推广智能光传输网技术，提高资源调度的智能化水平。加强西部地区光缆路由密度，推进光缆网向格状网演进，提高国家干线网络安全性能。

六 "三网融合"推进工程

根据各地具体情况，循序渐进地制定体现地方特点的"三网融合"推进模式、监管体制和法律法规，对网络与技术兼容互通、业务上允许双向进入、网络和节目内容的监管方式做出有利于促进"三网融合"的调整。

积极搭建"三网融合"公共服务平台，重点推进综合业务运营支撑软件平台、云计算服务平台、IPTV 集成播控平台和网络信息安全技术管控平台、互联网视听节目监管平台等平台的建设，促进业务融合，为各运营商相互准入、对等开放、公平竞争提供平台支撑。

加强"三网融合"技术、业务应用和商业模式创新，积极稳妥地推进"三网融合"的业务发展，着力解决终端融合、信息内容服务融合中的技术、管理等问题。

深入拓展交互式网络电视（IPTV）、手机电视和基于有线电视网络的互联网接入、互联网数据传送增值、国内 IP 电话等三网融合业务，加快发展 IPTV 用户和通过有线电视网络接入互联网的用户。在郊区县开展有线电视网、电信网和互联网网络融合试点。

七 宽带服务普惠工程

加快推进宽带网络在基本公共服务体系中的深入应用，加大对阳光政务、电子政务的保障支撑，助力各级政府提升社会管理与公共服务能力；大力推进宽带技术在教育、医疗、社会保障、社区服务等社会公共服务领域的应用，重点打造宽带教育网络和教育公共信息服务平台，推进网络化终身教育体系发展。推进公共卫生信息网络与系统建设，推进网上远程医疗，拓展优质医疗资源的覆盖范围和受益面；以宽带网络平台、语音呼叫系统平台和平面媒体等为载体，构建具有区域特色、基层特点的农村综合信息服务平台和社区综合信息服务平台，面向农村、社区居民提供基于宽带的属地化的普遍服务；整合政府部门、基层公民自治组织、农村和社区服务提供商、金融机构和物业管理公司等各方资源，形成综合信息服务体系。

八 宽带产业链培育工程

光纤宽带接入核心设备研制与示范。突破大容量、高带宽、长距离的新一代光纤接入网关键技术，研制光接入网设备核心器件芯片，推动智能光分配网络和海量数据管理系统的成熟与产业化，开发测试平台，开展示范应用。

骨干光传输和路由交换设备研制和试点。研制下一代光网络体系架构、超高速波分复用传输和智能组网、分组光传送网、高精度时间同步、超大容量路由交换等核心设备，突破相关核心芯片和高端光电器件技术，实现产业化。完善相关国际国内标准，开展技术试验和试点应用。

宽带接入智能终端研发和产业化。面向智能手机、智能电视、智能机顶盒、平板电脑等多类型终端和数字家庭网关，组织开展自主操作系统和配套应用的规模商用。突破智能终端处理器芯片、新一代 Web、多模态人机交互、多模智能终端和多屏智能切换等关键技术。

积极实施宽带网络创新引领战略，以知识创新、技术创新带动宽带网络产业创新发展为着力点，面向国内外市场和社会发展重大需求，加快推动宽带网络关键技术、核心部件和成套设备整体创新，加快发展宽带网络制造业；积极实施宽带产业集群建设工程，结合现有各类开发区、工业园区和产业集群的基础和优势，大力发展基于宽带网络环境的数字内容服务业；加快数字广播电视行业的集成创新，建立合理的广播电视内容产业和"三网融合"业务支撑体系，加快发展影视动漫、游戏、新媒体等新型数字广播电视产业；建设全国创意设计基地，构建相对完整的创意创作、生产制作和拓展运营产业链，提升创意设计产业的核心竞争力。

第八章　促进我国互联网接入服务
健康发展的措施建议

第一节　加强工作体制机制建设，建立运转顺畅、协调有力、分工合理、责任明确的互联网接入管理体制

互联网接入服务涉及多个政府监管部门、众多不同类型的互联网接入服务提供商以及数量众多的互联网用户。互联网接入基础设施建设、接入服务定价、质量监督、性能测评、纠纷解决等分别归口不同的政府管理部门；不同互联网接入服务提供商之间的互联互通、资源共享直接关系互联网用户的服务体验；不同的互联网用户对互联网接入服务的要求各不相同，个性化、定制化的互联网接入服务具有良好的发展前景。为促进互联网接入服务市场健康有序发展，各方应明确各自的责任与义务。重点应做好以下几方面工作：

一是政府应尽快建立互联网接入服务管理体制，建立各部门间的协调机制，加强对互联网服务提供商的监督，加强对互联网接入服务质量的长期监察，推动互联网接入服务健康有序发展。

二是互联网接入提供商应降低各自网络基础设施之间的通信壁垒，提升互联网互通质量，加强资源共享，共建融合的、泛在的、高速的互联网接入服务网络。

三是互联网用户应加强安全意识和法律意识，提高对互联网接入服务的认识，督促互联网接入服务提供商提高服务质量。

四是建立部门间协调机制，推动"三网融合"等重点工作，带动互联

网接入的快速发展。2014年政府工作报告中明确提出"推进三网融合"，应建立部门间协调机制，破开部门利益壁垒，加大协调力度，推动多种接入方式的融合发展。

第二节　加大政府资金投入力度，支持技术创新和促进农村地区互联网接入

互联网接入发展不仅仅是一个产业问题，也涉及社会和经济发展，促进互联网接入发展需要整个社会的努力。应明确互联网接入的战略意义，制定国家推进计划加强政策引导，加大政府资金投入。重点应做好以下几方面工作：

一是制定宽带普及计划和宽带建设计划，支持互联网接入基础设施建设，尽快扩大边远地区的互联网覆盖率。互联网基础设施是互联网运营的基础，具有一定的公益性质，国家应对此提供资金支持。我国互联网使用地区和人员差异明显，一方面应加大对边远地区基础设施建设的倾斜，另一方面应举办数字扫盲培训和宣传活动，以提高人们对互联网的认知。具体形式包括：为基础设施承办单位提供贷款贴息、补贴或税款减免。

二是建立宽带维护基金。目前我国对互联网基础设施的资金扶助主要集中在基础设施建设上，缺乏后续的配套维护资金。这导致许多新建基础设施由于缺乏维护费用，使用寿命短、服务质量差。建立专门的宽带维护基金，对互联网基础设施进行日常维护，以保障互联网基础设施的连通性，提高互联网接入服务质量。

三是加大资金投入支持宽带应用。互联网创新应用是互联网的生命力所在。随着互联网的快速发展，医疗、教育、清洁能源、先进制造、交通、安全等战略领域必将向互联网迁移。一方面，应鼓励企业抓住机遇，研发创新性互联网应用，抢占蓝海；另一方面，应注重重点领域向互联网迁移过程中的信息安全问题，防范互联网威胁向现实空间的扩散。

四是加大投入，支持互联网接入技术创新。互联网接入是互联网运转

的基础，也是互联网用户使用互联网的核心。

目前，随着移动互联网的快速发展，移动接入等新兴互联网接入技术层出不穷。应加大对互联网接入技术的资金支持力度，重点研发光纤接入、超级 WiFi、移动接入等新兴互联网接入技术，以提高互联网接入的稳定性和接入速度。

五是加大对个人互联网消费的支持力度。制定个人互联网消费补贴政策，为低收入家庭使用宽带提供补贴，为学校等公益性组织提供免费接入服务。

第三节　打破垄断，加强政策引导，促进民营资本进入互联网接入服务市场

"宽带不宽"、"资费偏高"一直掣肘我国互联网行业发展，也成为行业内备受诟病的焦点。互联网接入服务市场的长期垄断正是造成上述现象的主要原因之一。互联网接入市场，关系到我们整个互联网的发展和人们的日常生活，不能放任这种垄断格局进一步深化。应尽快打破我国互联网接入市场的垄断现状，为民营资本进入创造有利条件，促进竞争，激发创新能力，提高服务质量，用市场的手段促进互联网接入市场的健康有序发展。重点应做好以下几方面工作：

一是加强对大型互联网接入企业的监管。由于历史原因，我国互联网接入基础设施多控制于少数几家大型互联网接入企业。应加强监管，一方面防范大型互联网接入企业凭借基础设施操纵互联网接入服务价格，另一方面防范大型互联网接入企业对中小型企业进行打压。

二是对骨干网网间接入进行规范。互联网基础设施具有公益性，为促进互联网接入企业的市场化进程，应对骨干网接入进行规范，一方面消除中小型企业接入骨干网的障碍，另一方面降低网间数据交换费用，促进互联网互通，提高互联网接入服务质量。

三是加大对民营资本进入互联网接入市场的支持力度。一方面，通过

税收优惠、政策性贷款、消费补贴等方式对中小型企业或民营宽带网络予以激励，为互联网用户提供更多选择，运用市场竞争的手段提高互联网接入服务质量。另一方面，将"虚拟运营商"等已有政策的支持范围拓展至互联网接入领域，推动互联网基础设施运营和接入服务分离，以市场竞争的手段提高接入服务质量和用户满意度。

第四节　加强行业管理，规范互联网服务接入市场

"黑接入"严重影响互联网接入服务市场秩序，非法网络广告推送侵犯了公民的通信自由和通信秘密，带宽虚报行为侵犯了用户的权益。加强行业管理，保障互联网用户利益，重点应做好以下几方面工作：

一是应联合有关职能部门，加大对"黑接入"的打击力度。一方面加大宣传力度，普及广大互联网用户的法律意识；另一方面加强相关技术研发，加强对互联网基础设施的监控，采用自动机制识别接入提供商特征，追溯"黑接入"的源头。

二是应加强互联网接入行业监管。一方面抓紧制定互联网接入服务管理规范，用法律制度约束互联网接入服务商的不正当行为，规范互联网接入市场发展；另一方面加速建立服务质量长效监管机制，对网速、带宽等服务质量进行监管，对互联网接入服务商增值服务进行规范，严格执行2013年9月1日起实施的《互联网接入服务规范》，避免损害用户利益，提高用户的使用体验。

三是加强对违规互联网接入服务提供商的惩罚力度。一方面采用社会监督的方法，设立公共举报平台，为互联网用户维护自身权益提供专门渠道；另一方面加大对违规厂商的惩罚力度，增加互联网接入提供商的违规成本，维护公平的竞争环境。

四是加大对境外互联网接入服务提供商的监管。谷歌、Facebook等大型互联网企业打着自由、服务大众的旗号，正在推动热气球、无人机等天空互联网接入方式，其目的是为了占领市场，推行西方价值观。这些做法

一方面会干扰正常的接入市场秩序，另一方面会使互联网接入脱离监管。应加大对这些新型接入的监管，避免形成监管真空。

第五节 规范互联网用户接入行为，保障用户个人信息安全

无线 WiFi 接入、以 3G 为代表的移动接入为用户上网提供了便利条件，但同时也产生了新的挑战。目前，用户往往不需要实名登记就能买到 3G 上网卡，大多数无线 WiFi 接入服务也不需要实名登记，随时、随地接入互联网加大了互联网监管难度。随着互联网实名制的贯彻执行，互联网用户信息也存在泄漏的风险。为规范互联网用户行为，同时保护用户个人信息，重点应做好以下几方面工作：

一是加强对移动接入上网卡的监管。一方面，严格执行 2013 年 9 月 1 日起执行的手机卡实名登记政策，确保实名登记落到实处；另一方面，加强对手机 SIM 卡、上网卡等设备的研究力度，防范伪造、复制卡带来的身份冒用风险。

二是加大对公共或私营互联网接入热点的监管。一方面尽快制定互联网接入热点管理制度，加强对互联网接入热点的管理，避免出现监管真空地带；另一方面，制定并实施事后追惩制度，加大对网络犯罪分子的打击力度。

三是加快制定对互联网接入服务商进行监管的规范。根据《全国人民代表大会常务委员会关于加强网络信息保护的决定》，加强对个人信息的保护，防止提供商违规使用或出售用户个人信息。

第六节 建立专门法律，为互联网接入提供法律依据

随着互联网接入市场的迅速扩大以及互联网接入涉及范围的不断增长，

仅依靠部门规章难以满足互联网接入日益增长的法律效力需求。

一方面，应尽快建立互联网接入专门法律，确定互联网接入服务商、互联网基础设施运营商、用户等角色的法律责任和义务，制定对破坏互联网基础设施、滥用用户信息、非法提供和接入互联网等行为的惩罚措施和尺度，明确纠纷解决流程和举证方式等。

另一方面，应充分考虑目前已有的规章制度，增加与现有制度的互补性，形成协调一致的互联网接入法律体系。

大事记

1. 1986 年，国际联网项目——中国学术网 (Chinese Academic Network，简称 CANET) 正式启动。该项目是由北京市计算机应用技术研究所实施的，其合作伙伴是德国卡尔斯鲁厄大学 (University of Karlsruhe)。

2. 1987 年 9 月，CANET 在北京计算机应用技术研究所内正式建成了中国第一个国际互联网电子邮件节点，标志了中国人使用互联网的开始。电子邮件承担传输过程是通过意大利公用分组网 ITAPAC 设在北京的 PAD 机，经由意大利 ITAPAC 和德国 DATEX-DP 分组网，实现了和德国卡尔斯鲁厄大学的连接，通信速率最初为 300bps。

3. 中国第一个 X.25 分组交换网 CNPAC 于 1988 年初建成，当时覆盖北京、上海、广州、西安、沈阳、武汉、南京、成都、深圳等主要城市。

4. 1988 年 12 月，清华大学校园网采用 X400 协议的电子邮件软件包。该软件包是胡道元教授从加拿大 UBC 大学 (University of British Columbia) 引进的，通过 X.25 网与加拿大 UBC 大学相连，开通了电子邮件应用。

5. 为了实现计算机国际远程连网以及与欧洲和北美地区的电子邮件通信，1988 年中国科学院高能物理研究所通过采用 X.25 协议使该单位的 DECnet 成为西欧中心 DECnet 的分支。

6. 1989 年 5 月，中国研究网 (CRN) 通过当时邮电部的 X.25 试验网 (CNPAC) 实现了与德国研究网 (DFN) 的互连。CRN 的成员包括：位于北京的电子部第 15 研究所和电子部电子科学研究院、位于成都的电子部第 30 研究所、位于石家庄的电子部第 54 研究所、位于上海的复旦大学和上海交通大学、位于南京的东南大学等单位。CRN 提供符合 X.400(MHS) 标准的电子邮件、符合 FTAM 标准的文件传送、符合 X.500 标准的目录服务等功能，并能够通过德国 DFN 的网关与 Internet 沟通。

7. 1989 年 10 月，中关村地区教育与科研示范网络，世界银行命名为：National Computing and Networking Facility of China(简称 NCFC) 正式立项，该项目是国家计委利用世界银行贷款的重点学科项目。由国家计委、中国科学院、国家自然科学基金会、国家教委配套投资和支持。项目由中国科学院主持，联合北京大学、清华大学共同实施。11 月，该项目顺利启动。

8. 1990 年 11 月 28 日，中国正式在 SRI-NIC(Stanford Research Institute's Network Information Center) 注册登记了中国的顶级域名 CN，中国从此开通了使用中国顶级域名 CN 的国际电子邮件服务。虽然当时中国尚未实现与国际互联网的全功能联接，中国 CN 顶级域名服务器暂时建在了德国卡尔斯鲁厄大学，但是从此中国的网络有了自己的身份标识。

9. 1991 年，中国科学院高能物理研究所采用 DECNET 协议，以 X.25 方式连入美国斯坦福线性加速器中心 (SLAC) 的 LIVEMORE 实验室，同时开通了电子邮件应用。

10. 1992 年 12 月底，清华大学校园网 (TUNET) 建成并投入使用。该网络在网络规模、技术水平以及网络应用等方面处于国内领先水平。原因在于该网络是中国第一个采用 TCP/IP 体系结构的校园网，主干网首次成功采用 FDDI 技术。

11. 1992 年底，NCFC 工程的院校网，即中科院院网 (CASNET，连接了三里河中科院院部及中关村地区三十多个研究所)、清华大学校园网 (TUNET) 和北京大学校园网 (PUNET) 全部完成建设。

12. 1993 年 3 月 2 日，中国科学院高能物理研究所租用 AT&T 公司的国际卫星信道接入美国斯坦福线性加速器中心 (SLAC) 的 64K 专线正式开通。专线开通后，国家基金委大力配合并投资 30 万元，使各个学科的重大课题负责人及几百名科学家能够拨号连入高能所。虽然美国政府以 Internet 上有许多科技信息和其他各种资源，不能让社会主义国家接入为由，只允许这条专线进入美国能源网而不能连接到其他地方，但这条专线仍是中国部分连入 Internet 的第一根专线。

13. 1993 年 3 月 12 日，朱镕基副总理提出和部署建设国家公用经济信息通信网（简称金桥工程）。

14. 1993 年 8 月 27 日，李鹏总理批准使用总理预备费 300 万美元支持启动金桥前期工程建设。

15. 1993 年 12 月，NCFC 主干网工程完工并采用高速光缆和路由器将三个院校网互连。

16. 1994 年 4 月 20 日，NCFC 工程通过美国 Sprint 公司连入 Internet 的 64K 国际专线开通，实现了与 Internet 的全功能连接。标志着从此中国被国际承认为真正拥有全功能 Internet 的国家。此事被国家统计公报列为中国 1994 年重大科技成就之一，中国新闻界评为 1994 年中国十大科技新闻之一。

17. 1994 年 5 月 15 日，中国科学院高能物理研究所设立了国内第一个 WEB 服务器，推出中国第一套网页，内容除介绍中国高科技发展外，有一个栏目叫 "Tour in China"。该栏目随后开始提供包括新闻、经济、文化、商贸等更为广泛的图文并茂的信息，最终改名为《中国之窗》。

18. 1994 年 5 月 21 日，为了改变中国的 CN 顶级域名服务器一直放在国外的状况，在钱天白教授和德国卡尔斯鲁厄大学的协助下，中国科学院计算机网络信息中心完成了中国国家顶级域名 (CN) 服务器的设置。由钱天白担任中国 CN 域名的行政联络员，钱华林担任技术联络员。

19. 1994 年 6 月 8 日，国务院办公厅向各部委、各省市明传发电《国务院办公厅关于"三金工程"有关问题的通知 (国办发明电〈1994〉18 号)》，"三金工程"即金桥、金关、金卡工程。自此，金桥前期工程建设全面展开。

20. 1994 年 7 月初，"中国教育和科研计算机网"试验网开通，该网络采用 IP/X.25 技术并由清华大学等六所高校建设，连接北京、上海、广州、南京、西安等五所大型城市，并通过 NCFC 的国际出口与 Internet 互联，成为运行 TCP/IP 协议的计算机互联网络。

21. 1994 年 8 月，中国教育和科研计算机网 (CERNET) 正式立项。该项目的目标是利用先进实用的计算机技术和网络通信技术，实现校园间的计算机联网和信息资源共享，并与国际学术计算机网络互联，建立功能齐全的网络管理系统。该项目由国家计委投资，国家教委主持。

22. 1994 年 9 月，邮电部电信总局与美国商务部签订中美双方关于国际互联网的协议。协议中规定电信总局将通过美国 Sprint 公司开通 2 条 64K 专线 (一条在北京，另一条在上海)。中国公用计算机互联网 (CHINANET) 的建设开始启动。

23. 1995 年 1 月，邮电部电信总局分别在北京、上海设立的通过美国 Sprint 公司接入美国的 64K 专线正式开通，随后通过电话网、DDN 专线以及 X.25 网等方式正式开始了面向社会提供 Internet 接入服务。

24. 1995 年 3 月，中国科学院使用 IP/X.25 技术完成上海、合肥、武汉、南京四个分院的远程连接，开始了将 Internet 向全国扩展的第一步。

25. 1995 年 4 月，中国科学院启动京外单位联网工程 (简称 "百所联网" 工程)。其目标是在北京地区已经入网的 30 多个研究所的基础上把网络扩展到全国 24 个城市，实现国内各学术机构的计算机互联并和 Internet 相连。在此基础上，网络不断扩展，逐步连接了中国科学院以外的一批科研院所和科技单位，成为一个面向科技用户、科技管理部门及与科技有关的政府部门服务的全国性网络，并改名为 "中国科技网" (CSTNet)。

26. 1995 年 5 月，中国电信集团公司宣布开始筹建中国公用计算机互联网 (CHINANET) 全国骨干网。

27. 1995 年 7 月，中国教育和科研计算机网 (CERNET) 开通专线。该专线是第一条连接美国的 128K 国际专线，连接着北京、上海、广州、南京、西安、沈阳、成都、武汉八个城市的 CERNET 主干网 DDN 信道同时开通，当时的速率为 64Kbps，并实现与 NCFC 互联。

28. 1995 年 8 月，金桥工程初步建成，实现 24 省市开通联网 (卫星网)，并与国际网络实现了互联。

29. 1995 年 12 月，中科院百所联网工程完成。

30. 1995 年 12 月，"中国教育和科研计算机网 (CERNET) 由中国自行设计、建设的示范工程" 建设完成。

31. 1996 年 1 月，中国公用计算机互联网 (CHINANET) 全国骨干网建成并正式开通，全国范围的公用计算机互联网络开始提供服务。

32. 1996 年 2 月 1 日，国务院第 195 号令发布了《中华人民共和国计算机信息网络国际联网管理暂行规定》。

33. 1996 年 4 月 9 日，邮电部发布《中国公用计算机互联网国际联网管理办法》，并从发布之日起实施。

34. 1996 年 6 月 3 日，电子工业部作出《关于计算机信息网络国际联网管理的有关决定》，将"金桥网"改名为"中国金桥信息网"，吉通通信有限公司授权为中国金桥信息网的互联单位，负责互联网内接入单位和用户的联网管理，并为其提供服务。

35. 1996 年 7 月，国务院信息办组织有关部门的多名专家调查国家四大互联网络和近 30 家 ISP 的技术设施和管理现状，推进了网络管理的规范化。

36. 1996 年 9 月 6 日，中国金桥信息网 (CHINAGBN) 连入美国的 256K 专线正式开通。中国金桥信息网宣布开始提供 Internet 服务，该专线主要提供个人用户的单点上网服务和专线集团用户的接入。

37. 1996 年 9 月 22 日，上海热线正式开通试运行，标志着作为上海信息港主体工程的上海公共信息网正式建成。

38. 1996 年 9 月，金桥一期工程立项正式由国家计委批准。

39. 1996 年 11 月，CERNET 开通到美国的 2M 国际专线。同月，在德国总统访华期间开通了中德学术网络互联线路 CERNET–DFN，建立了中国大陆到欧洲的第一个 Internet 连接。

40. 1996 年 12 月，中国公众多媒体通信网 (169 网) 开始全面启动，其中四川天府热线、广东视聆通、上海热线作为首批站点正式开通。

41. 1997 年 1 月 1 日，人民日报社主办的人民网进入国际互联网络，人民网是第一家中央重点新闻宣传网站。

42. 1997 年 2 月，瀛海威全国大网历时 3 个月在北京、上海、广州、福州、深圳、西安、沈阳、哈尔滨等 8 个城市开通，成为中国最早、也是最大的民营 ISP、ICP。

43. 1997 年 4 月 18 日至 21 日，全国信息化工作会议在深圳市召开。会议确定了国家信息化体系的定义、组成要素、指导方针、工作原则、奋斗目标和主要任务，并通过了"国家信息化九五规划和 2000 年远景目标"，将中国互联网列入国家信息基础设施建设，并提出建立国家互联网信息中心和互联网交换中心。

44. 1997 年 5 月 20 日，国务院颁布了《国务院关于修改〈中华人民共和国计算机信息网络国际联网管理暂行规定〉的决定》，对《中华人民共和国计算机信息网络国际联网管理暂行规定》进行修正。

45. 1997 年 5 月 30 日，《中国互联网络域名注册暂行管理办法》由国务院信息化工作领导小组办公室发布，授权中国科学院组建和管理中国互联网络信息中心 (CNNIC)，授权中国教育和科研计算机网网络中心与 CNNIC 签约并管理二级域名 .edu.cn。

46. 1997 年 5 月 31 日，北京化工大学接入中国教育和科研计算机网 (CERNET)，切断卫星专线。

47. 1997 年 6 月 3 日，受国务院信息化工作领导小组办公室的委托，中国科学院在中国科学院计算机网络信息中心组建了中国互联网络信息中心 (CNNIC)，行使国家互联网络信息中心的职责。同日，国务院信息化工作领导小组办公室宣布成立中国互联网络信息中心 (CNNIC) 工作委员会。

48. 1997 年 10 月，中国公用计算机互联网 (CHINANET) 实现了与中国其他三个互联网络即中国科技网 (CSTNET)、中国教育和科研计算机网 (CERNET)、中国金桥信息网 (CHINAGBN) 的互连互通。

49. 1997 年 11 月，中国互联网络信息中心 (CNNIC) 发布了第一次《中国互联网络发展状况统计报告》：截止到 1997 年 10 月 31 日，中国共有上网计算机 29.9 万台，上网用户数 62 万，CN 下注册的域名 4066 个，WWW 站点约 1500 个，国际出口带宽 25.408M。

50. 1997 年 12 月 30 日，公安部发布了《计算机信息网络国际联网安全保护管理办法》，该管理办法由国务院批准。

51. 1998 年 3 月 6 日，国务院信息化工作领导小组办公室发布《中华人民共和国计算机信息网络国际联网管理暂行规定实施办法》，并自颁布之日起施行。

52. 1998 年 3 月，第九届全国人民代表大会第一次会议批准成立信息产业部，主管全国通信业和软件业、电子信息产品制造业，推进国民经济和社会服务信息化。

53. 1998 年 5 月，经国家批准建设中国长城互联网。

54. 1998 年 6 月，CERNET 正式参加下一代 IP 协议 (IPv6) 试验网 6BONE。

55. 1998 年 7 月，中国互联网络安全产品测评认证中心通过国务院信息化工作领导小组办公室验收，开始试运行。

56. 1998 年 7 月，中国公用计算机互联网 (CHINANET) 骨干网二期工程开始启动。二期工程将使八个大区间的主干带宽扩充至 155M，并且将八个大区的节点路由器全部换成千兆位路由器。

57. 1998 年 8 月，公安部正式成立公共信息网络安全监察局，负责组织实施维护计算机网络安全，打击网上犯罪，对计算机信息系统安全保护情况进行监督管理。

58. 1999 年 1 月 22 日，"政府上网工程启动大会"，倡议发起了"政府上网工程"，政府上网工程主站点 www.gov.cn 开通试运行。该工程由中国电信和国家经贸委经济信息中心牵头、联合四十多家部委 (办、局) 信息主管部门在京共同举办。

59. 1999 年 1 月，中国互联网络信息中心 (CNNIC) 发布了第三次《中国互联网络发展状况统计报告》：截止到 1998 年 12 月 31 日，中国共有上网计算机 74.7 万台，上网用户数 210 万，CN 下注册的域名 18396 个，WWW 站点约 5300 个，国际出口带宽 143M256K。

60. 1999 年 1 月，中国教育和科研计算机网 (CERNET) 的卫星主干网全线开通，使网络的运行速度得到很大的提升。同月，由中国科技网 (CSTNET) 开通了两套卫星系统全面取代了 IP/X.25，并使用高速卫星信道连到了全国 40 多个城市。

61. 1999 年 2 月 3 日，由中国国际电子商务中心承担的"九五"国家重点科技攻关项目"商业电子信息安全认证系统"，通过科技部和国家密码管理委员会的科技成果鉴定。并获得有关管理部门的信息安全产品销售许可，成为国内第一家自主开发、具有完全自主版权的电子商务 CA 安全认证系统，并被成功应用于我国纺织品配额许可证管理系统。

62. 1999 年 2 月，中国国家信息安全测评认证中心 (CNISTEC) 正式开通运行。

63. 1999 年 4 月 15 日，国内 23 家有影响的网络媒体首次聚会通过《中国新闻界网络媒体公约》，呼吁全社会重视和保护网上信息产权。

64. 1999 年 5 月，在清华大学网络工程研究中心成立安全事件应急响应组织 CCERT(CERNET Computer Emergency Response Team)。这是国内成立的第一个安全事件应急响应组织。

65. 1999 年 9 月，招商银行率先在国内全面启动"一网通"网上银行服务，建立了由网上企业银行，经中国人民银行批准成为首家开展网上个人银行业务，成为国内首先实现全国联通"网上银行"的商业银行。网上个人银行、网上支付、网上证券及网上商城为核心的网络银行服务体系率先建立。

66. 1999 年 12 月 23 日，国家信息化工作领导小组成立并由国务院副总理吴邦国任组长。并将国家信息化办公室改名为国家信息化推进工作办公室。

67. 2000 年 1 月 1 日，由国家保密局发布的《计算机信息系统国际联网保密管理规定》正式施行。

68. 2000 年 1 月 17 日，信息产业部正式同意由中国国际电子商务中心组建"中国国际经济贸易互联网"，英文名称为"China International Economy and Trade Net"，(简称"中国经贸网"，CIETnet)。

69. 2000 年 1 月 18 日，中国互联网络信息中心 (CNNIC) 发布第五次《中国互联网络发展状况统计报告》：截止到 1999 年 12 月 31 日，中国共有上网计算机 350 万台，上网用户数约 890 万，CN 下注册的域名 48695 个，WWW 站点约 15153 个，国际出口带宽 351M。

70. 2000 年 1 月 18 日，经信息产业部批准，中国互联网络信息中心 (CNNIC) 推出中文域名试验系统。

71. 2000 年 3 月 30 日，北京国家级互联网交换中心开通，使中国主要互联网网间互通带宽提高到 100 兆比特每秒，很大提升了跨网间访问速度。

72. 2000 年 3 月 30 日，中国证监会发布《网上证券委托暂行管理办法》。

73. 2000 年 5 月 17 日，中国移动互联网 (CMNET) 投入运行。同日，中国移动正式推出"全球通 WAP(无线应用协议)"服务。

74. 2000 年 5 月 20 日，中文域名协调联合会 (CDNC) 在北京成立，承担中文域名的民间协调和规范工作。

75. 2000 年 7 月 7 日，"企业上网工程" 正式启动。该工程由国家经贸委、信息产业部指导，中国电信集团公司与国家经贸委经济信息中心共同发起。

76. 2000 年 7 月 19 日，中国联通正式开通了公用计算机互联网 (UNINET)。

77. 2000 年 8 月 21 日，第 16 届世界计算机大会在北京国际会议中心隆重举行，国家主席江泽民为大会题词并在开幕式上发表了重要讲话，主张制定国际互联网公约，共同加强信息安全管理，充分发挥互联网的积极作用。

78. 2000 年 9 月 25 日，国务院发布了中国第一部管理电信业的综合性法规《中华人民共和国电信条例》，标志着中国电信业的发展步入法制化轨道。同日，国务院颁布施行《互联网信息服务管理办法》。

79. 2000 年 9 月，清华大学建成中国第一个下一代互联网交换中心 DRAGONTAP。通过 DRAGONTAP，CERNET、CSTNET、NSFCNET 用 10Mbps 线路连接位于美国芝加哥的下一代互联网交换中心 STARTAP，用 10Mbps 线路连接位于日本东京的亚太地区高速网 APAN 交换中心，从而与国际下一代互联网络 Abilene、vBNS、CA*net3 等学术性网实现互联。

80. 2000 年 9 月，CERNET 的信息服务中心 CERNIC 在国内率先提供 IPv6 地址分配服务。

81. 2000 年 11 月 1 日，中国互联网络信息中心 (CNNIC) 发布《中文域名注册管理办法 (试行)》和《中文域名争议解决办法 (试行)》，并委托中国国际经济贸易仲裁委员会成立中文域名争议解决机构。

82. 2000 年 11 月 6 日，国务院新闻办公室、信息产业部发布《互联网站从事登载新闻业务管理暂行规定》。

83. 2000 年 11 月 6 日，信息产业部发布《互联网电子公告服务管理规定》。

84. 2000 年 11 月 7 日，信息产业部发布《关于互联网中文域名管理的通告》，对境内中文域名注册服务和管理加以规范，并明确授权 CNNIC 为中文域名注册管理机构。

85. 2000 年 11 月 7 日，中国互联网络信息中心 (CNNIC) 推出 ".CN"、". 中国"、". 公司"、". 网络"为后缀的中文域名服务。使中文域名注册系统全面升级。

86. 2000 年 11 月 10 日，中国移动推出"移动梦网计划"，打造开放、合作、共赢的产业价值链。

87. 2001 年 1 月 1 日，互联网"校校通"工程正式进入实施阶段。

88. 2001 年 1 月 17 日，中国互联网络信息中心 (CNNIC) 发布第七次《中国互联网络发展状况统计报告》：截止到 2000 年 12 月 31 日，中国共有上网计算机约 892 万台，上网用户数约 2250 万，CN 下注册的域名 122099 个，WWW 站点约 265405 个，国际出口带宽 2799M。

89. 2001 年 2 月初，中国电信正式开通了 Internet 国际漫游业务。

90. 2001 年 5 月 25 日，由国内从事互联网行业的网络运营商、服务提供商、设备制造商、系统集成商以及科研、教育机构等 70 多家互联网从业者共同发起成立了中国互联网协会，该协会是在信息产业部的指导下，由民政部批准的。

91. 2001 年 6 月 1 日，被称为中国"电子口岸"的口岸电子执法系统在中国各口岸全面运行。该系统是由海关总署牵头、国家 12 个有关部委联合开发。在全面运行前，经过了北京、天津、上海、广州等 4 个进出口口岸试点运行。

92. 2001 年 7 月，国家自然基金重大联合项目"中国高速互连研究试验网络 NSFCNET"(1999–2000) 通过鉴定验收。该项目由清华大学、中国科学院计算机信息网络中心、北京大学、北京邮电大学、北京航空航天大学等单位共同承担。通过该项目，建成了中国第一个下一代互联网学术研究网络。该项目的研究内容包括以下几个方面：中国高速互联研究试验网总体设计；密集波分多路复用光纤传输系统；高速计算机互连网络；高速网络环境下重大应用研究和演示系统。

93. 2001 年 7 月 9 日，《网上银行业务管理暂行办法》由中国人民银行颁布。

94. 2001 年 7 月 11 日，在中南海怀仁堂，中共中央举办了法制讲座，其内容是运用法律手段保障和促进信息网络健康发展。中共中央总书记江泽民主持讲座并作重要讲话。江泽民总书记强调指出，要抓住机遇，加快发展中国的信息技术和网络技术，并在经济、社会、科技、国防、教育、文化、法律等方面积极加以运用。既要积极推进信息网络基础设施的发展，又要大力加强管理方面的建设，推动信息网络化迅速而又健康地向前发展。

95. 2001 年 7 月 29 日，作为当前国家和地区信息化水平量化分析和管理的依据和手段，国家信息化指标构成方案由信息产业部公布。

96. 2001 年 7 月，《国民经济和社会发展第十个五年计划信息化重点专项规划》出台。

97. 2001 年 8 月，"中国计算机网络应急处理协调中心"（NCERT/CC）由国家计算机网络与信息安全管理中心组建成立。

98. 2001 年 9 月 7 日，作为国家确立信息化重大战略后的第一个行业规划，《信息产业"十五"规划纲要》正式发布。

99. 2001 年 9 月 7 日，《中国互联网络信息资源数量调查报告》由国家信息化推进工作办公室发布。受到国家信息化推进工作办公室的委托，中国互联网络信息中心 (CNNIC) 与中国电子信息产业发展研究院及国家信息资源管理南京研究基地一起开展该调查。该调查是中国首次对网络信息资源进行调查。调查结果显示，截至 2001 年 4 月 30 日，中国互联网络的域名总数为 692490 个，网站总数为 238249 个，网页总数为 159460056 页，在线数据库的总数为 45598 个。

100. 2001 年 9 月 20 日，信息产业部发布《互联网骨干网互联结算办法》。

101. 2001 年 9 月 29 日，信息产业部发布《互联网骨干网间互联服务暂行规定》。

102. 2001 年 10 月 8 日，信息产业部发布《互联网骨干网间互联管理暂行规定》。

103. 2001 年 10 月 27 日，"信息网络传播权"正式列入《中华人民共和国著作权法》（第九届全国人民代表大会常务委员会第二十四次会议审议通过的修订后的），有关新条款使今后网络传播环境下的著作权保护有法可依。

104. 2001 年 11 月 4 日，通用网址服务由中国互联网络信息中心 (CNNIC) 推出。

105. 2001 年 11 月 20 日，中国电子政务应用示范工程通过论证，这标志着中国向"电子政府"迈出了重要一步。

106. 2001 年 12 月 3 日，中国互联网络信息中心 (CNNIC) 发布了第一次《中国互联网络带宽调查报告》。报告称截止到 2001 年 9 月 30 日，中国国际出口带宽达到 5724M。

107. 2001 年 12 月 20 日，《国家互联网交换中心结算业务规程》由信息产业部电信管理局发布。

108. 2001 年 12 月 20 日，中国十大骨干互联网签署了互联互通协议，这意味着中国网民今后可以更方便、通畅地进行跨地区访问了。

109. 2001 年 12 月 22 日，中国联通在北京宣布了中国联通 CDMA 移动通信网一期工程按照规定日期建成，并将于 2001 年 12 月 31 日在全国 31 个省、自治区、直辖市开通运营。中国联通 CDMA 网络的建成，标志着中国移动通信技术的发展进入了一个新领域。

110. 2001 年 12 月 25 日，中共中央政治局常委、国务院总理、国家信息化领导小组组长朱镕基主持召开了国家信息化领导小组第一次会议。他指出，要高度重视，加强统筹协调，坚持面向市场，防止重复建设，扎扎实实推进中国信息化建设。

111. 2001 年 12 月底，"中国教育和科研计算机网 CERNET"高速主干网建设项目 (1999–2001) 通过国家验收。该项目是中国"面向二十一世纪教育振兴行动计划"中"现代远程教育工程"的重要组成部分，是构筑中国终身教育体系的重要基础。

112. 2001 年 12 月 31 日，国家级互联网上海、广东地区交换中心正式运行。

113. 2002 年 1 月 15 日，中国互联网络信息中心 (CNNIC) 发布第九次《中国互联网络发展状况统计报告》：截止到 2001 年 12 月 31 日，中国共有上网计算机约 1254 万台，上网用户数约 3370 万，CN 下注册的域名 127319 个，WWW 站点约 277100 个，国际出口带宽 7597.5M。

114. 2002 年 3 月 14 日，《中国互联网络域名管理办法》由信息产业部第 9 次部务会议审议通过并从 2002 年 9 月 30 日起施行。

115. 2002 年 3 月 26 日，《中国互联网行业自律公约》由中国互联网协会在北京发布，该公约的推出为建立中国互联网行业自律机制提供了保证。

116. 2002 年 5 月 17 日，中国电信在广州启动"互联星空"计划，标志着 ICP 和 ISP 开始联合打造宽带互联网产业链。

117. 2002 年 5 月 17 日，中国移动正式推出 GPRS 业务，是全国范围内的第一家。于 11 月 18 日，中国移动通信与美国 AT&T Wireless 公司联合宣布，两公司 GPRS 国际漫游业务正式开通。

118. 2002 年 7 月 3 日，召开国家信息化领导小组第二次会议，审议通过了《国民经济和社会发展第十个五年计划信息化重点专项规划》、《关于我国电子政务建设的指导意见》以及《振兴软件产业行动纲要》。

119. 2002 年 9 月 25 日，中国互联网络信息中心 (CNNIC) 发布了《域名争议解决办法》、《域名注册实施细则》、《域名注册服务机构认证办法》等文件。

120. 2002 年 9 月 30 日《中国互联网络域名管理办法》开始实施。

121. 2002 年 10 月 26 日—31 日，由中国互联网络信息中心 (CNNIC) 和中国互联网协会 (ISC) 共同承办的全球互联网地址、域名管理机构国际互联网络名字与编号分配公司 (ICANN) 在上海召开会议，这是 ICANN 会议第一次在中国举行。

122. 2002 年 11 月 1 日，中国互联网协会反垃圾邮件协调小组在京成立，此小组由中国互联网协会、263 网络集团和新浪共同发起。此举旨在保护中国互联网用户和电子邮件服务商的正当利益，公平使用互联网资源，同时规范中国电子邮件服务秩序。

123. 2002 年 11 月 22 日，信息产业部公布《关于中国互联网络域名系统的公告》。

124. 2002 年 12 月 16 日，中国互联网络信息中心 (CNNIC) 作为域名注册管理机构不再面向用户受理域名注册申请，该服务改由域名注册服务机构承担。这是中国自 1990 年设立 CN 域名以来，域名注册服务体系的又一次重大变革。

125. 2003 年 1 月 16 日，中国互联网络信息中心 (CNNIC) 发布第 11 次《中国互联网络发展状况统计报告》：截止到 2002 年 12 月 31 日，中国共有上网计算机约 2083 万台，上网用户数约 5910 万，CN 下注册的域名 17.9 万个，WWW 站点约 37.1 万个，国际出口带宽 9380M。

126. 2003 年 3 月 17 日，中国国家顶级域名 .CN 下正式开放二级域名注册，用户可以在顶级域名 CN 下直接注册二级域名，这是我国自有域名体系以来一次重大变化。

127. 2003 年 4 月 9 日，中国网通集团在北京向社会各届公布中国网通集团与中国电信集团的公众计算机互联网（CHINANET）实施拆分，并推出中国网通集团"宽带中国 CHINA169"的新的业务品牌。

128. 2003 年 6 月 26 日，我国计算机网络与数据通信专家、中科院研究员钱华林当选 ICANN 理事，这是中国专家第一次进入全球互联网地址与域名资源最高决策机构的管理层，任期三年。

129. 2003 年 7 月 9 日，国务院信息化工作办公室在京发布《2002 年中国互联网络信息资源数量调查》报告。截止到 2002 年 12 月 31 日，全国域名数为 94.03 万个，全国网站数为 37.16 万个，全国网页总数为 1.57 亿个，在线数据库总数为 8.29 万个。

130. 2003 年 8 月，由国家发展和改革委员会主持，中国工程院技术总协调，由国家发展和改革委员会、科学技术部、信息产业部、国务院信息化工作办公室、教育部、中国科学院、中国工程院、国家自然科学基金委员会等八部委联合领导"中国下一代互联网示范工程"——CNGI(China Next Generation Internet) 获得国务院正式批复并启动。CNGI 是实施我国下一代互联网发展战略的启步工程。

131. 2003 年 11 月 20 日，中国互联网络信息中心（CNNIC）在京发布《中国互联网络热点调查报告》。此次热点调查报告包括网站短信息和宽带两部分内容。这是 CNNIC，乃至全国首次发布有关内容的调查报告。报告显示，网站短信息服务用户平均每周使用网站发送短信息 10.9 条，70.8% 的宽带用户是通过 ADSL 方式接入的。

132. 2004 年 1 月 12 日，由中国科学院、美国国家科学基金会、俄罗斯部委与科学团体联盟共同出资建设的"中美俄环球科教网络（Global Ring Network for Advanced Applications Development ，GLORIAD ）"是支持三国乃至全球先进的科教应用并支持下一代互联网的研究。承担建设以及运营服务的单位分别是中国科学院计算机网络信息中心、美国依利诺伊大学国家超级计算应用中心、俄罗斯库尔恰托夫研究院。

133. 2004 年 1 月 15 日，中国互联网络信息中心（CNNIC）在北京发布了第 13 次《中国互联网络发展状况统计报告》：截止到 2003 年 12 月 31 日，中国共有上网计算机约 3089 万台，上网用户数约 7950 万人，CN 下注册的域名 340040 个，WWW 站点约 595550 个，国际出口带宽 27216Mbps。

134. 2004 年 2 月 3 日至 18 日，搜狐、新浪和网易先后公布了 2003 年度的业绩报告，分别实现了 8900 万美元、1.14 亿美元和 8000 万美元的全年度营业收入，以及 3900 万美元、3100 万美元和 2600 万美元的全年度净利润，迎来了全年度盈利。

135. 2004 年 3 月 4 日，手机服务供应商掌上灵通在美国纳斯达克首次公开上市，成为首家完成 IPO 的中国专业 SP（服务提供商）。中国互联网公司开始了自 2000 年以来的第二轮境外上市热潮。TOM 互联网集团、盛大网络、腾讯公司、空中网、前程无忧网、金融界、e 龙、华友世纪和第九城市等网络公司在海外纷纷上市。

136. 2004 年 4 月 1 日，《2003 年中国互联网络信息资源数量调查报告》由国务院信息化工作办公室发布。报告显示，截至 2003 年 12 月 31 日，全国域名数为 1187380 个，网页总数为 311864590 个，在线数据库数为 169867 个。

137. 2004 年 7 月 21 日，中国下一代互联网示范工程（CNGI）项目专家委员会正式成立，该委员会是由国家发展改革委员会等八部委领导的。

138. 2004 年 9 月 6 日，最高人民法院和最高人民检察院出台的《关于办理利用互联网、移动通信终端、声讯台制作、复制、出版、贩卖、传播淫秽电子信息刑事案件具体应用法律若干问题的解释》开始施行。

139. 2004 年 11 月 5 日，信息产业部发布第 30 号部令，公布新的《中国互联网络域名管理办法》。新办法自 2004 年 12 月 20 日起施行。

140. 2004 年 12 月 23 日，我国国家顶级域名 .CN 服务器的 IPv6 地址成功登录到全球域名根服务器，标志着 CN 域名服务器接入 IPv6 网络，支持

IPv6 网络用户的 CN 域名解析，这表明我国国家域名系统进入下一代互联网。

141. 2004 年 12 月 25 日，中国第一个下一代互联网示范工程（CNGI）核心网之一 CERNET2 主干网正式开通。

142. 2004 年 12 月 29 日，"中国联通多业务统一网络平台（China Uninet）"率先实现了在一个统一的承载平台上同时提供语音、数据、视频、互联网、视讯会议、可视电话、CDMA 1X 移动数据等业务的网络，该平台荣获 2004 年度"中国通信学会科学技术奖"一等奖。

143. 2005 年 1 月 17 日，中国互联网络信息中心（CNNIC）在北京发布了第 15 次《中国互联网络发展状况统计报告》：截止到 2004 年 12 月 31 日，中国上网计算机约为 4160 万台，上网用户数约为 9400 万人，CN 下注册的域名为 432077 个，WWW 站点约为 668900 个，国际出口带宽为 74429 M。6 月 30 日，我国网民首次突破 1 亿，达到 1.03 亿人，宽带用户数首次超过网民用户的一半。

144. 2005 年 2 月 8 日，信息产业部发布了《非经营性互联网信息服务备案管理办法》。根据此办法，信息产业部会同中宣部、国务院新闻办公室、教育部、公安部等 13 个部门，联合开展了全国互联网站集中备案工作。备案工作内容为建立 ICP 备案信息、IP 地址使用信息、域名信息三个基础数据库，为加强互联网管理奠定了基础。

145. 2005 年 4 月底，上海电视台正式获得了广电总局在国内发放的首张 IPTV 业务经营牌照，批准开办以电视机、手持设备为接收终端的视听节目传播业务。这是广电总局在国内发放的首张 IPTV 业务经营牌照。

146. 2005 年 12 月 31 日，我国 CN 国家域名注册量首次突破百万大关，达到 1096924 个。在所有亚洲国家和地区顶级域名（ccTLD）的注册量中位居第一，在全球所有国家和地区顶级域名中位居第六。

147. 2005 年，以博客为代表的 Web2.0 概念推动了中国互联网的发展。Web2.0 概念的出现标志互联网新媒体发展进入新阶段。

148. 2006 年 1 月 17 日，中国互联网络信息中心（CNNIC）在北京发布第 17 次《中国互联网络发展状况统计报告》：截至 2005 年 12 月 31 日，中国共有上网计算机约 4590 万台，上网用户数约 11100 万人，CN 下注册的域名 1096924 个，网站数约 694200 个，国际出口带宽 136,106Mbps。

149. 2006 年 3 月 30 日，中华人民共和国信息产业部颁布的《互联网电子邮件服务管理办法》开始施行。

150. 2006 年 6 月，信息产业部决定在全国范围内开展治理和规范移动信息服务业务资费和收费行为专项活动。9 月 14 日，信息产业部发出"关于规范移动信息服务业务资费和收费行为的通知"。9 月至 11 月，各省级通信管理局共查处违规移动增值服务商至少 245 家，上市的移动增值服务商 2006 年利润大幅下滑。

151. 2006 年 9 月 23 日，"中国下一代互联网示范工程 CNGI 示范网络核心网 CNGI–CERNET2/6IX"项目正式通过国家验收，该项目由中国教育和科研计算机网 CERNET 网络中心和清华大学等 25 所高校承担建设的。

152. 2006 年 10 月 13 日，国际互联网技术规范制定组织 IETF 正式发布了由中国互联网络信息中心（CNNIC）主导制定的《中文域名注册和管理标准》，编号为 RFC4713。

153. 2006 年 11 月 16 日，"金盾工程"在北京正式通过国家竣工验收，该项目由全国公安信息化建设。

154. 2006 年 12 月 18 日，中国电信、中国网通、中国联通、中华电信、韩国电信和美国 Verizon 公司六家运营商在北京宣布，共同建设跨太平洋直达光缆系统。

155. 2006 年 12 月 26 日晚，中国台湾南部地区发生 7.2 级地震，造成包括中美海缆、亚太 1 号海缆、亚太 2 号海缆、FLAG 海缆、亚欧海缆、FNAL 海缆等在内的 11 条海底光缆中断，中国大陆通往中国台湾、欧洲、北美、东南亚等方向的互联网大面积瘫痪，多数海外网站访问受阻。

156. 2007 年 1 月 23 日，中国互联网络信息中心（CNNIC）发布第 19 次《中国互联网络发展状况统计报告》：截止到 2006 年 12 月 31 日，中国共有上网计算机约 5940 万台，上网用户约 1.37 亿人，网民数占全国人口比例首次突破 10%，域名总数为 4109020 个，网站数约 843000 个，网络国际出口带宽数约 256696Mbps。

157. 2007 年 2 月 28 日，中国最大的综合性平面媒体、中共中央机关报

《人民日报》面向全国正式发行手机报，标志成为现代通信技术与新闻传媒的融合。

158. 2007 年 6 月 18 日，中国互联网协会反垃圾邮件综合处理平台正式开通，接入该平台的 10 家电子邮件运营企业的邮箱用户数占中国邮箱用户总数 8 成以上。

159. 2007 年 9 月 7 日，发布了《2007 年中国农村互联网调查报告》，截至 2007 年 6 月，我国农村网民规模已超过 3700 万人，城乡之间存在较大差距，农村互联网普及率为 5.1%，而同期我国城镇互联网普及率为 21.6%。这是我国首次就农村互联网发展状况发布调查报告。

160. 2007 年 9 月 30 日，国家电子政务网络中央级传输骨干网网络正式开通，这标志着统一的国家电子政务网络框架基本形成。

161. 2007 年 11 月 1 日，七项信息安全国家标准正式实施。这七项国家标准分别是 GB/T 20984–2007《信息安全技术信息安全风险评估规范》、GB/T 20979–2007《信息安全技术虹膜识别系统技术要求》、GB/T 20983–2007《信息安全技术网上银行系统信息安全保障评估准则》、GB/Z 20985–2007《信息技术安全技术信息安全事件管理指南》、GB/Z 20986–2007《信息安全技术信息安全事件分类分级指南》、GB/T 20987–2007《信息安全技术网上证券交易系统信息安全保障评估准则》和 GB/T20988–2007《信息安全技术信息系统灾难恢复规范》。

162. 2007 年 12 月，发布《国民经济和社会发展信息化"十一五"规划》，该规划提出了"十一五"时期国家信息化和互联网发展的总体目标，部署了主要任务，安排了重大工程，明确了保障措施，是加快推进信息化与工业化融合和贯彻落实科学发展观的重要举措。

163. 2007 年 12 月 18 日，国际奥委会与中国中央电视台共同签署了"2008 年北京奥运会中国地区互联网和移动平台传播权"协议。这是奥运史上首次将互联网、手机等新媒体作为独立转播平台列入奥运会的转播体系。

164. 2007 年 12 月 31 日，中国国家域名 CN 域名注册量达到 900.2 万个，占我国域名总数的 75.4%，CN 域名下网站达到 100.6 万个，占我国网站总数的 66.9%。标志着 CN 域名已成为国内注册及应用的主流域名。

165. 2007 年，腾讯、百度、阿里巴巴市值先后超过 100 亿美元。中国互联网企业跻身全球最大互联网企业之列。

166. 2007 年，批批吉服饰上海有限公司（PPG）共获得 5000 万美元的国际风险投资，这种无店铺、无渠道的 B2C 新型电子商务直销模式体现了互联网的渠道价值，表明了传统产业与互联网的进一步融合。

167. 2008 年 3 月 11 日，根据第十一届全国人民代表大会第一次会议批准的国务院机构改革方案，设立工业和信息化部，为国务院组成部门。将原信息产业部和原国务院信息化工作办公室的职责划给工业和信息化部。工业和信息化部成为我国互联网的行业主管部门。

168. 从 2008 年 5 月开始，校内网、开心网等 SNS（Social Networking Service）网站迅速传播，SNS 成为 2008 年的热门互联网应用之一。

169. 截至 2008 年 6 月 30 日，我国网民总人数达到 2.53 亿人，首次跃居世界第一。7 月 22 日，CN 域名注册量以 1218.8 万个首次成为全球第一大国家顶级域名。

170. 2008 年 7 月 2 日，北京市工商局正式下发了《加强电子商务市场秩序监督管理意见》，规定自 8 月 1 日起，盈利性网上商店必须到工商部门办理营业执照。

171. 2008 年 11 月—12 月，中央电视台连续曝光国内两大搜索引擎百度和谷歌商业模式的弊端。该事件引发网民对搜索引擎的信任危机，搜索引擎竞价排名模式的利弊也成为社会舆论关注的热点。

172. 2008 年 12 月 22 日，新浪网宣布以约 13 亿美元收购分众传媒旗下的户外数字广告业务。

173. 截至 2008 年 12 月 31 日，中国互联网络信息中心（CNNIC）统计数据显示，我国网民数达到 2.98 亿人，互联网普及率达 22.6%。宽带网民规模达到 2.7 亿人，占网民总体的 90.6%。我国域名总数达到 16826198 个，其中 CN 域名数量达到 13572326 个，网站数约 2878000 个，国际出口带宽约 64028667Mbps。

174. 2009 年 1 月 7 日，工业和信息化部为中国移动通信集团、中国电信集团公司和中国联合网络通信有限公司发放 3 张第三代移动通信 (3G) 牌照。

175. 2009 年 5 月 19 日，工业和信息化部下发了《关于计算机预装绿色上网过滤软件的通知》。

176. 2009 年 5 月 19 日 21 时起，由于 baofeng.com 网站的域名解析系统受到网络攻击出现故障，导致电信运营企业的递归域名解析服务器收到大量异常请求而引发拥塞，造成江苏、安徽、广西、海南、甘肃、浙江等 6 省部分互联网用户的服务受到影响。5 月 20 日凌晨 1 时 20 分，受影响地区的互联网服务基本恢复正常。

177. 2009 年 8 月 7 日，国务院总理温家宝到无锡微纳传感网工程技术研发中心视察期间，提出要尽快建立中国的传感信息中心（"感知中国"中心）。11 月 3 日，温家宝总理发表了题为《让科技引领中国可持续发展》的讲话，指示要着力突破传感网、物联网的关键技术。

178. 2009 年 9 月 8 日，腾讯公司成为全球第三大市值的互联网公司，市值突破 300 亿美元。

179. 截至 2009 年 12 月 31 日，中国互联网络信息中心（CNNIC）统计数据显示，中国网民规模达到 3.84 亿人，互联网普及率达到 28.9%。宽带网民规模达到 3.46 亿人。网络购物用户规模达 1.08 亿人，网络购物市场交易规模达到 2500 亿元。手机网民规模达 2.33 亿人，一年增加 1.2 亿人。IPv4 地址数达 2.32 亿个，域名总数达 1682 万个，其中 .CN 域名数为 1346 万个，网站数达 323 万个，国际出口带宽达 866367Mbps。

180. 2010 年 1 月 13 日，国务院总理温家宝主持召开国务院常务会议，决定加快推进电信网、广播电视网和互联网三网融合。6 月 30 日，国务院三网融合工作协调小组审议批准，确定了第一批三网融合试点地区（城市）名单。

181. 2010 年 3 月 23 日，谷歌公司宣布将在中国的搜索服务由内地转至香港。

182. 从 2010 年 3 月起，根据中国互联网络信息中心（CNNIC）统计，截至 2010 年底，中国网络团购用户数达到 1875 万人。团购网站在中国逐渐兴起，网络团购具有折扣多、小额支付的优势。

183. 2010 年 3 月，国家广播电影电视总局发放首批三张互联网电视牌照。

184. 中国互联网络信息中心（CNNIC）统计数据显示，截至 2010 年 12 月 31 日，中国网民规模达 4.57 亿人，其中，手机网民规模达 3.03 亿人。IPv4 地址数达 2.78 亿个，域名总数 866 万个，其中 .CN 域名数为 435 万个，网站数 191 万个，国际出口带宽达 1098957Mbps。

185. 2011 年 4 月 12 日，百度应用平台正式全面开放；6 月 15 日，腾讯宣布开放八大平台；7 月 28 日，新浪微博开放平台正式上线；9 月 19 日阿里巴巴旗下淘宝商城宣布开放平台战略。2011 年中国互联网大企业纷纷宣布开放平台战略，改变了企业间原有的产业运营模式与竞争格局，竞争格局正向竞合转变。

186. 2011 年 5 月，国家互联网信息办公室正式设立。这一机构的设立，其目的是进一步加强互联网建设、发展和管理，提高对网络虚拟社会的管理水平，体现出国家层面对互联网的高度重视。

187. 2011 年 5 月 18 日，中国人民银行下发了首批 27 张第三方支付牌照（《支付业务许可证》）。

188. 2011 年 12 月 21 日，开发者技术社区 CSDN 中 600 万用户的数据库信息被黑客公开，随后天涯网证实部分用户数据库泄露。用户信息泄露事件，引发网民对网络和信息安全的高度关注。

189. 2011 年 12 月 23 日，国务院总理温家宝主持召开国务院常务会议，明确了我国发展下一代互联网的路线图和主要目标：2013 年年底前，开展国际互联网协议第 6 版网络小规模商用试点，形成成熟的商业模式和技术演进路线。2014 年至 2015 年，开展国际互联网协议第 6 版大规模部署和商用，实现国际互联网协议第 4 版与第 6 版主流业务互通。

190. 中国互联网络信息中心（CNNIC）数据显示，截至 2011 年年底，我国手机网民规模为 3.56 亿。工业和信息化部数据显示，截至 2011 年年底，我国 3G 用户达到 1.28 亿户，全年净增 8137 万户，3G 基站总数 81.4 万个。此外，三大电信运营商加速宽带无线化应用技术（WLAN）的建设，截至 2011 年年底，全国部署的无线接入点（无线 AP）设备已经超过 300 万台。3G 和 WiFi 的普遍覆盖和应用，推动中国移动互联网进入快速发展阶段。

191. 2012 年 1 月 26 日，中国互联网络信息中心（CNNIC）发布第 29

次《中国互联网络发展状况统计报告》：截至 2011 年 12 月底，中国网民规模突破 5 亿，达到 5.13 亿。IPv4 地址数达 3.3 亿个，IPv6 地址数 9398 块 /32，相比 2010 年底的 401 块 /32 大幅增长。域名总数为 775 万个，其中 .CN 域名数为 353 万个，网站数达 230 万个，国际出口带宽达 1389529Mbps。

192. 2012 年 1 月 18 日由我国主导制定、大唐电信集团提出的 TD–LTE 被国际电信联盟确定为第四代移动通信国际标准之一。

193. 2012 年 2 月 6 日，中国移动香港公司竞得香港 TDD 频段，成为既拥有 FDD 的 4G 频率，又拥有 TDD 的 4G 频率的电信运营商。

194. 2012 年 2 月 14 日，国家工业和信息化部发布《物联网 "十二五" 发展规划》，提出到 2015 年，初步形成创新驱动、应用牵引、协同发展、安全可控的物联网发展格局。

195. 2012 年 3 月 27 日，国家发改委等七部门研究制定了《关于下一代互联网 "十二五" 发展建设的意见》并提出了十二五期间，互联网普及率将达到 45% 以上，IPv6 宽带接入用户数超过 2500 万的目标。

196. 2012 年 5 月 9 日，国务院总理温家宝主持召开国务院常务会议，研究部署推进信息化发展、保障信息安全工作，会议通过了《关于大力推进信息化发展和切实保障信息安全的若干意见》。

197. 2013 年 5 月 18 日，国家发改委发布《关于组织实施 2012 年物联网技术研发及产业化专项的通知》。"专项" 着力突破制约我国物联网发展的关键核心技术，为物联网规模化发展提供有效的产业支撑；制定基础共性技术标准；依托已有基础，建设公共服务平台，着力解决检测认证和标识管理问题；加强产业自主创新能力建设，着力培育发展一批物联网技术研发和产品设备制造优势企业。

198. 2012 年 6 月 19 日，在国际化多语种邮箱电子邮件发布会上，中国科学院钱华林使用多语种电子邮箱地址 "钱华林 @ 中科院 . 中国" 向北京、香港、澳门、台湾、新加坡、马来西亚、德国、澳大利亚、加拿大、美国等地的互联网专家发出首封跨越全球的国际化多语种邮箱电子邮件。

199. 2012 年 7 月 9 日，国务院在印发的《"十二五" 国家战略性新兴产业发展规划》中提出实施宽带中国工程，要求到 2015 年城市和农村家庭分别实现平均 20 兆和 4 兆以上宽带接入能力。

200. 2012 年 9 月 18 日，科技部公布《中国云科技发展"十二五"专项规划》，以加快推进云计算技术创新和产业发展。

201. 2012 年 11 月 1 日，在中国互联网协会组织下，百度、奇虎 360 等 12 家搜索引擎服务企业签署了《互联网搜索引擎服务自律公约》，促进了行业规范。

202. 2012 年 11 月 6 日，横跨台湾海峡的"海峡光缆 1 号"工程正式开工。这是由两岸电信运营商共同投资建设并运营的首条连接大陆与台湾的直达通信电路。该海缆连接福建福州和台湾淡水，全长约 270 公里，一期设计容量高达 6.4T。

203. 2013 年 1 月 15 日，中国互联网络信息中心（CNNIC）发布第 31 次《中国互联网络发展状况统计报告》：截至 2012 年 12 月底，中国网民规模 5.64 亿，互联网普及率达到 42.1%。手机网民规模为 4.2 亿，使用手机上网的网民规模超过了台式电脑。

204. 2013 年 1 月 16 日，国台办发言人杨毅在例行新闻发布会上宣布，横跨台湾海峡、连接大陆和台湾本岛的首条海底光缆——"海峡光缆 1 号"工程已经顺利竣工，两岸将在 1 月 18 日同时举行开通仪式。

205. 2013 年 3 月 28 日，国务院办公厅向国务院各部委、各直属机构下发了关于实施《国务院机构改革和职能转变方案》的任务分工和有关要求的通知，通知确定，2014 年上半年将出台并实施信息网络实名登记制度。

206. 2013 年 4 月 10 日，工业和信息化部公布《电话用户真实身份信息登记规定》(征求意见稿) 和《电信和互联网用户个人信息保护规定 (征求意见稿)》，面向社会公开征求意见，拟对电话用户的身份信息进行规范。除了移动电话外，固话、无线上网卡用户也有望被纳入实名登记的范围。

207. 2013 年 5 月，国家互联网信息办公室在全国范围内集中部署打击利用互联网造谣和故意传播谣言行为。

208. 国家互联网信息办部署，自 2013 年 5 月 9 日起，在全国范围内开展为期两个月的规范互联网新闻信息传播秩序专项行动。

209. 2013 年 5 月，中华人民共和国工业与信息化部发布了一份"电信业务分类目录"修订稿，该修订稿的发布旨在使许可要求覆盖更多的业务，规范市场经营行为。

210. 2013 年 7 月 8 日，中美在华盛顿举行了第一次网络工作组会议，该会议是在中美战略安全对话框架下实施的。

211. 2013 年 8 月 8 日，微信与中国联通合作，推出"微信沃"定制 SIM 卡。微信与运营商的合作，刺激了类似合作的诞生；2013 年 10 月来往、易信纷纷与运营商合作推出"免费流量"。

212. 2013 年 8 月 14 日，国务院发布《关于促进信息消费扩大内需的若干意见》，信息消费承担了国内经济稳增长、扩内需、调结构的重任。通信业站在了信息消费的前沿，促进信息消费的政策囊括了 4G 发牌、国家宽带战略、三网融合、移动互联网等多个通信业内的重点事项，并有具体措施"保驾护航"。

213. 2013 年 8 月 17 日，国务院发布了"宽带中国"战略实施方案，部署未来 8 年宽带发展目标及路径，意味着"宽带战略"从部门行动上升为国家战略，宽带首次成为国家战略性公共基础设施。

214. 为进一步规范互联网接入服务，工业和信息化部制定并印发了《互联网接入服务规范》(以下简称《规范》)，自 2013 年 9 月 1 日起实施。《规范》规定，电信业务经营者应依照法律和有关规定对提供服务过程中收集、使用的用户个人信息严格保密，不得泄露、篡改或者毁损，不得出售或者非法向他人提供。《规范》还要求，在无线接入网络覆盖范围内的 90% 位置，99% 的时间、在 20 秒内无线终端均可接入网络。

215. 2013 年 9 月 9 日，最高人民法院、最高人民检察院公布《关于办理利用信息网络实施诽谤等刑事案件适用法律若干问题的解释》，明确了利用信息网络捏造事实诽谤他人，严重危害社会秩序和国家利益，以及实施寻衅滋事犯罪、敲诈勒索犯罪所适用的刑法条款，厘清了网络信息传播、在网络发表言论的法律边界，为惩治利用网络实施诽谤等犯罪行为提供了明确的法律标尺。同一诽谤信息实际被点击、浏览次数达到 5000 次以上，或者被转发次数达到 500 次以上的，应当认定为刑法第二百四十六条第一款规定的"情节严重"。

216. 2013 年 10 月 18 日，华为发布了新版《网络安全白皮书》，旨在为有关全球行业如何应对网络安全挑战的探讨提供信息。

217. 2013 年 10 月 30 日，第十三届中国网络媒体论坛在郑州举行。本届论坛的主题是"网聚正能量，共筑中国梦"，国家互联网信息办公室主任鲁炜在主题演讲中指出，互联网作为新形势下党和政府联系群众的重要纽带、服务群众的重要平台，要坚持正能量是总要求，中国梦是主旋律，充分讲述百姓寻梦的故事、展示百姓追梦的奋斗、会聚百姓圆梦的力量，形成共筑中国梦的强大合力。

218. 2013 年 11 月 26 日，华为宣布帮助中国移动携手多家运营、系统设备以及终端领域的合作伙伴，在成都、杭州两地的 TD-LTE 网络与韩国的 FDD LTE 网络之间，首次实现基于 VoLTE 高清语音电话和高清视频电话的国际互通。

219. 2013 年 12 月 4 日，工业和信息化部向中国联通、中国电信、中国移动正式发放了第四代移动通信业务牌照，此次发放的牌照标准为 TD-LTE，牌照的发放启动了 4G 标准商用进程。

220. 2013 年 12 月 5 日，中国人民银行联合工业和信息化部、银监会、证监会和保监会正式下发《关于防范比特币风险的通知》，要求各金融机构和支付机构不得开展与比特币相关的业务，不得以比特币为产品或服务定价。并要求提供比特币登记、交易等服务的互联网站应当在电信管理机构备案，并切实履行反洗钱义务，对用户身份进行识别、报告可疑交易。同时强化对公众的教育。

221. 2013 年 12 月 8 日，12306 手机客户端正式上线，春运乘客可用手机支付宝买火车票。

222. 2013 年 12 月 18 日下午，央行网站出现访问不稳定现象，持续了数个小时，疑似遭到了黑客攻击。

223. 2013 年 12 月 24 日，华为携手澳大利亚第二大电信运营商 Optus 在澳洲的七个 TD-LTE 商用网络区域，率先推出 TD-LTE 双载波聚合功能（Carrier Aggregation），墨尔本区域的网络下载速率超过 160 Mb/s，标志着 TD-LTE 正式进入 LTE-Advanced 时代。

224. 2013 年 12 月 26 日，工业和信息化部向 11 家民营企业正式发放了首批移动通信转售业务（即"虚拟运营商"牌照）试点批文，这表明国内电信市场大门终于打开。另外，工业和信息化部已核发"170"号段作为移动通信转售业务的专属号段，预计 2014 年 5 月放号。

225. 2014 年 1 月 21 日下午 3 点，国内通用顶级域的根服务器忽然出现异常，导致全国约三分之二的互联网域名解析系统 DNS(Domain Name System) 服务器解析失败，数千万网民无法顺利上网。根域名服务器 (Root Name Server) 是 DNS 中最高级别的域名服务器，全球仅有 13 台根服务器。其中，主根服务器 (A) 美国 1 个，辅根服务器 (B 至 M) 美国 9 个，瑞典、荷兰、日本各 1 个。相关专家团队通过对 DNS 跟踪测试分析，全球至少有两个根服务器遭到污染，导致国内大量网站无法正常访问。

226. 2014 年 2 月 27 日，中央网络安全和信息化领导小组成立。该领导小组将着眼国家安全和长远发展，统筹协调涉及经济、政治、文化、社会及军事等各个领域的网络安全和信息化重大问题，研究制定网络安全和信息化发展战略、宏观规划和重大政策，推动国家网络安全和信息化法治建设，不断增强安全保障能力。

227. 2014 年 3 月 14 日，美国商务部下属的国家电信和信息局宣布，将放弃对国际互联网名称和编号分配公司 (ICANN) 的管理权，不过不会把这一权力移交给联合国，而是移交给"全球利益攸关体"。3 月 23 日至 27 日，第 49 届 ICANN 会议在新加坡召开，讨论管理权移交问题。

参考文献

[1] 常桂然：《Internet 骨干网间的交互连接机构及其实现》,《小型微型计算机系统》1998 年第 9 期。

[2] T. Bates,et al, "Representation of IP routing policies in a routing registry" ,RFC 1786, Mar,1995,pp3–10.

[3] 经济与合作组织：《宽带网络与开放式接入》, 2013 年 3 月。

[4] E. Chen and J. Yu, "Addressing and routing design for the hybrid NAP" , *http : //www.merit.edu/.*

[5] 林德敬，林柏钢：《INTERNET 接入网技术综合分析》,《通信技术》2002 年第 8 期。

[6] 刘国清：《Internet 宽带接入技术及展望》,《常德师范学院学报 (自然科学版)》2002 年第 2 期。

[7] C. H. Cheng," Internet Exchange for local traffic : HongKong experience ", Proc. of INET'96,Montreal,Canada,June,1996,pp2–8.

[8] 胡嘉玺：《宽带接入 DIY》, 人民邮电出版社 2000 年版, 第 156–160 页。

[9] R. Govindan，C. Alaettinoglu，K. Varadhan，and D. Estrin: "A Route server architecture for inter– domain routing", *USC Technical Report* Jan,1995, pp95–603.

[10] [美] Lawrence Harte,Roman Kikta：《xDSL 揭密》, 人民邮电出版社 2001 年版, 第 230–245 页。

[11] D. Haskin: "A BGP/IDRP Route Server alternative to a full mesh routing", *RFC1863,*Oct,1995,pp4–9.

[12] 孔令夷:《对我国互联网接入产业监管的思考》,《价值工程》2011年第 4 期。

[13] 李勇,陶智勇,钮海明:《宽带城域网实用手册》,北京邮电大学出版社 2001 年版,第 133-145 页。

[14] J. Jamison and R. Wilder: "vBNS: The internet fast lane for research and Education", *IEEE Communications Magazine*, January 1997,pp11-15.

[15] B. M. Leiner,et al: "A Brief history of the interent", *http://www.isoc.org/internet-history/.*

[16] [美]GilHeld:《无线数据传输网络:蓝牙、WAP 和 WLAN》,人民邮电出版社 2001 年版,第 201-234 页。

[17] B. Manning: "Routing arbiter in the post-NSFNET service world", *Proc. of INET'95*,Honolulu,Hawaii,U.S.A.,June 1995,pp15-21.

[18] 赵晨:《宽带接入烽烟四起》,《计算机与网络》2000 年第 10 期。

[19] Y. Rekhter and T. Li: "A Border gateway protocol 4(BGP-4):, *RFC1771*,March 1995,pp14-20.

[20] M. Steenstrup: "An Architecture for inter-domain policy routing:, *RFC1478*,July 1993,pp3-8.

[21] 何伟,李昱罡:《电力通信网络及其接入技术》,《郧阳师范高等专科学校学报》2008 年第 3 期。

[22] 程鹏:《升级无线城市群引领新型信息化》,《南方日报》2013 年 5 月 17 日 A03 版。

[23] MikiN,Otaka: "A Optical access system suitable for computer communication", *GLOBECOM'98[C],AN*,1998,pp22-25.

[24] 冯先成,韵湘,胡煌球:《一种适用于 LAN 及中高速 Internet 接入的 PON 系统》,《光通信研究》2001 年第 2 期。

[25] 李克华,马明武,禄凯:《基于 Web 的网络管理平台》,《装备指挥技术学院学报》2004 年第 4 期。

[26] [美] Walter Goralski:《ADSL 和 DSL 技术》,刘勇译,人民邮电出版社 2000 年版,第 156-174 页。

[27] 陈显治:《现代通信技术》,电子工业出版社 2000 年版,第 134–167 页。

[28] 王明俊:《发展中的配电系统自动化》,《电力自动化设备》1999 年第 3 期。

[29] 杨家海:《网络管理原理与实现技术》,清华大学出版社 2000 年版,第 123–135 页。

[30] 赵安平,赵国钦:《互联网接入服务定价的实证分析》,《华北电力大学学报(社会科学版)》2009 年第 5 期。

[31] 孙开放,汪建:《多线程技术在变电站监控系统中的应用》,《计算机应用与软件》2003 年第 1 期。

[32] 宽带发展联盟:《中国宽带速率状况报告 (2013 上半年)》,
http://wenku.baidu.com/link?url=sdITJu3VvhEDFXtNXhjQVJKLYwl99YArR
Wd0fNk54V6Vrl7AIq2_ukTIVxkWy73IKWd8rPOwv。

[33] Dongyun Zhou,Suresh Subramanian: "Survivability in Optical Networks", *IEEE Network*,November/December,2000.

[34] 中国互联网络信息中心:《2013 中国互联网络发展状况统计报告第 32 期》,2013 年。

[35] 周杰娜:《现代电力系统调度自动化》,重庆大学出版社 2003 年版,第 58–76 页。

[36] 卢赫:《国内外移动互联网发展现状及问题分析》,《现代电信科技》2009 年第 7 期。

[37] 雷春娟,李承恕:《无线接入 INTERNET 的两种方式及其关键技术》,《世界电信》2002 年第 1 期。

[38] 周雷声:《下一代互联网体系结构研究》,《科技风》,2012 年第 23 期。

[39] 贺晓东,杨国良:《中国下一代互联网发展策略探讨》,《广东通信技术》2012 年第 9 期。

[40] 韦乐平:《下一代互联网发展的若干问题思考》,《电信网技术》2011 年第 12 期。

[41] 蒋铭,沈成彬,王作强,王波:《面向下一代互联网的接入网演进

策略》，《电信科学》2010 年第 8 期。

[42] 卢氅，谢玮：《下一代互联网演进趋势及发展策略》，《现代电信科技》2006 年第 7 期。

[43] 魏亮：《下一代互联网协议现状及分析》，《电信网技术》2006 年第 4 期。

[44] 魏亮：《下一代互联网标准化现状》，《电信科学》2005 年第 8 期。

[45] 余翔，余道衡：《下一代互联网的发展与展望》，《世界科技研究与发展》2004 年第 1 期。

[46] 王忠，吴捷，田东旭：《IPv6：下一代互联网的灵魂》，《通信管理与技术》2004 年第 2 期。

[47] 倪春胜，杨家海，陈煜：《面向 IPv6 的下一代互联网管理研究》，《电信科学》2004 年第 10 期。

[48] 刘海蓉：《用组策略管理互联网》，《武汉职业技术学院学报》2009 年第 5 期。

[49] 谢永江，纪凡凯：《论我国互联网管理立法的完善》，《国家行政学院学报》2010 年第 5 期。

[50] 吴元俊：《对构建互联网财务管理规范的建议》，《经营管理者》2010 年第 23 期。

[51] 黄澄清：《互联网管理创新是主旋律》，《中国新通信》2006 年第 1 期。

[52]《互联网有效管理需有破有立》，《信息安全与通信保密》2006 年第 4 期。

[53] 郭海滨，郑丕谔：《防治互联网信息污染的知识管理概念模型研究》，《情报杂志》2006 年第 10 期。

[54] 韦柳融，王融：《中国的互联网管理体制分析》，《中国新通信》2007 年第 18 期。

[55] 柯蓉：《互联网环境下的供应链管理模型方法综述》，《商业研究》2007 年第 9 期。

[56] 姜世金，张美娟，师彪，栾利香：《基于互联网的财务管理创新》，《财会月刊》2008 年第 2 期。

[57] 党子奇：《互联网时代如何加强网络新闻评论的引导和管理》，《延安大学学报（社会科学版）》2008 年第 3 期。

[58] 程秀权，程松涛，马红梅，吴霞：《互联网信息内容管理平台研究与实践》，《电信工程技术与标准化》2008 年第 6 期。

[59] 李燕：《基于互联网的电子商务安全管理策略研究》，《软件导刊》2008 年第 7 期。

[60] 李进兵：《互联网与管理沟通的变化》，《中国人力资源开发》2005 年第 5 期。

[61] 王居野：《对互联网管理的一点思考》，《江淮论坛》2003 年第 3 期。

[62] 高春玲：《关于网络信息资源管理的思考》，《现代情报》2003 年第 12 期。

[63] 郭双宙，梁金兰：《关于校园网接入互联网上网管理计费解决方案》，《电脑开发与应用》2002 年第 6 期。

[64] 赵勤：《从公民言论自由到国际互联网"临界信息"管理》，《网络安全技术与应用》2002 年第 4 期。

[65] 郑海燕：《欧盟重视参与互联网组织管理的政策动向》，《国外社会科学》2000 年第 5 期。

[66] 严久步：《国外互联网管理的近期发展》，《国外社会科学》2001 年第 3 期。

[67] 赵奇：《武侠互联网时代的企业管理创新》，《企业研究》2012 年第 22 期。

[68] 辛敏嘉，王国平：《建构适宜于我国互联网特性的秩序管理体系》，《学术论坛》2011 年第 9 期。

[69] 加里·哈默，薛香玲：《互联网与管理 2.0》，《IT 经理世界》2011 年第 21 期。

[70] 阚道远：《发展中国家的互联网管理与"中国模式"》，《理论学习》2012 年第 5 期。

[71] 施雪华：《互联网与中国社会管理创新》，《学术研究》2012 年第 6 期。

[72] 谢晶莹:《试论互联网给政府管理社会所带来的机遇》,《武汉商业服务学院学报》2009 年第 1 期。

[73] 苏金树,涂睿,王宝生,刘亚萍:《互联网新型安全和管理体系结构研究展望》,《计算机应用研究》2009 年第 10 期。

附录一　"宽带中国"战略及实施方案

国发〔2013〕31号

　　宽带网络是新时期我国经济社会发展的战略性公共基础设施，发展宽带网络对拉动有效投资和促进信息消费、推进发展方式转变和小康社会建设具有重要支撑作用。从全球范围看，宽带网络正推动新一轮信息化发展浪潮，众多国家纷纷将发展宽带网络作为战略部署的优先行动领域，作为抢占新时期国际经济、科技和产业竞争制高点的重要举措。近年来，我国宽带网络覆盖范围不断扩大，传输和接入能力不断增强，宽带技术创新取得显著进展，完整产业链初步形成，应用服务水平不断提升，电子商务、软件外包、云计算和物联网等新兴业态蓬勃发展，网络信息安全保障逐步加强，但我国宽带网络仍然存在公共基础设施定位不明确、区域和城乡发展不平衡、应用服务不够丰富、技术原创能力不足、发展环境不完善等问题，亟需得到解决。

　　根据《2006—2020年国家信息化发展战略》、《国务院关于大力推进信息化发展和切实保障信息安全的若干意见》（国发〔2012〕23号）和《"十二五"国家战略性新兴产业发展规划》的总体要求，特制定《"宽带中国"战略及实施方案》，旨在加强战略引导和系统部署，推动我国宽带基础设施快速健康发展。

一　指导思想、基本原则和发展目标

（一）指导思想

以邓小平理论、"三个代表"重要思想、科学发展观为指导，围绕加快转变经济发展方式和全面建成小康社会的总体要求，将宽带网络作为国家战略性公共基础设施，加强顶层设计和规划引导，统筹关键核心技术研发、标准制定、信息安全和应急通信保障体系建设，促进网络建设、应用普及、服务创新和产业支撑的协同，综合利用有线、无线技术推动电信网、广播电视网和互联网融合发展，加快构建宽带、融合、安全、泛在的下一代国家信息基础设施，全面支撑经济发展和服务社会民生。

（二）基本原则

坚持政府引导与市场调节相结合。坚持市场配置资源的基础性作用，发挥政府战略引领作用，完善政策措施。系统研究解决网络建设、内容服务、应用创新、产业发展等环节体制机制问题，营造良好环境，促进市场公平竞争和资源有效利用。

坚持统筹规划与分步推进相结合。从战略性、全局性和系统性出发，适度超前，明确宽带发展的总体目标、路线图和时间表。遵循客观发展规律，因地制宜，统筹城乡和区域宽带协调发展，统筹军民宽带网络融合发展。

坚持网络建设与应用服务相结合。统筹有线、无线技术手段协同发展，协调推进宽带接入网、骨干网和国际出入口能力建设，形成适度超前的宽带网络发展格局。促进网络能力提升与应用服务创新相结合，深化宽带在各行业、各领域的集成应用，推动信息消费，培育新服务、新市场、新业态。

坚持网络升级与产业创新相结合。加强宽带网络发展与产业支撑能力建设的协同，加快建立以企业为主体、市场为导向、产学研用紧密结合的技术创新体系，促进国内外优势资源的整合利用，提升自主创新能力，实现产业链上下游协调发展，提高产业配套能力。

坚持宽带普及与保障安全相结合。强化安全意识，同步推进网络信息安全和应急通信保障能力建设，不断增强基础网络、核心系统、关键资源的安全掌控能力以及应急服务能力，实现网络安全可控、业务安全可管、应急保障可靠。

（三）发展目标

到 2015 年，初步建成适应经济社会发展需要的下一代国家信息基础设施。基本实现城市光纤到楼入户、农村宽带进乡入村，固定宽带家庭普及率达到 50%，第三代移动通信及其长期演进技术（3G/LTE）用户普及率达到 32.5%，行政村通宽带（有线或无线接入方式，下同）比例达到 95%，学校、图书馆、医院等公益机构基本实现宽带接入。城市和农村家庭宽带接入能力基本达到 20 兆比特每秒（Mbps）和 4Mbps，部分发达城市达到 100Mbps。宽带应用水平大幅提升，移动互联网广泛渗透。网络与信息安全保障能力明显增强。

到 2020 年，我国宽带网络基础设施发展水平与发达国家之间的差距大幅缩小，国民充分享受宽带带来的经济增长、服务便利和发展机遇。宽带网络全面覆盖城乡，固定宽带家庭普及率达到 70%，3G/LTE 用户普及率达到 85%，行政村通宽带比例超过 98%。城市和农村家庭宽带接入能力分别达到 50Mbps 和 12Mbps，发达城市部分家庭用户可达 1 吉比特每秒（Gbps）。宽带应用深度融入生产生活，移动互联网全面普及。技术创新和产业竞争力达到国际先进水平，形成较为健全的网络与信息安全保障体系。

二　技术路线和发展时间表

遵循宽带技术演进规律，充分利用现有网络基础，围绕经济社会发展总体要求和宽带发展目标，加强和完善总体布局，系统解决宽带网络接入速度、覆盖范围、应用普及等关键问题，强化产业发展和安全保障，不断提高宽带发展整体水平，全面提升支撑经济社会可持续发展的能力。

（一）技术路线

统筹接入网、城域网和骨干网建设，综合利用有线技术和无线技术，结合基于互联网协议第 6 版（IPv6）的下一代互联网规模商用部署要求，分阶段系统推进宽带网络发展。

按照高速接入、广泛覆盖、多种手段、因地制宜的思路，推进接入网建设。城市地区利用光纤到户、光纤到楼等技术方式进行接入网建设和改造，并结合3G/LTE与无线局域网技术，实现宽带网络无缝覆盖。农村地区因地制宜，灵活采取有线、无线等技术方式进行接入网建设。

按照高速传送、综合承载、智能感知、安全可控的思路，推进城域网建设。逐步推动高速传输、分组化传送和大容量路由交换技术在城域网应用，扩大城域网带宽，提高流量承载能力；推进网络智能化改造，提升城域网的多业务承载、感知和安全管控水平。

按照优化架构、提升容量、智能调度、高效可靠的思路，推进骨干网建设。优化骨干网络架构，完善国际网络布局，全面推广超高速波分复用系统和集群路由器技术，提升骨干网络容量和智能调度能力，保障网络高速高效和安全可靠运行。

（二）发展时间表

1.全面提速阶段（至2013年年底）。重点加强光纤网络和3G网络建设，提高宽带网络接入速率，改善和提升用户上网体验。

城市地区着力推进光纤化成片改造，农村地区灵活采用有线和无线方式加快行政村宽带接入网建设，提高接入速度和网络使用性价比。进一步提升城市3G网络质量，扩大农村3G网络覆盖范围，做好时分双工模式移动通信长期演进技术（TD-LTE）扩大规模试验工作。加快下一代广播电视网建设，推进"光进铜退"和网络双向化改造，促进互联互通。同步推进城域网扩容升级。以网间互联为重点优化互联网骨干网。推动网站升级改造，提高网站接入速率。

到2013年年底，固定宽带用户超过2.1亿户，城市和农村家庭固定宽带普及率分别达到55%和20%。3G/LTE用户超过3.3亿户，用户普及率达到25%。行政村通宽带比例达到90%。城市地区宽带用户中20Mbps宽带接入能力覆盖比例达到80%，农村地区宽带用户中4Mbps宽带接入能力覆盖比例达到85%。城乡无线宽带网络覆盖水平明显提升，无线局域网基本实现城市重要公共区域热点覆盖。全国有线电视网络互联互通平台覆盖有线电视网络用户比例达到60%。

2.推广普及阶段（2014—2015年）。重点在继续推进宽带网络提速的同时，加快扩大宽带网络覆盖范围和规模，深化应用普及。

城市地区加快扩大光纤到户网络覆盖范围和规模，农村地区积极采用无线技术加快宽带网络向行政村延伸，有条件的农村地区推进光纤到村。持续扩大3G覆盖范围和深度，推动TD-LTE规模商用。继续推进下一代广播电视网建设，进一步扩大下一代广播电视网覆盖范围，加速互联互通。全面优化国家骨干网络。加强光通信、宽带无线通信、下一代互联网、下一代广播电视网、云计算等重点领域新技术研发，在部分重点领域取得原始创新成果。

到2015年，固定宽带用户超过2.7亿户，城市和农村家庭固定宽带普及率分别达到65%和30%。3G/LTE用户超过4.5亿户，用户普及率达到32.5%。行政村通宽带比例达到95%。城市家庭宽带接入能力基本达到20Mbps，部分发达城市达到100Mbps，农村家庭宽带接入能力达到4Mbps。3G网络基本覆盖城乡，LTE实现规模商用，无线局域网全面实现公共区域热点覆盖，服务质量全面提升。互联网网民规模达到8.5亿，应用能力和服务水平显著提高。全国有线电视网络互联互通平台覆盖有线电视网络用户比例达到80%。互联网骨干间互通质量、互联网服务提供商接入带宽和质量满足业务发展需求。在宽带无线通信、云计算等重点领域掌握一批拥有自主知识产权的核心关键技术。宽带技术标准体系逐步完善，国际标准话语权明显提高。

3.优化升级阶段（2016—2020年）。重点推进宽带网络优化和技术演进升级，宽带网络服务质量、应用水平和宽带产业支撑能力达到世界先进水平。

到2020年，基本建成覆盖城乡、服务便捷、高速畅通、技术先进的宽带网络基础设施。固定宽带用户达到4亿户，家庭普及率达到70%，光纤网络覆盖城市家庭。3G/LTE用户超过12亿户，用户普及率达到85%。行政村通宽带比例超过98%，并采用多种技术方式向有条件的自然村延伸。城市和农村家庭宽带接入能力分别达到 50Mbps 和 12Mbps，50% 的城市家庭用户达到 100Mbps，发达城市部分家庭用户可达 1Gbps，LTE 基本覆盖城乡。互联网网民规模达到 11 亿，宽带应用服务水平和应用能力大幅提升。全国有线电视网络互联互通平台覆盖有线电视网络用户比例超过 95%。全面突破制约宽带产业发展的高端基础产业瓶颈，宽带技术研发达到国际先进水平，建成结构完善、具有国际竞争力的宽带产业链，形成一批世界领先的创新型企业。

"宽带中国"发展目标与发展时间表

指标	单位	2013年	2015年	2020年
1. 宽带用户规模				
固定宽带接入用户	亿户	2.1	2.7	4.0
其中：光纤到户（FTTH）用户	亿户	0.3	0.7	——
其中：城市宽带用户	亿户	1.6	2.0	——
农村宽带用户	亿户	0.5	0.7	——
3G/LTE用户	亿户	3.3	4.5	12
2. 宽带普及水平				
固定宽带家庭普及率	%	40	50	70
其中：城市家庭普及率	%	55	65	——
农村家庭普及率	%	20	30	——
3G/LTE用户普及率	%	25	32.5	85
3. 宽带网络能力				
城市宽带接入能力	Mbps	20（80%用户）	20	50
其中：发达城市	Mbps		100（部分城市）	1000（部分用户）
农村宽带接入能力	Mbps	4（85%用户）	4	12
大型企事业单位接入带宽	Mbps		大于100	大于1000
互联网国际出口带宽	Gbps	2500	6500	——
FTTH覆盖家庭	亿个	1.3	2.0	3.0
3G/LTE基站规模	万个	95	120	——

指标	单位	2013年	2015年	2020年
行政村通宽带比例	%	90	95	＞98
全国有线电视网络互联互通平台覆盖有线电视网络用户比例	%	60	80	＞95
4.宽带信息应用				
网民数量	亿人	7.0	8.5	11.0
其中：农村网民	亿人	1.8	2.0	——
互联网数据量（网页总字节）	太字节	7800	15000	
电子商务交易额	万亿元	10	18	——

三　重点任务

（一）推进区域宽带网络协调发展

东部地区。支持东部地区先行先试开展网络升级和应用创新。积极利用光纤和新一代移动通信技术、下一代广播电视网技术，全面提升宽带网络速度与性能，着力缩小与发达国家差距；加快部署基于 IPv6 的下一代互联网；鼓励东部地区结合本地经济社会发展需要，积极开展区域试点示范，创新宽带应用服务，培育发展新业务、新业态。

中西部地区。给予政策倾斜，支持中西部地区宽带网络建设，增加光缆路由，提升骨干网络容量，扩大接入网络覆盖范围，与东部地区同步部署应用新一代移动通信技术、下一代广播电视网技术和下一代互联网。加快中西部地区信息内容和网站的建设，推进具有民族特色的信息资源开发和宽带应用服务。创造有利环境，引导大型云计算数据中心落户中西部条件适宜的地区。

农村地区。将宽带纳入电信普遍服务范围，重点解决宽带村村通问题。因地制宜采用光纤、铜线、同轴电缆、3G/LTE、微波、卫星等多种技术手段加快宽带网络从乡镇向行政村、自然村延伸。在人口较为密集的农村地区，积极推动光纤等有线方式到村。在人口较为稀少、分散的农村地区，灵活采用各类无线技术实现宽带网络覆盖。加快研发和推广适合农民需求的低成本智能终端。加强各类涉农信息资源的深度开发，完善农村信息化业务平台和服务中心，提高综合网络信息服务水平。

专栏1 "宽带乡村" 工程

根据农村经济发展水平和地理自然条件，灵活选择接入技术，分类分阶段推进宽带网络向行政村和有条件的自然村延伸。较发达地区在完成行政村通宽带的基础上推进光纤到行政村、宽带到自然村；欠发达地区重点解决行政村宽带覆盖。对建设成本过高的边远地区、山区以及海岛等，可以采用移动、卫星等无线宽带技术解决信息孤岛问题；对幅员宽广、居住分散的牧区，推进无线宽带覆盖；对新规划建设的成片新农村、农牧民安居工程，积极推进光纤到楼和光纤到户建设。

（二）加快宽带网络优化升级

骨干网。加快互联网骨干节点升级，推进下一代广播电视网宽带骨干网建设，提升网络流量疏通能力，全面支持 IPv6。优化互联网骨干网间互联架构，扩容网间带宽，保障连接性能。增加国际海陆缆通达方向，完善国际业务节点布局，提升国际互联带宽和流量转接能力。升级国家骨干传输网，提升业务承载能力，增强网络安全可靠性。

接入网和城域网。积极利用各类社会资本，统筹有线、无线技术加快宽带接入网建设。以多种方式推进光纤向用户端延伸，加快下一代广播电视网宽带接入网络的建设，逐步建成以光纤为主、同轴电缆和双绞线等接入资源有效利用的固定宽带接入网络。加大无线宽带网络建设力度，扩大3G 网络覆盖范围，提高覆盖质量，协调推进 TD-LTE 商用发展，加快无线局域网重要公共区域热点覆盖，加快推进地面广播电视数字化进程。推进城域网优化和扩容。加快接入网、城域网 IPv6 升级改造。规划用地红线内的通信管道等通信设施与住宅区、住宅建筑同步建设，并预先铺设入户光纤，预留设备间，所需投资纳入相应建设项目概算。探索宽带基础设施共建共享的合作新模式。

应用基础设施。统筹互联网数据中心建设，利用云计算和绿色节能技术进行升级改造，提高能效和集约化水平。扩大内容分发网络容量和覆盖范围，提升服务能力和安全管理水平。增加网站接入带宽，优化空间布局，实现互联网信息源高速接入。同步推动政府、学校、企事业单位外网网站系统及商业网站系统的 IPv6 升级改造。

工程光纤城市建设。支持城市新建区域以光纤到户方式为主部署宽带网络，已建区域采用多种方式加快"光进铜退"改造，推进政府、学校、医疗卫生、科技园区、商务楼宇、宾馆酒店等单位的光纤宽带接入部署，提高接入速率。

无线宽带网络建设。支持城市地区以3G/LTE网络为主，辅以无线局域网建设无线宽带城市，持续扩大农村地区无线宽带网络的覆盖范围，加大高速公路、高速铁路的无线网络优化力度。

下一代广播电视宽带网建设。采用超高速智能光纤和同轴光缆传输技术建设下一代广播电视宽带网，通过光纤到小区、光纤到自然村、光纤到楼等方式，结合同轴电缆入户，充分利用广播电视网海量下行带宽、室内多信息点分布的优势，满足不同用户对弹性接入带宽的需要，加快实现宽带网络优化提速，促进宽带普及。

互联网骨干网优化。推进网络结构扁平化，扩展骨干链路带宽，提升承载能力。优化骨干网间直联点布局，探索交换中心发展模式，加强对网间互联质量和交换中心的监测，保障骨干网间互联质量，提高互联网服务提供商的接入速度。

骨干传输网优化。适度超前建设超高速大容量光传输系统，持续提升骨干传输网络容量。适时引入和推广智能光传输网技术，提高资源调度的智能化水平。增加西部地区光缆路由密度，推进光缆网向格状网演进，提高国家干线网络安全性能。

（三）提高宽带网络应用水平

经济发展。不断拓展和深化宽带在生产经营中的应用，加快企业宽带联网和基于网络的流程再造与业务创新，利用信息技术改造提升传统产业，实现网络化、智能化、集约化、绿色化发展，促进产业优化升级。不断创新宽带应用模式，培育新市场新业态，加快电子商务、现代物流、网络金融等现代服务业发展，壮大云计算、物联网、移动互联网、智能终端等新一代信息技术产业。行业专用通信要充分利用公众网络资源，满足宽带化发展需求，逐步减少专用通信网数量。

社会民生。着力深化宽带网络在教育、医疗、就业、社保等民生领域的应用。加快学校宽带网络覆盖，积极发展在线教育，实现优质教育资源共享。推动医疗卫生机构宽带联网，加速发展远程医疗和网络化医疗应用，促进医疗服务均等化。加快就业和社会保障信息服务体系建设，实现管理服务的全覆盖，推进社会保障卡应用，加快跨区域就业和社会保障信息互联互通。加强对信息化基础薄弱地区和特殊群体的宽带网络覆盖和服务支撑。

文化建设。加快文化馆（站）、图书馆、博物馆等公益性文化机构和重大文化工程的宽带联网，优化公共文化信息服务体系，大力发展公共数字文化。提升宽带网络对文化事业和文化创意产业的支撑能力，促进宽带网络和文化发展融合，发展数字文化产业等新型文化业态，增强文化传播能力，提高公共文化服务效能和文化产业规模化、集约化水平，推动文化大发展大繁荣。

国防建设。依托公众网络增强军用网络设施的安全可靠、应急响应和动态恢复能力。利用关键技术研发成果，提升军用网络的技术水平和能力。为军队遂行日常战备、训练演习和非战争军事行动适当预置接入和信道资源。完善公众网络和军用网络资源共享共用、应急组织调度的领导机制和联动工作机制。

应用普及。大力推进信息技术在教育教学中的应用，推进优质教育资源普遍共享，加强网络文明与网络安全教育，引导学生形成良好的用网习惯和正确的网络世界观。设立农村公共宽带互联网服务中心，开展宽带上网及应用技能培训。面向中小企业开展宽带应用技能培训及电子商务、网上营销等指导，鼓励企业利用宽带开展业务和商业模式创新。研发推广特殊人群专用信息终端和应用工具。

专栏3　中小企业宽带应用示范工程

支持中小企业宽带上网，推动企业将互联网融入其生产经营流程。支持建设面向中小企业的第三方电子商务平台，鼓励开展在线销售、采购、客户关系管理等活动。

专栏4　贫困学校和特殊教育机构宽带应用示范工程

支持灵活选用不同宽带接入技术，因地制宜为农村地区（尤其是贫困地区和少数民族地区）中小学和残疾人特殊教育机构建设宽带网络设施，开发简便易用的上网终端，丰富特色应用，加大信息助教、助残和扶贫力度，缩小数字鸿沟。

专栏5　数字文化宽带应用示范工程

建设可智能适配不同宽带接入网络和终端的广播影视、文化馆、图书馆、博物馆等数字文化内容平台，提高数字文化内容平台的宽带联网和互联互通水平，结合宽带网络能力提升创新数字文化服务业态，丰富各类数字文化应用，开发数字文化应用智能终端，开展各类数字文化宽带应用示范，促进宽带网络和文化发展融合，增强文化传播能力。

（四）促进宽带网络产业链不断完善

关键技术研发。推进实施新一代宽带无线移动通信网、下一代互联网等专项和863计划、科技支撑计划等。加强更高速光纤宽带接入、超高速大容量光传输、超大容量路由交换、数字家庭、大规模资源管理调度和数据处理、新一代万维网（Web）、新型人机交互、绿色节能、量子通信等领域关键技术研发，着力突破宽带网络关键核心技术，加速形成自主知识产权。进一步完善宽带网络标准体系，积极参与相关国际标准和规范的研究制定。

重大产品产业化。在光通信、新一代移动通信、下一代互联网、下一代广播电视网、移动互联网、云计算、数字家庭等重点领域，加大对关键设备核心芯片、高端光电子器件、操作系统等高端产品研发及产业化的支持力度。支持宽带网络核心设备研制、产业化及示范应用，着力突破产业瓶颈，提升自主发展能力。鼓励组建重点领域技术产业联盟，完善产业链上下游协作，推动产业协同创新。

智能终端研制。充分发挥无线和有线宽带网络能力，面向教育、医疗卫生、交通、家居、节能环保、公共安全等重点领域，积极发展物美价廉的移动终端、互联网电视、平板电脑等多种形态的上网终端产品。推动移动互联网操作系统、核心芯片、关键器件等的研发创新。加快3G、TD—LTE及其他技术制式的多模智能终端研发与推广应用。

支撑平台建设。充分整合现有资源，在宽带网络相关技术领域，推动国家工程中心、实验室等产业创新能力平台建设。研究制定宽带网络发展评测指标体系，构建覆盖全国的宽带网络信息测试与采集系统，实现宽带网络性能常态化监测。

专栏6 宽带核心设备研制产业化工程

光纤宽带接入核心设备研制与示范。突破大容量、高带宽、长距离的新一代光纤接入网关键技术，研制光接入网设备核心器件芯片，推动智能光分配网络和海量数据管理系统的成熟与产业化，开发测试平台，开展示范应用。

骨干光传输和路由交换设备研制和试点。研制下一代光网络体系架构、超高速波分复用传输和智能组网、分组光传送网、高精度时间同步、超大容量路由交换等核心设备，突破相关核心芯片和高端光电器件技术，实现产业化。完善相关国际国内标准，开展技术试验和试点应用。

宽带接入智能终端研发和产业化。面向智能手机、智能电视、智能机顶盒、平板电脑等多类型终端和数字家庭网关，组织开展自主操作系统和配套应用的规模商用。突破智能终端处理器芯片、新一代Web、多模态人机交互、多模智能终端和多屏智能切换等关键技术。

建立宽带发展监测体系和评价指标体系，建设覆盖全国的宽带发展测评系统，实现对网络覆盖、接入带宽、用户规模、主要网站接入速率等信息的动态监测，建立宽带发展状况报告和宽带地图发布机制。

（五）增强宽带网络安全保障能力

技术支撑能力。加强宽带网络信息安全与应急通信关键技术研究，提高基础软硬件产品、专用安全产品、应急通信装备的可控水平，支持技术产品研发，完善相关产业链，提高宽带网络信息安全与应急通信技术支撑能力。

安全防护体系。加快形成与宽带网络发展相适应的安全保障能力，构建下一代网络信息安全防护体系，提高对网络和信息安全事件的监测、发现、预警、研判和应急处置能力，完善网络和重要信息系统的安全风险评估评测机制和手段，提升网络基础设施攻击防范、应急响应和灾难备份恢复能力。

应急通信系统。提高宽带网络基础设施的可靠性和抗毁性，逐步实现宽带网络的应急优先服务，提升宽带网的应急通信保障能力。加强基于宽带技术的应急通信装备配备，加快应急通信系统的宽带化改造。

安全管理机制。引导和规范新技术、新应用安全发展，构建安全评测评估体系，提高主动安全管理能力。加强信息保护体系建设，制定和完善个人隐私信息保护、打击网络犯罪等方面法律法规，推动行业自律和公众监督，加强用户安全宣传教育，构建全方位的社会化治理体系，着力打造安全、健康、诚信的网络环境。

四 政策措施

（一）加强组织领导

建立"宽带中国"战略实施部际协调机制，加强统筹和配合，协调解决重大问题，务实推进战略的贯彻实施。各部门要充分整合、有效利用现有资源和政策，抓紧制定出台配套政策，确保各项任务措施落到实处。地方各级人民政府要将宽带发展纳入地区经济社会和城镇化发展规划，加强组织领导，结合实际适度超前部署，加大资金投入和政策支持力度，避免重复建设，推进本地区宽带快速健康发展。

（二）完善制度环境

完善法律法规。加快推动出台相关法律法规，明确宽带网络作为国家公共基础设施的法律地位，强化宽带网络设施保护。依法保护个人信息，营造安全可信的网络环境，促进宽带应用发展。

健全监管体系。全面推进三网融合，加快电信和广电业务双向进入，建立和完善适应三网融合需要的网络信息安全和文化安全监管机制。健全宽带网络监管制度，加强监管能力建设，推进监管队伍向地市延伸。

推动开放竞争。逐步开放宽带接入网业务，鼓励民间资本参与宽带网络设施建设和业务运营，推动形成多种主体相互竞争、优势互补、共同发展的市场格局。规范宽带市场竞争行为，保障住宅小区及机场、高速公路、地铁等公共服务区域的公平进入。加强国家骨干网间通信质量监管，建立网间互联带宽扩容长效机制，完善骨干网网间结算办法，保障网间互联高效畅通和骨干网公平竞争。通过产业联盟、行业协会等各种渠道，引导宽带网络设备制造和信息服务企业加强行业自律，建立竞争机制，共同维护竞争秩序。

深化应用创新。构建和完善宏观调控、社会管理和公共服务等基础信息资源体系，加快建立公益性信息资源开发应用长效机制，推进农业、科技、教育、文化、卫生、人口、就业和社会保障、国土资源等领域信息资源的公益性利用，建立跨地区、跨部门、跨层级的开放共享机制。

（三）规范建设秩序

严格落实宽带网络建设规划和规范。按照城乡规划法、土地管理法和城市通信工程规划规范等法律法规和规范规定，将宽带网络建设纳入各地城乡规划、土地利用总体规划。切实执行住宅小区和住宅建筑宽带网络设施的工程设计、施工及验收规范。做好宽带网络与高速公路、铁路、机场等交通设施规划和建设的衔接。

保障宽带网络设施建设与通行。政府机关、企事业单位和公共机构等所属公共设施，市政设施、公路、铁路、机场、地铁等公共设施应向宽带网络设施建设开放，并提供通行便利。对因征地拆迁、城乡建设等造成的光缆、管道、基站、机房等宽带网络设施迁移和毁损，严格按照有关标准予以补偿。

深化网络设施共建共享。在城市地下管线规划、控制性详细规划中，统筹安排通信工程综合管道网和相关设施，加强宽带网络设施与城市其他通信管线、居住区、公共建筑等管线的协调。深化光缆、管道、基站等电信基础设施的共建共享，创新合作模式，探索应用新技术，促进资源节约。

（四）加大财税扶持

加大财政资金支持。完善电信普遍服务补偿机制，形成支持农村和中西部地区宽带发展的长效机制。充分利用中央各类专项资金，引导地方相关资金投向宽带网络研发及产业化，以及农村和老少边穷地区的宽带网络发展。对西部地区符合条件的国家级开发区宽带建设项目贷款予以贴息支持。

加强税收优惠扶持。将西部地区宽带网络建设和运营纳入《西部地区鼓励类产业目录》，扶持西部地区宽带发展。结合电信行业特点，在营业税改增值税改革中，制定增值税相关政策与征管制度，完善电信业增值税抵扣机制，支持宽带网络建设。

完善投融资政策。将宽带业务纳入《中西部地区外商投资优势产业目录》。推进专利等知识产权质押融资工作，加大对宽带应用服务企业的融资支持力度，积极支持符合条件的宽带应用服务企业在海内外资本市场直接融资。完善基础电信企业经营业绩考核机制，进一步优化基础电信企业经济增加值考核指标，引导宽带网络投资更多地投向西部和农村地区。

（五）优化频谱规划

明确国家无线频谱路线图。尽快研究确定国家宽带无线发展各阶段的频谱需求，梳理无线频谱分布和利用状况。加快研究频谱规划方案，制定频谱中长期规划，明确无线频谱综合利用的时间表和路线图。

促进频谱资源高效利用。支持动态频谱分配等高效利用频谱资源新技术的开发运用，支持消除干扰技术和设备的研发和利用，促进不同无线业务类型频率的共用共享，提高频率资源整体利用率。

加强公共频段上无线设备的监管。统筹无线局域网等无线通信网络的部署，鼓励无线设备共建共享，避免频率干扰，提高频谱资源使用效益。加强无线电发射设备研制、生产、进口、销售、使用等环节的监管，维护空中电波秩序。

（六）加强人才培养

优先保障人才发展投入。争取国家重大人才工程加大对宽带人才队伍建设的支持力度，加强宽带领域专业技术人才继续教育。依托重大科研、工程、产业攻关等项目开展人才培养工作，重视发挥企业作用，在实践中聚集和培养人才。

加大高层次人才引进和培养。加强宽带重点领域创新型人才引进，将所需人才纳入国家海外高层次人才引进计划，大力吸引海外高层次人才在华创新创业。鼓励采用合作办学、定向培养、继续教育等多种形式，创新宽带相关专业人才培养模式，建立科研机构、高校创新人才向企业流动的机制。

（七）深化国际合作

加强网络基础资源国际合作。探索建立适应互联网域名、网址和网际协议地址（IP 地址）资源全球化发展要求的地区和国家间的协调与合作机制。加强无线频谱、卫星轨道等资源分配使用的国际协作。借鉴国外先进经验，推动开展资源技术联合研究，提高资源利用效率。加强互联网骨干网的国际互联合作，进一步提升我国互联网骨干网企业的国际地位。

深化网络空间国际合作。加强国际交流，推动双边、多边协调和对话，建立多层次的沟通交流平台，提升参与网络空间国际治理和规则制定的话语权。加强网络空间规则、资源、安全等国际合作，积极参与国际社会互联网公共政策与规则的制定，推动国际互联网健康发展。

加大知识产权国际合作。完善知识产权保护制度，强化数字内容和互联网应用的知识产权保护，加强打击互联网领域侵权盗版行为的国际合作。加强宽带相关技术和产品的专利布局、专利预警、海外维权和争端解决，提升企业依法应对知识产权纠纷的能力。

附录二 国务院关于大力推进信息化发展和切实保障信息安全的若干意见

国发〔2012〕23 号

各省、自治区、直辖市人民政府，国务院各部委、各直属机构：

大力推进信息化发展和切实保障信息安全，对调整经济结构、转变发展方式、保障和改善民生、维护国家安全具有重大意义。近年来，各地区、各部门认真贯彻落实党中央、国务院决策部署，加快推进信息化建设，建立健全信息安全保障体系，有力地促进了经济社会发展。当前，世界各国信息化快速发展，信息技术的应用促进了全球资源的优化配置和发展模式创新，互联网对政治、经济、社会和文化的影响更加深刻，围绕信息获取、利用和控制的国际竞争日趋激烈，保障信息安全成为各国重要议题。但是，我国信息化建设和信息安全保障仍存在一些亟待解决的问题，宽带信息基础设施发展水平与发达国家的差距有所拉大，政务信息共享和业务协同水平不高，核心技术受制于人；信息安全工作的战略统筹和综合协调不够，重要信息系统和基础信息网络防护能力不强，移动互联网等技术应用给信息安全带来严峻挑战。必须进一步增强紧迫感，采取更加有力的政策措施，大力推进信息化发展，切实保障信息安全。为此，提出以下意见。

一 指导思想和主要目标

（一）指导思想

以邓小平理论和"三个代表"重要思想为指导，深入贯彻落实科学发展观，以促进资源优化配置为着力点，加快建设下一代信息基础设施，推动信息化和工业化深度融合，构建现代信息技术产业体系，全面提高经济社会信息化发展水平。坚持积极利用、科学发展、依法管理、确保安全，加强统筹协调和顶层设计，健全信息安全保障体系，切实增强信息安全保障能力，维护国家信息安全，促进经济平稳较快发展和社会和谐稳定。

（二）主要目标

重点领域信息化水平明显提高。信息化和工业化融合不断深入，农业农村信息化有力支撑现代农业发展，文化、教育、医疗卫生、社会保障等重点领域信息化水平明显提高；电子政务和电子商务快速发展，到"十二五"末，国家电子政务网络基本建成，信息共享和业务协同框架基本建立；全国电子商务交易额超过18万亿元，网络零售额占社会消费品零售总额的比重超过9%。

下一代信息基础设施初步建成。到"十二五"末，全国固定宽带接入用户超过2.5亿户，互联网国际出口带宽达到每秒6500吉比特（Gbit），第三代移动通信技术（3G）网络覆盖城乡，国际互联网协议第6版（IPv6）实现规模商用。

信息产业转型升级取得突破。集成电路、系统软件、关键元器件等领域取得一批重大创新成果，软件业占信息产业收入比重进一步提高。

国家信息安全保障体系基本形成。重要信息系统和基础信息网络安全防护能力明显增强，信息化装备的安全可控水平明显提高，信息安全等级保护等基础性工作明显加强。

二 实施"宽带中国"工程，构建下一代信息基础设施

（一）加快发展宽带网络。实施"宽带中国"工程，以光纤宽带和宽带无线移动通信为重点，加快信息网络宽带化升级。推进城镇光纤到户和行

政村宽带普遍服务，提高接入带宽、网络速率和宽带普及率。加强 3G 网络纵深覆盖，支持具有自主知识产权的 3G 技术 TD–SCDMA 及其后续演进技术 TD–LTE 产业链发展，科学统筹 3G 及其长期演进技术协调发展。加快下一代广播电视网络建设，推进广播电视网络数字化、双向化和互联互通改造。

（二）推进下一代互联网规模商用和前沿性布局。加快部署下一代互联网，抓紧开展 IPv6 商用试点，适时推动 IPv6 大规模部署和商用，推进国际互联网协议第 4 版（IPv4）向 IPv6 的网络演进、业务迁移与商业运营。完善互联网国家顶层网络架构，升级骨干网络，实现高速度高质量互联互通。重点研发下一代互联网关键芯片、设备、软件和系统，推动产业化步伐。加快未来网络体系架构关键理论和核心技术的研发，加强战略布局，建设面向未来互联网创新发展的示范平台。

（三）加快推进三网融合。总结试点经验，在确保信息和文化安全的前提下，大力推进三网融合，推动广电、电信业务双向进入，加快网络升级改造和资源共享，加强资源开发、信息技术和业务创新，大力发展融合型业务，培育壮大三网融合相关产业和市场。加快相关法律法规和标准体系建设，健全适应三网融合的体制机制，完善可管、可控的网络信息和文化安全保障体系。

三　推动信息化和工业化深度融合，提高经济发展信息化水平

（一）全面提高企业信息化水平。推广使用数字化研发设计工具，加快重点行业生产装备数字化和生产过程智能化进程，全面普及企业资源计划、供应链、客户关系等管理信息系统。实施重大信息化示范项目，引导企业业务应用向综合集成和产业链协同创新转变。继续实施中小企业信息化推进工程和制造业信息化科技工程，提高中小企业和制造业企业信息化水平。完善企业信息化和工业化融合水平评估认定体系，支持面向具体行业的信息化公共服务平台发展。

（二）推广节能减排信息技术。推动工业、建筑、交通运输等领域节能减排信息技术的普及和深入应用，加大主要耗能、耗材设备和工艺流程的信息化改造。建立健全资源能源综合利用效率监测和评价体系，提升资源能源供需双向调节水平。建立健全主要污染物排放监测和固体废弃物综合利用信息管理系统，完善污染治理监督管理体系。

（三）增强信息产业核心竞争力。加大国家科技重大专项对信息产业核心基础产品、网络共性关键技术开发的支持力度，加快推动新一代移动通信、基础软件、嵌入式软件以及制造执行系统、工业控制系统、大型管理软件等技术的研发和应用。加强统筹规划，积极有序促进物联网、云计算的研发和应用。实施工业电子产品提升工程，推进信息技术与工业技术融合创新，提高汽车、船舶、机械等产品智能化水平。推动电子信息产品制造企业由单纯提供产品向提供综合解决方案和信息服务转变。

（四）引导电子商务健康发展。健全安全、信用、金融、物流和标准等支撑体系，探索有效监管模式，建立规范有序的电子商务市场秩序。引导电子商务平台向提供涵盖信息流、物流、资金流的全流程服务发展。鼓励大中型企业开展网络采购和销售，加强供应链协同运作，重点推动小型微型企业普及电子商务应用。实施移动电子商务试点示范工程，创建电子商务试点示范城市，创新电子商务发展模式，改善电子商务发展环境。

（五）推进服务业信息化进程。推动银行业、证券业和保险业信息共享，支持金融产品和服务创新，促进消费金融发展，提高面向小型微型企业和农业农村的金融服务水平。加快推进交通、旅游、休闲娱乐等服务业信息化。培育和发展地理信息产业，大力发展信息系统集成、互联网增值业务和信息安全服务。提高工业设计信息化水平。

四　加快社会领域信息化，推进先进网络文化建设

（一）提升电子政务服务能力。围绕提升服务和监管能力，促进政府管理创新，加强电子政务顶层设计。以互联互通为重点，形成统一的国家

电子政务网络，完善项目建设管理、绩效评估和运行维护机制。扎实推进药品、食品、住房、能源、金融、价格等重要监管信息系统建设。推动重点领域信息共享和业务协同，加快电子政务服务向街道、社区和农村延伸，支持基层政府和社区开展管理和服务模式创新试点示范。加强地理空间和自然资源、人口、法人、金融、税收、统计等基础信息资源的开发利用，促进共享。全面提升电子政务技术服务能力，鼓励业务应用向云计算模式迁移。加强电子文件管理与应用。

（二）提高社会管理和城市运行信息化水平。建立全面覆盖的社会管理综合信息系统。完善人口信息共享机制，实现实有人口动态管理，提高人口信息动态监测和分析预测能力。建设公众诉求信息管理平台，改进信访工作方式。加强网络舆情分析，健全网上舆论动态引导管理机制。推动城市管理信息共享，推广网格化管理模式，加快实施智能电网、智能交通等试点示范，引导智慧城市建设健康发展。

（三）加快推进民生领域信息化。加快学校宽带网络建设，推动优质数字教育资源开发和共享，完善教育管理信息系统，构建面向全民的终身学习网络和服务平台，大力发展远程教育，形成教育综合信息服务体系。完善医疗服务与管理信息系统，加快建立居民电子健康档案和电子病历，加强国家和区域医药卫生信息共享，夯实远程医疗发展的基础。构建覆盖城乡居民的劳动就业和社会保障信息服务体系，全面推行社会保障卡应用，推动就业信息共享。推进减灾救灾、社会救助、社会福利和慈善事业等社会服务信息化。提高面向残疾人等特殊人群的信息服务能力。

（四）发展先进网络文化。鼓励开发具有中国特色和自主知识产权的数字文化产品，加强知识产权保护，壮大数字内容产业，培育数字内容与网络文化产业骨干企业，扩展数字内容产业链。加强重点新闻网站建设，规范管理综合性商业网站，构建积极健康的网络传播新秩序和网络氛围。积极推进数字图书馆等公益性文化信息基础设施建设，开发精品网络科普资源，完善公共文化信息服务体系。

五 推进农业农村信息化，实现信息强农惠农

（一）提高农业生产经营信息化水平。推动农业适用信息技术的研发应用，加快推进农业生产基础设施、装备与信息技术的融合。提高种植业、养殖业生产信息化和农村专业合作社、农产品批发市场经营信息化水平。加强农业生产环境监控、生产过程监测、行业发展监管，建立和完善农产品质量安全追溯体系。积极培育、示范、推广适用的农业信息化应用模式。

（二）完善农业农村综合信息服务体系。规范各类农业信息服务系统，建立全国农业综合信息服务平台，鼓励发展专业信息服务，加快推进涉农信息资源开发、整合和综合利用。继续推进农村基层信息服务站和信息员队伍建设，形成村为节点、县为基础、省为平台、全国统筹的农村综合信息服务体系。

六 健全安全防护和管理，保障重点领域信息安全

（一）确保重要信息系统和基础信息网络安全。能源、交通、金融等领域涉及国计民生的重要信息系统和电信网、广播电视网、互联网等基础信息网络，要同步规划、同步建设、同步运行安全防护设施，强化技术防范，严格安全管理，切实提高防攻击、防篡改、防病毒、防瘫痪、防窃密能力。加大无线电安全管理和重要信息系统无线电频率保障力度。加强互联网网站、地址、域名和接入服务单位的管理，完善信息共享机制，规范互联网服务市场秩序。

（二）加强政府和涉密信息系统安全管理。严格政府信息技术服务外包的安全管理，为政府机关提供服务的数据中心、云计算服务平台等要设在境内，禁止办公用计算机安装使用与工作无关的软件。建立政府网站开办审核、统一标识、监测和举报制度。减少政府机关的互联网连接点数量，

加强安全和保密防护监测。落实涉密信息系统分级保护制度，强化涉密信息系统审查机制。

（三）保障工业控制系统安全。加强核设施、航空航天、先进制造、石油石化、油气管网、电力系统、交通运输、水利枢纽、城市设施等重要领域工业控制系统，以及物联网应用、数字城市建设中的安全防护和管理，定期开展安全检查和风险评估。重点对可能危及生命和公共财产安全的工业控制系统加强监管。对重点领域使用的关键产品开展安全测评，实行安全风险和漏洞通报制度。

（四）强化信息资源和个人信息保护。加强地理、人口、法人、统计等基础信息资源的保护和管理，保障信息系统互联互通和部门间信息资源共享安全。明确敏感信息保护要求，强化企业、机构在网络经济活动中保护用户数据和国家基础数据的责任，严格规范企业、机构在我国境内收集数据的行为。在软件服务外包、信息技术服务和电子商务等领域开展个人信息保护试点，加强个人信息保护工作。

七　加快能力建设，提升网络与信息安全保障水平

（一）夯实网络与信息安全基础。研究制定国家信息安全战略和规划，强化顶层设计。落实信息安全等级保护制度，开展相应等级的安全建设和管理，做好信息系统定级备案、整改和监督检查。强化网络与信息安全应急处置工作，完善应急预案，加强对网络与信息安全灾备设施建设的指导和协调。完善信息安全认证认可体系，加强信息安全产品认证工作，减少重复检测和重复收费。

（二）加强网络信任体系建设和密码保障。健全电子认证服务体系，推动电子签名在金融等重点领域和电子商务中的应用。制定电子商务信用评价规范，建立互联网网站、电子商务交易平台诚信评价机制，支持符合条件的第三方机构开展信用评价服务。大力推动密码技术在涉密信息系统和重要信息系统保护中的应用，强化密码在保障电子政务、电子商务安全和

保护公民个人信息等方面的支撑作用。

（三）提升网络与信息安全监管能力。完善国家网络与信息安全基础设施，加强网络与信息安全专业骨干队伍和应急技术支撑队伍建设，提高风险隐患发现、监测预警和突发事件处置能力。加强信息共享和交流平台建设，健全网络与信息安全信息通报机制。加大对网络违法犯罪活动的打击力度。进一步完善监管体制，充实监管力量，加强对基础信息网络安全工作的指导和监督管理。倡导行业自律，发挥社会组织和广大网民的监督作用。

（四）加快技术攻关和产业发展。统筹规划，整合力量，进一步加大网络与信息安全技术研发力度，加强对云计算、物联网、移动互联网、下一代互联网等方面的信息安全技术研究。继续组织实施信息安全产业化专项，完善有关信息安全政府采购政策措施和管理制度，支持信息安全产业发展。

八　完善政策措施

（一）加强组织领导。在国家信息化领导小组和国家网络与信息安全协调小组的领导下，各有关部门要按照职责分工，认真落实各项工作任务，加强协调配合，形成合力，共同推进信息化发展和网络信息安全保障工作。各地区要将保障网络与信息安全列入重要议事日程，逐级建立并认真落实网络与信息安全责任制，明确主管领导，确定工作机构，负责督促落实网络与信息安全规章制度，组织制定应急预案，处理重大网络与信息安全事件等，并根据本地实际情况，建立省（区、市）、地（市）两级网络与信息安全协调机制。

（二）加强财税政策扶持。发挥财税政策的杠杆作用，加大对信息化和工业化深度融合关键共性技术研发与推广、公共服务平台、重大示范工程建设等的支持力度。完善农村通信普遍服务补偿机制，优先支持农村、欠发达地区综合信息基础设施建设和改造。整合利用现有资金渠道，中央财政加大投入，重点支持信息安全重要基础性工作。各地区、各部门要将基础性公益性网络与信息安全设施运行维护、安全服务和检查等费用纳入财政预算。

（三）加快法规制度和标准建设。完善信息化发展和网络与信息安全法律法规，研究制定政府信息安全管理、个人信息保护等管理办法。健全相关法规制度，明确并落实企事业单位和社会组织维护信息安全的责任。制定完善新一代信息技术在重点领域的应用标准，注重发挥标准对产业发展的技术支撑作用。培育国家信息安全标准化专业力量，加快制定三网融合、云计算、物联网等领域安全标准。积极参与制定信息安全国际行为准则、互联网治理等国际规则和标准。

（四）加强宣传教育和人才培养。开展面向全社会的信息化应用和信息安全宣传教育培训。支持信息安全与保密学科师资队伍、专业院系、学科体系、重点实验室建设。加强大中小学信息技术、信息安全和网络道德教育，在政府机关和涉密单位定期开展信息安全教育培训。各级财政要加大对信息安全宣传教育和培训等公益性活动的支持。加快培养创新型、应用型信息化人才。

国务院
二〇一二年六月二十八日

附录三 互联网接入服务规范

电信业务经营者向公众用户提供互联网接入服务，应符合本规范所规定的服务质量指标和通信质量指标。

本规范适用于电信业务经营者和用户之间签订的服务协议中约定的互联网接入服务。其中因特网拨号接入业务应遵守《电信服务规范》附录3.1 "因特网拨号接入业务的服务标准"。

一 服务质量指标

第一条 预受理时限

平均值≤ 2 个工作日，最长为 5 个工作日。

预受理时限指用户登记后，电信业务经营者进行网络资源确认，答复用户能否开通业务所需要的时间。

第二条 业务开通、移机时限

对于不具备线路条件、但可以进行线路施工的情况：

城镇：平均值≤ 10 个工作日，最长为 16 个工作日；

农村：平均值≤ 15 个工作日，最长为 20 个工作日。

对于已具备线路条件的情况，平均值≤ 5 个工作日，最长为 7 个工作日（不分城镇和农村）。

业务开通、移机时限指自用户和电信业务经营者签订业务开通或移机协议起，到业务开通止所需要的时间。在不具备线路条件，并且也不具备施工条件的情况下，应在第一条规定的预受理时限内向用户说明。

第三条 障碍修复时限

城镇：平均值≤ 24 小时，最长为 48 小时；

农村：平均值≤ 36 小时，最长为 72 小时。

障碍修复时限指自用户提出障碍申告时起，至障碍排除或采取其他方式恢复用户正常通信所需要的时间。

本规范所指障碍不包含用户自有或自行维护的接入线路和设备的故障。

第四条 服务变更时限

平均值≤ 12 小时，最长为 24 小时。

服务变更时限指用户办理更名、过户、暂停、恢复、停机等服务变更项目，自柜台或网络办理完毕登记手续且结清账务时起，至实际变更完成所需要的时间。对于需要进行资源确认的服务变更，其时限比照本规范第二条"业务开通时限"。

第五条 客户服务应答时限

客户服务中心的应答时限最长为 15 秒。人工服务的应答时限最长为 15 秒。人工服务的应答率≥ 85%。

客户服务中心的应答时限指用户拨号完毕后，自听到回铃音起，至话务员（包括电脑话务员）应答所需要的时间。人工服务的应答时限指自用户选择人工服务后，至人工话务员应答所需要的时间。人工服务的应答率指用户在接入客户服务中心后，实际得到人工话务员应答服务次数和用户选择人工服务总次数之比。

第六条 用户信息保护义务

电信业务经营者应依照法律和有关规定对提供服务过程中收集、使用的用户个人信息严格保密，不得泄露、篡改或者毁损，不得出售或者非法向他人提供。

第七条 互联网接入服务协议续存时限

互联网接入服务协议（包括纸质的和电子的）续存时限为至少 5 个月。

互联网接入服务协议续存时限指从服务协议终止（服务协议有效期届满或用户与电信业务经营者共同协商解除合同）之时起，电信业务经营者需要继续保存协议的时间。

互联网接入服务电子协议指电信业务经营者与用户通过短信、客服电话、互联网等形式约定的业务订制或变更关系。

第八条 计费原始数据保存时限

电信业务经营者应根据用户的需要，免费向用户提供收费详细清单（含预付费业务）查询。计费原始数据保存时限至少为 5 个月。

第九条 互联网接入终端用户手册／使用说明

电信业务经营者提供互联网接入终端的，应同时提供纸质或电子类介质的用户手册或使用说明，至少包括配置方法、使用方法、日常故障的自我诊断方法等。

第十条 无线接入网络覆盖范围及漫游范围

采用无线接入方式提供互联网接入服务的电信业务经营者，应向社会公布其无线网络覆盖范围及漫游范围，并及时更新。

第十一条 提醒服务

电信业务经营者应向用户提供套餐的到量预警、超量提醒、到期提醒等提醒服务。

到量预警指用户套餐内互联网接入服务实际使用量接近套餐限量前，通过短信、语音、互联网等方式，提醒用户本计费周期内业务已使用量、套餐限量等信息。

套餐超量提醒指实际使用量达到套餐限量时，及时通知用户，并告知超出套餐外继续使用该业务的收费标准和收费查询方式。

套餐到期提醒指在套餐有效期届满前的一个合理的提前时段内，提醒用户现行套餐到期日，并告知用户套餐到期后终止或延续服务的方式，以及相应的收费标准。

二　通信质量指标

第十二条 有线接入连接建立成功率

有线接入连接建立成功率≥98%。

有线接入连接建立成功率指在用户账号、密码正确的前提下，接入服务器的接通次数与用户申请建立连接的总次数之比。

第十三条 有线接入用户接入认证平均响应时间

有线接入用户接入认证平均响应时间 ≤ 8 秒，最大值为 11 秒。

有线接入用户接入认证平均响应时间指用户申请建立网络连接时，从用户提交完账号和密码起，至接入服务器完成认证并返回响应止的时间平均值。

第十四条 有线接入速率

有线接入速率的平均值应能达到签约速率的 90%。

有线接入速率指从用户终端到接入服务器（BRAS）之间的接入速率。

第十五条 无线接入网络可接入率

在无线接入网络覆盖范围内的 90% 位置，99% 的时间、在 20 秒内无线终端均可接入网络。

第十六条 无线接入连接建立成功率

无线接入连接建立成功率 ≥ 95%。

无线接入连接建立成功率指无线终端发起分组数据连接建立请求并成功建立连接的次数与无线终端发起分组数据连接建立请求总次数之比。

第十七条 无线接入用户接入认证平均响应时间

无线接入用户接入认证平均响应时间 ≤ 8 秒，最大值为 11 秒。

无线接入用户接入认证平均响应时间指从用户提交完数据连接建立请求时起，至网络返回连接响应时止的时间平均值。

第十八条 无线接入中断率

无线接入中断率 ≤ 5%。

无线接入中断率指互联网业务进行过程中发生业务中断的概率，即互联网接入连接中断的次数与用户使用互联网业务总次数之比。本规范所指中断是在终端正常进行数据传送过程中由于电信业务经营者网络原因造成的接入连接断开。

第十九条 互联网接入计费差错率

互联网接入计费差错率 ≤ 10–4。

互联网接入计费差错率指互联网接入计费相关设备出现计费差错的概率，采用如下公式计算：

计费差错率 = 有错误的计费记录条数 / 总计费记录条数。

附录四　国务院关于促进信息消费
扩大内需的若干意见

国发〔2013〕32 号

各省、自治区、直辖市人民政府，国务院各部委、各直属机构：

近年来，全球范围内信息技术创新不断加快，信息领域新产品、新服务、新业态大量涌现，不断激发新的消费需求，成为日益活跃的消费热点。我国市场规模庞大，正处于居民消费升级和信息化、工业化、城镇化、农业现代化加快融合发展的阶段，信息消费具有良好发展基础和巨大发展潜力。与此同时，我国信息消费面临基础设施支撑能力有待提升、产品和服务创新能力弱、市场准入门槛高、配套政策不健全、行业壁垒严重、体制机制不适应等问题，亟需采取措施予以解决。加快促进信息消费，能够有效拉动需求，催生新的经济增长点，促进消费升级、产业转型和民生改善，是一项既利当前又利长远、既稳增长又调结构的重要举措。为加快推动信息消费持续增长，现提出以下意见：

一　总体要求

（一）指导思想。以邓小平理论、"三个代表"重要思想、科学发展观为指导，以深化改革为动力，以科技创新为支撑，围绕挖掘消费潜力、增强供给能力、激发市场活力、改善消费环境，加强信息基础设施建设，加快信息产业优化升级，大力丰富信息消费内容，提高信息网络安全保障能力，建立促进信息消费持续稳定增长的长效机制，推动面向生产、生活和管理的信息消费快速健康增长，为经济平稳较快发展和民生改善发挥更大作用。

（二）基本原则。

市场导向、改革发展。加快政府职能转变和管理创新，充分发挥市场作用，打破行业进入壁垒，促进信息资源开放共享和企业公平竞争，在竞争性领域坚持市场化运行，在社会管理和公共服务领域积极引入市场机制，增强信息消费发展的内生动力。

需求牵引、创新发展。引导企业立足内需市场，强化创新基础，提高创新层次，鼓励多元发展，加快关键核心信息技术和产品研发，鼓励业务模式创新，培育发展新型业态，提升信息产品、服务、内容的有效供给水平，挖掘和释放消费潜力。

完善环境、有序发展。建立和完善有利于扩大信息消费的政策环境，综合利用有线无线等技术适度超前部署宽带基础设施，运用信息平台改进公共服务，完善市场监管，规范产业发展秩序，加强个人信息保护和信息安全保障，建设安全诚信有序的信息消费市场环境。

（三）主要目标。

信息消费规模快速增长。到 2015 年，信息消费规模超过 3.2 万亿元，年均增长 20% 以上，带动相关行业新增产出超过 1.2 万亿元，其中基于互联网的新型信息消费规模达到 2.4 万亿元，年均增长 30% 以上。基于电子商务、云计算等信息平台的消费快速增长，电子商务交易额超过 18 万亿元，网络零售交易额突破 3 万亿元。

信息基础设施显著改善。到 2015 年，适应经济社会发展需要的宽带、融合、安全、泛在的下一代信息基础设施初步建成，城市家庭宽带接入能力基本达到每秒 20 兆比特（Mbps），部分城市达到 100Mbps，农村家庭宽带接入能力达到 4Mbps，行政村通宽带比例达到 95%。智慧城市建设取得长足进展。

信息消费市场健康活跃。面向生产、生活和管理的信息产品和服务更加丰富，创新更加活跃，市场竞争秩序规范透明，消费环境安全可信，信息消费示范效应明显，居民信息消费的选择更加丰富，消费意愿进一步增强。企业信息化应用不断深化，公共服务信息需求有效拓展，各类信息消费的需求进一步释放。

二　加快信息基础设施演进升级

（四）完善宽带网络基础设施。发布实施"宽带中国"战略，加快宽带网络升级改造，推进光纤入户，统筹提高城乡宽带网络普及水平和接入能力。开展下一代互联网示范城市建设，推进下一代互联网规模化商用。推进下一代广播电视网规模建设。完善电信普遍服务补偿机制，加大支持力度，促进提供更广泛的电信普遍服务。持续推进电信基础设施共建共享，统筹互联网数据中心（IDC）等云计算基础设施布局。各级人民政府要将信息基础设施纳入城乡建设和土地利用规划，给予必要的政策资金支持。

（五）统筹推进移动通信发展。扩大第三代移动通信（3G）网络覆盖，优化网络结构，提升网络质量。根据企业申请情况和具备条件，推动于2013年内发放第四代移动通信（4G）牌照。加快推进我国主导的新一代移动通信技术时分双工模式移动通信长期演进技术（TD-LTE）网络建设和产业化发展。

（六）全面推进三网融合。加快电信和广电业务双向进入，在试点基础上于2013年下半年逐步向全国推广。推动中国广播电视网络公司加快组建，推进电信网和广播电视网基础设施共建共享。加快推动地面数字电视覆盖网建设和高清交互式电视网络设施建设，加快广播电视模数转换进程。鼓励发展交互式网络电视（IPTV）、手机电视、有线电视网宽带服务等融合性业务，带动产业链上下游企业协同发展，完善三网融合技术创新体系。

三　增强信息产品供给能力

（七）鼓励智能终端产品创新发展。面向移动互联网、云计算、大数据等热点，加快实施智能终端产业化工程，支持研发智能手机、智能电视等终端产品，促进终端与服务一体化发展。支持数字家庭智能终端研发及产业化，大力推进数字家庭示范应用和数字家庭产业基地建设。鼓励整机企业与芯片、器件、软件企业协作，研发各类新型信息消费电子产品。支持电信、广电运营单位和制造企业通过定制、集中采购等方式开展合作，带动智能终端产品竞争力提升，夯实信息消费的产业基础。

（八）增强电子基础产业创新能力。实施平板显示工程，推动平板显示产业做大做强，加快推进新一代显示技术突破，完善产业配套能力。以重点整机和信息化应用为牵引，依托国家科技计划（基金、专项）和重大工程，大力提升集成电路设计、制造工艺技术水平。支持地方探索发展集成电路的融资改革模式，利用现有财政资金渠道，鼓励和支持有条件的地方政府设立集成电路产业投资基金，引导社会资金投资集成电路产业，有效解决集成电路制造企业融资瓶颈。支持智能传感器及系统核心技术的研发和产业化。

（九）提升软件业支撑服务水平。加强智能终端、智能语音、信息安全等关键软件的开发应用，加快安全可信关键应用系统推广。面向企业信息化需求，突破核心业务信息系统、大型应用系统等的关键技术，开发基于开放标准的嵌入式软件和应用软件，加快产品生命周期管理（PLM）、制造执行管理系统（MES）等工业软件产业化。加强工业控制系统软件开发和安全应用。加快推进企业信息化，提升综合集成应用和业务协同创新水平，促进制造业服务化。大力支持软件应用商店、软件即服务（SaaS）等服务模式创新。

四　培育信息消费需求

（十）拓展新兴信息服务业态。发展移动互联网产业，鼓励企业设立移动应用开发创新基金，推进网络信息技术与服务模式融合创新。积极推动云计算服务商业化运营，支持云计算服务创新和商业模式创新。面向重点行业和重点民生领域，开展物联网重大应用示范，提升物联网公共服务能力。加快推动北斗导航核心技术研发和产业化，推动北斗导航与移动通信、地理信息、卫星遥感、移动互联网等融合发展，支持位置信息服务（LBS）市场拓展。完善北斗导航基础设施，推进北斗导航服务模式和产品创新，在重点区域和交通、减灾、电信、能源、金融等重点领域开展示范应用，逐步推进北斗导航和授时的规模化应用。大力发展地理信息产业，拓宽地理信息服务市场。

（十一）丰富信息消费内容。大力发展数字出版、互动新媒体、移动多媒体等新兴文化产业，促进动漫游戏、数字音乐、网络艺术品等数字文化内容的消费。加快建立技术先进、传输便捷、覆盖广泛的文化传播体系，提升文化产品多媒体、多终端制作传播能力。加强数字文化内容产品和服务开发，建立数字内容生产、转换、加工、投送平台，丰富信息消费内容产品供给。加强基于互联网的新兴媒体建设，实施网络文化信息内容建设工程，推动优秀文化产品网络传播，鼓励各类网络文化企业生产提供健康向上的信息内容。

（十二）拓宽电子商务发展空间。完善智能物流基础设施，支持农村、社区、学校的物流快递配送点建设。各级人民政府要出台仓储建设用地、配送车辆管理等方面的鼓励政策。大力发展移动支付等跨行业业务，完善互联网支付体系。加快推进电子商务示范城市建设，实施可信交易、网络电子发票等电子商务政策试点。支持网络零售平台做大做强，鼓励引导金融机构为中小网商提供小额贷款服务，推动中小企业普及应用电子商务。拓展移动电子商务应用，积极培育城市社区、农产品电子商务。建设跨境电子商务通关服务平台和外贸交易平台，实施与跨境电子商务相适应的监管措施，鼓励电子商务"走出去"。

五 提升公共服务信息化水平

（十三）促进公共信息资源共享和开发利用。制定公共信息资源开放共享管理办法，推动市政公用企事业单位、公共服务事业单位等机构开放信息资源。加快启动政务信息共享国家示范省市建设，鼓励引导公共信息资源的社会化开发利用，挖掘公共信息资源的经济社会效益。支持电信和广电运营企业、互联网企业、软件企业和广电播出机构发挥优势，参与公共服务云平台建设运营。加快推进国家政务信息化工程建设，建立完善国家基础信息资源和政府信息资源，建立政府公共服务信息平台，整合多部门资源，提高共享能力，促进互联互通，有效提高公共服务水平。

（十四）提升民生领域信息服务水平。加快实施"信息惠民"工程，提升公共服务均等普惠水平。推进优质教育信息资源共享，实施教育信息化"三通工程"，加快建设教育信息基础设施和教育资源公共服务平台。推进优质医疗资源共享，完善医疗管理和服务信息系统，普及应用居民健康卡、电子健康档案和电子病历，推广远程医疗和健康管理、医疗咨询、预约诊疗服务。推进养老机构、社区、家政、医疗护理机构协同信息服务。建立公共就业信息服务平台，加快就业信息全国联网。加快社会保障公共服务体系建设，推进社会保障一卡通，建设医保费用中央和省级结算平台，推进医保费用跨省即时结算。规范互联网食品药品交易行为，推进食品药品网上阳光采购，强化质量安全。提高面向残疾人的信息无障碍服务能力。大力推进广播电视"户户通"工程，提升广播电视公共服务水平。推进地理信息公共服务平台建设。完善农村综合信息服务体系，加强涉农信息资源整合。大力推进金融集成电路卡（IC卡）在公共服务领域的一卡多应用。

（十五）加快智慧城市建设。在有条件的城市开展智慧城市试点示范建设。各试点城市要出台鼓励市场化投融资、信息系统服务外包、信息资源社会化开发利用等政策。支持公用设备设施的智能化改造升级，加快实施智能电网、智能交通、智能水务、智慧国土、智慧物流等工程。鼓励各类市场主体共同参与智慧城市建设。在国务院批准发行的地方政府债券额度内，由各省、自治区、直辖市人民政府统筹考虑安排部分资金用于智慧城市建设。鼓励符合条件的企业发行募集资金用于智慧城市建设的企业债。

六　加强信息消费环境建设

（十六）构建安全可信的信息消费环境基础。大力推进身份认证、网站认证和电子签名等网络信任服务，推行电子营业执照。推动互联网金融创新，规范互联网金融服务，开展非金融机构支付业务设施认证，建设移动金融安全可信公共服务平台，推动多层次支付体系的发展。推进国家基础数据库、金融信用信息基础数据库等数据库的协同，支持社会信用体系建设。

（十七）提升信息安全保障能力。依法加强信息产品和服务的检测和认证，鼓励企业开发技术先进、性能可靠的信息技术产品，支持建立第三方安全评估与监测机制。加强与终端产品相连接的集成平台的建设和管理，引导信息产品和服务发展。加强应用商店监管。加强政府和涉密信息系统安全管理，保障重要信息系统互联互通和部门间信息资源共享安全。落实信息安全等级保护制度，加强网络与信息安全监管，提升网络与信息安全监管能力和系统安全防护水平。

（十八）加强个人信息保护。落实全国人大常委会关于加强网络信息保护的决定，积极推动出台网络信息安全、个人信息保护等方面的法律制度，明确互联网服务提供者保护用户个人信息的义务，制定用户个人信息保护标准，规范服务商对个人信息收集、储存及使用。

（十九）规范信息消费市场秩序。依法加强对信息服务、网络交易行为、产品及服务质量等的监管，查处侵犯知识产权、网络欺诈等违法犯罪行为。加强从业规范宣传，引导企业诚信经营，切实履行社会责任，抵制排挤或诋毁竞争对手、侵害消费者合法权益等违法行为。强化行业自律机制，积极发挥行业协会作用，鼓励符合条件的第三方信用服务机构开展商务信用评估。完善企业争议调解机制，防止企业滥用市场支配地位等不正当竞争行为。进一步拓宽和健全消费维权渠道，强化社会监督。

七　完善支持政策

（二十）深化行政审批制度改革。严格控制新增行政审批项目。对现有涉及信息消费的审批、核准、备案等行政审批事项评估清理，最大限度缩小范围，着重减少非行政许可审批和资质资格许可，着力消除阻碍信息消费的各种行业性、地区性、经营性壁垒。在已取消部分行政审批项目的基础上，年底前再取消或下放电信资费、计算机信息系统集成企业资质认定、信息系统工程监理单位资质认证和监理工程师资格认定等一批行政审批事项和行政管理事项。优化确需保留的行政审批程序，推行联合审批、一站式服务、限时办结和承诺式服务。按照"先照后证、宽进严管"思路，加快推进注册资本认缴登记制度，降低互联网企业设立门槛。

（二十一）加大财税政策支持力度。完善高新技术企业认定管理办法，经认定为高新技术企业的互联网企业依法享受相应的所得税优惠税率。落实企业研发费用税前加计扣除政策，合理扩大加计扣除范围。积极推进邮电通信业营业税改增值税改革试点。进一步落实鼓励软件和集成电路产业发展的若干政策。加大现有支持小微企业税收政策落实力度，切实减轻互联网小微企业负担。研究完善无线电频率占用费政策，支持经济社会信息化建设。

（二十二）切实改善企业融资环境。金融机构应当按照支持小微企业发展的各项金融政策，对互联网小微企业予以优先支持。鼓励创新型、成长型互联网企业在创业板等上市，稳步扩大企业债、公司债、中期票据和中小企业私募债券发行。探索发展并购投资基金，规范发展私募股权投资基金、风险投资基金创新产品，完善信息服务业创业投资扶持政策。鼓励金融机构针对互联网企业特点创新金融产品和服务方式，开展知识产权质押融资。鼓励融资性担保机构帮助互联网小微企业增信融资。

（二十三）改进和完善电信服务。建立健全基础电信运营企业与互联网企业、广电企业、信息内容供应商等合作和公平竞争机制，规范企业经营行为，加强资费监管。基础电信运营企业要增强基础电信服务能力，实现电信资费合理下降和透明收费。鼓励民间资本参与宽带网络基础设施建设，扩大民间资本开展移动通信转售业务试点，支持民间资本在互联网领域投资，加快落实民间资本经营数据中心业务相关政策，简化数据中心牌照发放审批程序，鼓励民间资本以参股方式进入基础电信运营市场。完善电信、互联网监管制度和技术手段，保障企业实现平等接入，用户实现自主选择。

（二十四）加强法律法规和标准体系建设。推动修订商标法、消费者权益保护法、标准化法、著作权法等法律，加快修订互联网信息服务管理办法、商用密码管理条例等行政法规。加快重点及新兴信息消费领域产品、服务标准体系建设，发挥标准对产业发展的支撑作用。加大知识产权保护力度，引导标准、专利等产业联盟健康有序发展。

（二十五）开展信息消费统计监测和试点示范。科学制定信息消费的统计分类和标准，开展信息消费统计和监测。加强信息平台建设，保证统计数据的可用性、可信性和时效性。加强运行分析，实时向社会发布相关信息，合理引导消费预期。在有条件的地区开展信息消费试点示范市（县、区）建设，支持新型信息消费示范项目建设，鼓励地方各级人民政府因地制宜研究制定促进信息消费的优惠政策。

各地区、各部门要按照本意见的要求，进一步认识促进信息消费对扩大内需的积极作用，切实加强组织领导和协调配合，明确任务落实责任，尽快制定具体实施方案，完善和细化相关政策措施，扎实做好相关工作，确保取得实效。

国务院
2013年8月8日

附录五 工业和信息化部关于鼓励和引导民间资本进一步进入电信业的实施意见

为贯彻落实《国务院关于鼓励和引导民间投资健康发展的若干意见》（国发[2010]13号）"鼓励民间资本参与电信建设。鼓励民间资本以参股方式进入基础电信运营市场。支持民间资本开展增值电信业务。加强对电信领域垄断和不正当竞争行为的监管，促进公平竞争，推动资源共享"的要求，促进电信业持续健康发展，结合电信行业特点，提出如下实施意见：

一 指导思想

鼓励电信业进一步向民间资本开放。引导民间资本通过多种方式进入电信业，积极拓宽民间资本的投资渠道和参与范围。加快推进电信法制建设，坚持依法行政，为民间资本参与电信业竞争创造良好的发展环境。

二 鼓励和引导的重点领域

（一）鼓励民间资本开展移动通信转售业务试点，通过竞争促进服务提升和资费水平下降，为用户提供更便捷、优惠和多样化的移动通信服务。

（二）鼓励民间资本开展接入网业务试点和用户驻地网业务，促进宽带发展。完善相关监管制度和手段，保障企业实现平等接入，用户实现自由选择，推动提高宽带接入性价比。

（三）鼓励民间资本开展网络托管业务。引导电信企业将自有或租用的国内的网络、网络元素或设备，委托民营企业第三方进行管理和维护服务，促进专业化分工，提升服务水平。

（四）鼓励民间资本开展增值电信业务。支持民间资本在互联网领域投资，进一步明确对民间资本开放因特网数据中心（IDC）和因特网接入服务（ISP）业务的相关政策，引导民间资本参与 IDC 和 ISP 业务的经营活动。

（五）鼓励符合条件的民营企业申请通信工程设计、施工、监理、信息网络系统集成、用户管线建设以及通信建设项目招标代理机构等企业资质。凡具有相应资质的民营企业，平等参与通信建设项目招标，不得设立其他附加条件。

（六）鼓励民间资本参与基站机房、通信塔等基础设施的投资、建设和运营维护。引导基础电信企业积极顺应专业化分工经营的趋势，将基站机房、通信塔等基础设施外包给第三方民营企业，加强基础设施的共建共享。

（七）鼓励民间资本以参股方式进入基础电信运营市场。鼓励基础电信企业在境内上市，通过降低上市公司的国有股权比例或增资扩股的方式引入民间资本。支持基础电信企业引入民间战略投资者。

（八）鼓励民营电信企业"走出去"，积极参与国际竞争。支持民营电信企业开展国际化经营，开拓国际市场。

三　保障措施

（一）推动电信法制建设，完善维护国家安全、用户信息保护、网络与信息安全、规范市场竞争秩序等相关立法。加快出台试点办法和规章制度。抓紧研究出台鼓励和引导民间资本进一步进入电信业的具体事项和试点办法，以及电信业务的申请条件、期限和程序等配套政策和规定，通过多种形式和渠道及时发布，不断提高政策透明度。

（二）加强对电信业的监管制度和能力建设。保护企业和用户的合法权益，培育和维护公平竞争的市场环境。加强对电信领域垄断和不正当竞争行为的监管，促进公平竞争，推动资源共享。加强对增值电信业务的应用示范和引导，鼓励中小电信企业创新。

（三）完善对民间资本投资电信业的服务。积极履行行业管理服务职责，加强政策宣传，搭建与民间投资主体交流沟通的平台。进一步发挥行业协会等组织的作用，为民间资本提供政策咨询和服务，推动民间资本在电信领域健康发展。

（四）加强对民营电信企业"走出去"的支持和服务。通过多种渠道和形式，为民营电信企业"走出去"争取公平的投资、贸易和优惠政策，积极为企业解决实际困难和问题。

（五）加强指导和监督。督促电信企业遵守电信业相关法律法规，指导民营电信企业完善内部规章制度建设，提高自身素质和能力，依法经营，诚实守信，积极履行企业社会责任。

附录六　宽带北京行动计划

2013 年 6 月 9 日市政府发布《北京市人民政府关于印发宽带北京行动计划（2013—2015 年）的通知》。宽带北京行动计划是北京市"十二五"时期后三年信息基础设施建设的纲领性文件，提出了 2013 至 2015 年北京市信息基础设施建设的总体目标、建设内容和保障措施。全文如下：

宽带北京行动计划（2013—2015 年）

为深入贯彻落实党的十八大精神，大幅提升本市信息化发展水平，加快构建下一代信息基础设施，向公众提供方便快捷、安全可靠的高速宽带网络服务，按照国家宽带中国工程的相关要求，结合《北京市"十二五"时期城市信息化及重大信息基础设施建设规划》，制定本计划。

一　基本原则

1. 政府引导，企业主体。加强顶层设计，完善相关政策、标准和规范，充分发挥企业在信息基础设施建设中的主体作用，创造公平竞争和发展的环境。

2. 集约建设，重点推进。推动信息基础设施集约建设和资源共享，促进节能减排和可持续发展，加快推进重点领域、重点区域、重点项目的建设，增强辐射带动作用。

3. 市区联动，示范带动。市、区县两级政府统筹协调推进，强化属地管理，开展新技术、新业务试点示范，带动宽带应用推广普及和相关产业发展。

4. 创新发展，惠及民生。创新体制机制，深化宽带在城市管理、公共服务和百姓生活等方面的应用，促进经济社会协调发展，使广大市民、企业享受"宽带北京"的实惠和便捷。

二 发展目标

到 2015 年底，力争吸引社会滚动投资 800 亿元，建设国内领先、国际先进，泛在、融合、智能、可信的下一代信息基础设施，使北京成为全球信息通信枢纽和互联网中心，实现信息基础设施和信息化应用相互促进、宽带信息技术和相关产业互动发展，推动信息消费成为拉动经济增长的新引擎，为推进首都经济结构战略性调整，支撑经济社会发展奠定坚实基础。

1. 将北京建成城乡一体的光网城市。加快光纤宽带网络建设，实现光纤覆盖全部城镇家庭用户，并不断向农村地区延伸；加快下一代广播电视网建设，有线电视双向网向远郊城镇及农村地区扩展；加快下一代互联网建设，实现规模商用。

2. 将北京建成移动互联的无线城市。第三代移动通信系统（3G）网络不断优化，第四代移动通信系统（4G）网络覆盖五环路以内区域，无线局域网（WLAN）按需覆盖重点和热点区域，用户能够享受高带宽的无线接入互联网服务。

3. 将北京建成高速便捷的宽带城市。宽带网络对市民生活、城市运行管理和企业经营的支撑能力显著提高，信息基础设施对信息消费的拉动作用明显增强，公众获取大容量信息更加便捷，在国内率先建成宽带城市。

三 实施一批重大工程

1. 光网城市建设工程。建设覆盖城乡的光纤宽带网络。新建居住建筑直接实现光纤到户，老旧小区分批进行光纤到户改造，显著提高用户宽带接入能力；落实国家电信资费改革相关政策，鼓励公众通过光纤接入互联网；加快信息管道建设，促进不同权属单位的信息管道互联互通和资源共享，在新城适度超前规划建设信息管道。到 2015 年底，实现家庭宽带接入能力超过百兆，社区宽带接入能力达到千兆，高端功能区和重点企业宽带接入能力达到万兆，使用 10 兆及以上宽带接入互联网的用户占比超过 75%。

2. 无线城市建设工程。完善 3G+WLAN 模式为主的无线城市建设。推动 3G 网络优化和深度覆盖，加快 4G 网络建设并率先实现五环路以内区域覆盖，按需实现重点和热点区域的 WLAN 覆盖，累计建设无线接入点（AP）超过 25 万个。通过政府购买服务的方式，在市级行政服务大厅、交通枢纽、重点旅游景区、大型文化体育场所等区域，为公众获取政务、公共服务、旅游等公益信息提供免费无线接入服务。倡导商业场所通过提供免费无线接入提高服务水平。充分利用各类市政基础设施搭载小型信息化设备，满足无线城市覆盖需求，避免重复建设。

3. 下一代广播电视网络建设工程。按照下一代广播电视网络相关规划，完成本市城区有线电视用户下一代广播电视网络改造，加快有线电视双向网络向远郊城镇及农村地区扩展，具备提供高清交互数字电视、高速数据接入和语音等三网融合业务的能力。到 2015 年年底，高清交互数字电视用户比例超过 80%，充分利用广播电视宽带网络资源，增加公众享受宽带服务的途径。

4. 物联网基础设施建设工程。建成以政务物联数据专网和无线宽带专网为主的物联网基础设施，为本市物联网应用提供统一的数据传输和安全保障服务。到 2015 年年底，政务物联数据专网信号覆盖全市平原地区，具备支撑百万级传感器信息汇聚传输能力；无线宽带专网信号覆盖本市五环路以内及各郊区县中心区域，具备并发传输一万路以上高清晰度图像能力。

5. 下一代互联网工程。加强顶层设计，新建信息基础设施支持国际互联网协议第 6 版（IPv6）。实现北京市访问流量排名前 100 位的商业网站系统支持 IPv6，70% 以上的政府网站支持 IPv6。发展 IPv6 用户累计达到 200

万户，IPv6 互联网流量占全国的 30% 以上。推进 IPv6 测试认证服务平台和下一代互联网域名托管服务平台建设。

6. 三网融合推进工程。积极争取国家有关部门的支持，三网融合试点工作取得突破。深入拓展交互式网络电视（IPTV）、手机电视和基于有线电视网络的互联网接入、互联网数据传送增值、国内 IP 电话等三网融合业务，加快发展 IPTV 用户和通过有线电视网络接入互联网的用户。在郊区县开展有线电视网、电信网和互联网网络融合试点。

7. 下一代信息基础设施综合示范工程。选择新城等重点功能区和重点产业园区作为综合示范区，率先规划建设下一代信息基础设施，成为信息化发展新标杆，支撑区域经济发展。大力推动中国移动国际信息港、中国电信大型绿色低碳数据中心和云计算基地、中国联通绿色高品质云计算与大数据服务基地等重大信息基础设施建设和使用。

四　制定一批重点规划、标准和政策

1. 制定信息基础设施管理制度和布局规划。出台本市公用移动通信基站设置管理办法，并研究制定相应实施细则，创造有利于信息基础设施建设的政策环境。启动本市信息基础设施布局规划编制工作，制定公用移动通信基站站址布局等专项规划，经市规划行政主管部门组织审查，报市政府批准后，与控制性详细规划相衔接，统筹安排建设。推动新城等重点区域信息基础设施专项规划编制，并与相应层级城乡建设规划实现有效对接。

2. 完善居住建筑信息基础设施设计和施工验收流程。严格执行民用建筑通信及有线广播电视基础设施设计和施工验收的国家和地方标准，完善设计审核及验收流程，实现通信及有线广播电视等信息基础设施与居住建筑主体工程同时设计、同时施工、同时交付使用。

3. 政务部门率先开放办公大楼资源，缓解基站建设难题。市级政务部门带头，开放本单位及下属企事业单位办公楼及公共建筑的相关资源，支持移动通信基站建设，并协助做好电力引入及设施设备的使用和运行维护工作。

4. 建立信息基础设施督办机制。建立健全相关工作机制，对信息基础设施建设、管理中的重点工作、重大事项及存在问题等进行督办，保障信息基础设施规划、标准、制度等有效实施。

五 保障措施

1. 加强组织领导和统筹协调，确保各项工作顺利开展。将原北京信息化基础设施提升计划协调小组更名为宽带北京行动计划协调小组（以下简称协调小组），在市信息化工作领导小组的领导下，统筹协调宽带北京行动计划各项工作。协调小组组长由主管副市长担任，副组长由市政府分管副秘书长、市经济信息化委主任和市通信管理局局长担任，协调小组成员单位包括市委组织部、市委宣传部、市经济信息化委、市通信管理局、市广电局、市发展改革委、市科委、市监察局、市财政局、市人力社保局、市国土局、市环保局、市规划委、市住房城乡建设委、市市政市容委、市交通委、市农委、市国资委、市旅游委、市工商局、市文物局、市园林绿化局、市公园管理中心、市重大项目办、中关村管委会、北京经济技术开发区管委会、市公安局公安交通管理局、市无线电管理局、各区县政府、市电力公司。协调小组办公室设在市经济信息化委。由市监察局对各项任务的落实情况进行监督和检查。

2. 争取国家有关部门支持，积极开展试点工作。积极争取国家发展改革委、工业和信息化部、新闻出版广电总局等国家有关部门的支持，在本市开展 IPv6、4G、物联网、云计算等试点示范工作，争取将本市列为国家宽带中国示范城市、下一代互联网示范城市。加快推进国家云计算服务创新发展试点示范城市和国家电子商务示范城市建设。

3. 深化双进入工作机制，协调信息基础设施建设难点问题。继续实施政府各相关部门和信息基础设施建设企业"双进入"的工作机制，区县政府组织成立属地"双进入"机构，明确责任部门，并将"双进入"机制深入落实到街道和乡镇，协调基站选址、光纤到户等方面的难点问题。

4. 加快推进重大项目实施，做好相关服务工作。通过本市重大项目绿色审批通道机制，减少审批环节，缩短审批时间。加强重大信息基础设施项目实施的综合调度，及时协调解决项目推进中出现的问题，为承担建设任务的企业做好服务，推动项目实施。

5. 发挥财政资金导向作用，引导社会投资公平参与。统筹财政预算资金，对农村信息基础设施建设和公益机构的宽带接入进行重点扶持，对公益性信息基础设施服务实行政府采购，引导企业积极参与本市信息基础设施建设。鼓励民间资本在电信业开放领域获取相应资质，开展业务应用试点，促进公平竞争，推动资源共享。

6. 加大行政执法力度，创造良好发展环境。市各相关部门要加强行政执法，对非法设置和使用手机直放站、移动信号屏蔽器干扰公用移动通信基站等行为加大查处和打击力度，加强宣传，建立长效机制，预防和减少非法行为，为企业创造良好的发展环境。

附录七　上海市宽带中国2013专项行动

为深入贯彻国家建设下一代信息基础设施要求，落实工业和信息化部"宽带中国2013专项行动"部署，上海电信行业遵循上海"智慧城市"建设顶层设计，通过充分发挥政府引导和企业主体作用，优化宽带发展环境，加快网络升级演进，有线无线并重，推动应用普及深化，改善用户上网体验，来不断增强宽带支撑经济社会发展的关键作用。

"宽带中国2013专项行动"在上海落地的具体目标是：

（一）网络覆盖能力持续增强。FTTH覆盖家庭户数新增120万户，达800万户，新建住宅FTTH覆盖率保持100%；新增3G/LTE基站数6100个，达22200个，占总基站数的82.94%，重点场所3G覆盖率保持100%；WLAN公共运营接入点（AP数）新增30000个，达17.5万个。

（二）普及规模不断扩大。固定宽带接入用户数新增50万户，达560万户；3G用户数近1000万，占比30%。

（三）宽带接入水平有效提升。固定宽带接入用户4M以上用户占比达到85%以上，8M以上用户占比达到65%以上。

（四）城市宽带发展初显成效。积极推动宽带城市建设，为达到宽带城市水平奠定坚实基础。

为实现以上目标，上海管局引领上海通信业，将积极部署城市宽带提速计划、应用创新推广计划等五大计划，严格落实包括加强组织领导、营造发展环境和加强舆论引导等四大保障措施，以确保国家宽带战略在本市得到充分贯彻。借专项行动的东风，进一步做大做强上海电信行业和通信产业，为全国一盘棋的宽带大发展做出上海应有的贡献。

附录八 "宽带中国2013专项行动"
广东省实施方案

为全面贯彻落实国家宽带发展战略部署和《广东省国民经济和社会信息化"十二五"规划》，进一步深化我省宽带普及提速工程，继续大力推动宽带网络建设和发展，依据工业和信息化部"宽带中国 2013 专项行动"实施方案，结合本省实际，特制定广东省实施方案。

一 指导思想和发展目标

（一）指导思想。以科学发展观为指导，深入贯彻国家建设下一代信息基础设施要求，全面落实工业和信息化部关于"宽带中国 2013 专项行动"工作会议部署，加强省相关部门间的合作，充分发挥政府引导作用和企业主体作用，激发企业积极性，优化宽带发展环境，加快网络升级演进，统筹有线无线发展，提高网络能力，推动应用普及深化，强化产业协同并进，构建网络信息安全保障体系，改善用户上网体验，继续提升珠三角地区宽带应用水平，加快粤东、西、北地区宽带建设步伐，进一步缩小区域差距，不断增强宽带支撑经济社会发展的关键作用。

（二）发展目标。力争新增固定宽带接入用户增长 290 万户（其中光纤接入用户 200 万户），累计超过 2190 万户，普及率达到 21%；新增光纤覆盖用户能力 500 万户，累计达到 1200 万户；力争公共热点区域无线局域网覆盖新增 3.5 万个接入点，累计超过 37 万个；新增 3G 移动通信基站 2 万个，累计达到 9.4 万个；新增 3G 移动电话用户 1500 万户，累计超过 4200 万户；使用 4M 以上宽带接入产品用户超过 85%，并进一步提升使用 8M、20M 以上宽带产品用户比率。

二　主要任务

（一）城市宽带提速计划。全面贯彻落实《住宅区和住宅建筑内光纤到户通信设施工程设计规范》及《住宅区和住宅建筑内光纤到户通信设施工程施工及验收规范》两项国家标准，推动新建小区光纤到户；大力协调公共设施免费开放用于电信基础设施建设，力争电信基础设施建设尽快纳入我省城乡建设总体规划；研究制定城市老旧小区宽带基础设施改造方案，加大老旧小区光纤网络成片改造力度；进一步深化城市 3G 和 WLAN 网络覆盖，积极推进 TD-LTE 扩大规模试验，推进 Ipv6 商用试点部署。

（二）农村宽带普及计划。综合运用有线、无线等多种技术手段，加快农村地区宽带网络建设，进一步缩小城乡数字鸿沟。加强涉农信息平台、扶贫信息平台建设力度，积极开发有利于"三农"发展、扶贫开发等方面的宽带信息服务产品，因地制宜推进农村信息化应用。

（三）农村校通宽带计划。为 300 所贫困农村地区中小学进行宽带接入或改造，对已实现宽带接入的学校予以优惠提速。并通过资费优惠措施促进宽带业务的应用。

（四）应用创新推广计划。结合宽带城市评定，大力推进健康医疗、交通旅游、食品溯源、安全生产、电子政务、电子商务等领域的宽带应用创新和普及，丰富基于高带宽的应用产品。

（五）宽带体验提升计划。开展网络速率等指标的监测分析工作，尽快建设宽带测速平台，引导企业优化用户体验较差地区及信源站点。加强互联网网间通信质量管理，引导政府门户、互联网企业网站改进优化，进一步提升服务能力和用户体验。

（六）宽带产品研发计划。重点支持设备生产企业研发高性能网络设备及 TD-LTE 终端产品，并推动相关产品的产业化和在国内宽带网络建设中的应用。支持软件开发、终端制造、电信运营等企业，联合研发自主品牌移动智能终端操作系统并推广应用。推动 FTTH ONU 设备接口标准的开放，降低成本，提高产业化规模。

三　进度安排

（一）启动阶段（2 月至 3 月）。组织召开全省宽带普及提速工程领导小组工作会议，制定我省实施方案和 2013 年的总体发展目标。各基础电信运营企业围绕全省总体目标制定各自宽带发展目标并分解到各地。

（二）推进阶段（4 月至 10 月）。基础电信运营企业全面落实上述六项主要任务。省通信管理局充分发挥牵头引导作用，建立宽带建设和发展情况月度通报机制，开展不定期的专题调研和现场检查督导工作，及时研究解决出现的问题，促进企业间的经验交流，全力推进年度目标任务圆满完成。

（三）总结阶段（11 月至 12 月）省通信管理局组织开展对重点工作、专项行动完成情况进行总结，并研究确定 2014 年相关工作的思路和重点。

四　保障措施

（一）强化组织领导。充分发挥省宽带普及提速工程领导小组的统筹协调作用，加强与相关部门和地市政府的沟通及协作，进一步调动各方积极性，形成工作合力。基础电信运营企业要加强组织领导，明确目标任务，落实责任分工，统筹规划，周密部署，确保重点工作和主要目标任务的完成。

（二）加大扶持力度。力争将电信基础设施建设纳入我省城乡建设总体规划，出台光纤入户两项国家标准的实施细则，研究解决原有小区宽带基础设施改造办法，尽快落实宽带普及提速工程奖励资金的分配事宜，大力协调公共设施免费开放用于电信基础设施建设，推动宽带城市评定工作，为宽带网络建设发展创造良好的环境。

（三）加强行业监管。加强互联网网间通信质量管理，积极推动网间互联架构的优化，保障网间互通质量。继续推进电信设施共建共享工作，提高资源利用率，减少重复建设。建立宽带建设和发展情况月度通报机制，开展不定期的专题调研和现场检查督导工作，及时研究解决出现的问题。完善网络信息安全管理制度，督导各基础电信企业和互联网企业切实落实网络与信息安全责任，同步提升网络信息安全技术能力，保障网络与信息安全。规范完善各类接入商服务要求，保障用户权益。

（四）扩大宣传引导。加强与媒体的沟通合作，利用报刊、网站、论坛、微博等多种宣传手段，加大宽带网络建设和发展的宣传力度，普及上网技能，提高用户宽带使用水平和对宽带网络建设发展的认知度，积极争取全社会的理解支持，共同营造宽带网络建设和发展的良好氛围。